中学教科書ワーク　学習カード

ポケット スタディ

理 科 1 年

Pocket Study

次の植物のなかまを何という？

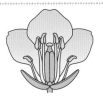

種子でふえる植物

1

次の植物のなかまを何という？

胚珠が子房の中にある植物

2

次の植物のなかまを何という？

胚珠がむき出しでついている植物

3

次の植物のなかまを何という？

種子をつくらない植物で，根，茎，葉の区別がある植物

4

次の植物のなかまを何という？

種子をつくらない植物で，根，茎，葉の区別がない植物

5

次の動物のなかまを何という？

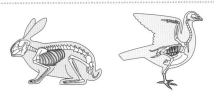

背骨がある動物

6

次の動物のなかまを何という？

背骨がない動物

7

次の動物のなかまを何という？

外骨格をもち，体やあしに多くの節がある動物

8

次の動物のなかまを何という？

JN092932

内臓をやわらかい膜でおおう動物

9

種子植物

種子植物はどのような植物のなかま？

日本には，もともと6000種くらいの種子植物があるらしいよ。

裸子植物

裸子植物はどのような植物のなかま？

マツ，イチョウ，ソテツ，スギは裸子植物だよ。「マイソースらしい」と覚えるのはどう？

被子植物

被子植物はどのような植物のなかま？

「被」には，おおうという意味があるよ。子になる部分がおおわれているんだね。

コケ植物

コケ植物はどのような植物のなかま？

コケは「苔」と書くよ。「海苔」は「のり」と読むけれど，のりはコケ植物ではないんだ。

シダ植物

シダ植物はどのような植物のなかま？

「シダ」の漢字には「羊歯」という字を当てることがあるよ。羊の歯に似ているかな？

無脊椎動物

無脊椎動物はどのような動物のなかま？

「説明，何だか無責任…（節足，軟体，無脊椎）」と覚えるのはいかが？

脊椎動物

脊椎動物はどのような動物のなかま？

「脊椎（せきつい）」は，背骨のことをさす言葉だよ。

軟体動物

軟体動物はどのような動物のなかま？

外とう膜の「外とう」はコートのことだよ。軟体動物はコートを着ているみたいだね。

節足動物

節足動物はどのような動物のなかま？

「昆虫，エビ，カニ，あしに節！」とリズムよく唱えよう。

次の物質を何という？

ろう　　　砂糖　　プラスチック

炭素をふくむ物質

10

次の物質を何という？

食塩　　　ガラス　　　鉄

有機物以外の物質

11

次の物質を何という？

電気をよく通し，熱を伝え，みがくと
光る物質

12

次の物質を何という？

食塩　　　　砂糖　　　ガラス

金属以外の物質

13

次の気体は何？

うすい
過酸化
水素水　　　水
二酸化マンガン

二酸化マンガンにうすい過酸化水素水
を加えると発生する気体

14

次の気体は何？

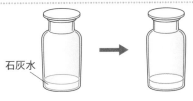

石灰水

石灰水を白くにごらせる性質のある気体

15

次の気体は何？

うすい
亜鉛　塩酸

空気中で火をつけると，
燃えて水ができる気体

16

次の気体は何？

塩化アンモニウムと
水酸化カルシウム　　　乾いた試験管

刺激臭があり，上方置換法で集められる，
水溶液はアルカリ性の気体

17

次の気体は何？

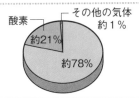

その他の気体
約1％
酸素
約21％
約78％

空気中に体積で約78％
ふくまれている気体

18

次の気体は何？

黄緑色で，刺激臭があり，漂白作用
や殺菌作用のある気体

19

無機物

有と無は反対の意味の言葉だね。有機と無機，有機物と無機物も反対の言葉だよ。

無機物はどのような物質？

有機物

「有機」は生命のあるものという意味だよ。有機物は生物に関係するものが多いね。

有機物はどのような物質？

非金属

「非」には「〜ではない」という意味があるよ。非金属は金属ではないということだね。

非金属はどのような物質？

金属

「金さん高熱出てえ〜ん（金属，光沢，熱を伝える，電気を通す，展性，延性）」と覚えよう。

金属はどのような物質？

二酸化炭素

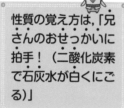

性質の覚え方は，「兄さんのおせっかいに拍手！（二酸化炭素で石灰水が白くにごる）」

二酸化炭素は石灰水をどのようにする性質のある気体？

酸素

レバーやジャガイモにオキシドールを加えても，酸素が発生するよ。

酸素はどのようにすると発生する気体？

アンモニア

性質の覚え方は，「刺激があるとの情報が！（刺激臭，アルカリ性，上方置換法）」

アンモニアのにおい，集め方，水溶液の性質は？

水素

水素は最も密度が小さい気体だよ。10Lもの水素を集めてもまだ1円玉より軽いんだ。

水素は空気中で火をつけると何ができる気体？

塩素

性質の覚え方は，「遠足で黄緑色の刺激的な表札発見（塩素，黄緑色，刺激臭，漂白・殺菌）」

塩素の色，におい，性質の特徴は？

窒素

窒素の「窒」には，つまるという意味があるよ。窒素だけを吸うと，息がつまってしまうよ。

窒素は空気中に体積の割合で何％ふくまれている気体？

次の法則を何という？

光の反射では，反射角と入射角が等しく
なるという法則

20

次の現象を何という？

光が水中から空
気中へ進むとき

空気
水

入射角を大きくすると，ある角度以上で
すべての光が境界面で反射すること

21

次の像を何という？

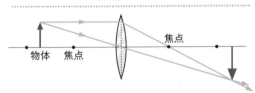

物体　焦点　　　　　焦点

物体が焦点の外側にあるときにできる，
物体と上下左右が逆向きの像

22

次の像を何という？

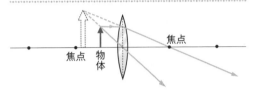

焦点　物体　　　　　焦点

物体が焦点の内側にあるときに見える，
物体と同じ向きの大きな像

23

次の現象を何という？

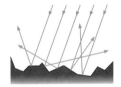

物体に当たった光がさまざまな方向に
反射すること

24

次の法則を何という？

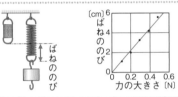

ばねの
のび

〔cm〕6
ばねののび
4
2
0　0.2　0.4　0.6
力の大きさ〔N〕

ばねののびは，ばねを引く力の大きさ
に比例するという法則

25

次の力を何という？

地球上の物体にはたらく，地球の中心に
向かって物体を引く力

26

次の力を何という？

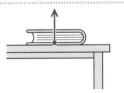

物体が面を押すとき，面から物体に対して
垂直にはたらく力

27

次の力を何という？

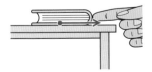

接している面の間にはたらく，物体
の動きをさまたげようとする力

28

次の力を何という？

変形した物体が，もとにもどろうと
するときに生じる力

29

全反射

全反射はどのような現象？

水面が鏡のように水中をうつすのも全反射によるものだよ。

反射の法則

反射の法則はどのような法則？

入射角と屈折角の関係を，角度で考えてみよう。

虚像

虚像はどのような像？

物体を焦点の内側に置くと，凸レンズを通して虚像が見えるよ。「店内に巨大なゾウが！」と覚えよう。

実像

実像はどのような像？

物体を焦点の外側に置くと，実像ができるよ。「実はゾウがいたのは商店街！」と覚えよう。

フックの法則

フックの法則はどのような法則？

ばねののびと，ばねを引く力の大きさをグラフにかくと，グラフは原点を通る直線になるよ。

乱反射

乱反射はどのような現象？

どの方向からも物体が見えるのは，物体の表面のデコボコが光を乱反射しているからだよ。

垂直抗力

垂直抗力はどのような力？

「抗」にはさからうという意味があるよ。垂直方向にさからう力ということだね。

重力

重力はどのような力？

乗り物に乗って急降下すると，無重力状態を体験できるよ。重力がなくなったかのように感じるんだ。

弾性力

弾性力はどのような力？

フックの法則と弾性力はまとめて理解しよう。「力強くばねのばすフックさんは男性」

摩擦力

摩擦力はどのような力？

「摩」も「擦」もこするという意味だよ。ふれ合った物体がこすれるときにはたらく力だね。

次の岩石を何という？

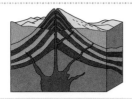

マグマが冷えて固まり，
岩石になったもの

30

次の岩石を何という？

斑状組織

マグマが地表や地表付近で急に
冷えて固まってできた岩石

31

次の岩石を何という？

等粒状組織

マグマが地下深くでゆっくり冷えて
固まってできた岩石

32

次の岩石を何という？

れき岩　　　凝灰岩　　　石灰岩

地層として堆積したものが
おし固められてできた岩石

33

次の岩石を何という？

れき

れきが堆積しておし固められて
できた岩石

34

次の岩石を何という？

砂

砂が堆積しておし固められて
できた岩石

35

次の岩石を何という？

泥

泥が堆積しておし固められて
できた岩石

36

次の岩石を何という？

うすい塩酸
岩石

うすい塩酸をかけると二酸化炭素
が発生する岩石

37

次の岩石を何という？

生物の死がいなどが堆積した岩石で，
とてもかたい岩石

38

次の岩石を何という？

火山の噴火によって噴出した火山灰などが
堆積しておし固められてできた岩石

39

火山岩

火山岩はどのように
してできた岩石？

火山岩には流紋岩,
安山岩, 玄武岩が
あるよ。「かりあげ」
と覚えよう。

火成岩

火成岩はどのように
してできた岩石？

火成岩にふくまれる
鉱物, 石英。実は, 水
晶は透明できれいな
石英なんだ。

堆積岩

堆積岩はどのように
してできた岩石？

石灰岩とチャートは
生物の死がいなど
が, 凝灰岩は火山灰
などが堆積してでき
た堆積岩だよ。

深成岩

深成岩はどのように
してできた岩石？

深成岩には, 花こう
岩, せん緑岩, 斑れ
い岩があるよ。「し
んかんせんは」と覚
えよう。

砂岩

砂岩は何が堆積して
できた岩石？

石油や天然ガスの多
くは, 砂岩の中にし
みこんでいるらしい
よ。

れき岩

れき岩は何が堆積し
てできた岩石？

れきは「礫」と書
くよ。「樂」は「楽」
の昔の形。石が楽し
くゴロゴロしている
んだね。

石灰岩

石灰岩はうすい塩酸
をかけるとどのよう
になる岩石？

石灰岩の主成分は炭
酸カルシウムといっ
て, チョークの主成
分と同じだよ。

泥岩

泥岩は何が堆積して
できた岩石？

泥の中でも特に粒が
小さいものは, 粘土
とよばれるよ。

凝灰岩

凝灰岩は何が堆積し
てできた岩石？

「凝」には, こり固
まるという意味があ
るよ。灰が固まって
できた岩なんだね。

チャート

チャートはどのよう
な岩石？

チャートどうしを打
つと火花が出るの
で, 火打石に利用さ
れていたこともある
よ。

啓林館版 理科 1年 もくじ

ステージ1 ステージ2 ステージ3 単元末総合問題

写真提供:アーテファクトリー,アフロ

解答 ▶ p.1

確認のワーク　ステージ1　**自然の中にあふれる生命**

📖 教科書の 要点 （　）にあてはまる語句を，下の語群から選んで答えよう。

同じ語句を何度使ってもかまいません。

1 身のまわりの生物の観察
教 p.4〜11

(1) 観察したもののスケッチは，（① 　　　　　）線と**小さな点**で はっきりとかき，線を二重がきしたり，影をつけたりしない。

(2) 観察したものをレポートにまとめるときは，観察日，**目的**，準備， **方法**，（② 　　　　　），**考察**，感想や気づいたことなどを書く。

(3) 水中の小さな生物を観察するときは，採集したものを**スライドガラス**の上に1滴落とし，**カバーガラス**をかけて（③ 　　　　　）をつくり，下線<u>顕微鏡</u>で観察する。
└─ 直射日光の当たらない明るい場所で使う。

まるごと暗記
スケッチのしかた
目的とするものだけを，細い線と小さな点ではっきりとかき，影はつけない。

プラスα
カバーガラスは，空気の泡が入らないように，端から静かに下ろす。

2 観察器具の選び方
教 p.4〜11

(1) ★**ルーペ**は持ち運びが簡単で，（① 　　　　　）での観察に適している。
└─ 目を傷めるので，直接，太陽は見ない。

(2) ルーペを使って観察するときは，**目に近づけて持ち**，観察するものが動かせる場合は，**観察するものを前後に動かして**（② 　　　　　）を合わせる。
└─ 動かせない場合は，観察するものに対して自分が近づいたり離れたりする。

(3) ★**双眼実体顕微鏡**では，プレパラートをつくる必要がなく，観察物をそのまま20〜40倍程度で，（③ 　　　　　）に観察できる。

(4) （④★ 　　　　　）では，**プレパラート**にした観察物を40〜600倍程度で観察できる。

(5) **顕微鏡の拡大倍率**＝（⑤★ 　　　　　）の倍率×対物レンズの倍率

まるごと暗記
双眼実体顕微鏡の特徴
●プレパラートをつくる必要がない。
●立体的に見える。
●上下左右が実物と同じに見える。

プラスα
顕微鏡は，低倍率から高倍率にすると，視野がせまく暗くなるので，しぼりで明るさを調節する。

3 生物のなかま分けのしかた
教 p.12〜15

(1) 共通する特徴やちがいに注目してなかま分けし，整理してまとめることを（①★ 　　　　　）という。
└─ 身のまわりのさまざまな物体や物質もなかま分けされている。

(2) 生物の分類の手順
● （② 　　　　　）…分類したい生物を，どのような（③ 　　　　　）で，何を**基準**に分類できるか考える。
└─ 注目する特徴など。

● （④ 　　　　　）…実際に生物を観察したり，図鑑などを用いて調べ，仮説を確かめるための方法を考える。

●**結果**…なかま分けした結果を，表や図にわかりやすくまとめる。

● （⑤ 　　　　　）…仮説どおりに，生物が分類できたか，ふり返る。

同じ生物の組み合わせでも，観点や基準を変えると，分類の結果が変わるよ。

語群 ❶プレパラート／結果／細い　❷屋外／顕微鏡／立体的／ピント／接眼レンズ
❸分類／仮説／観点／計画／考察

😊 ★の用語は，説明できるようになろう！

教科書の[図]　[　　]にあてはまる語句を，下の語群から選んで答えよう。

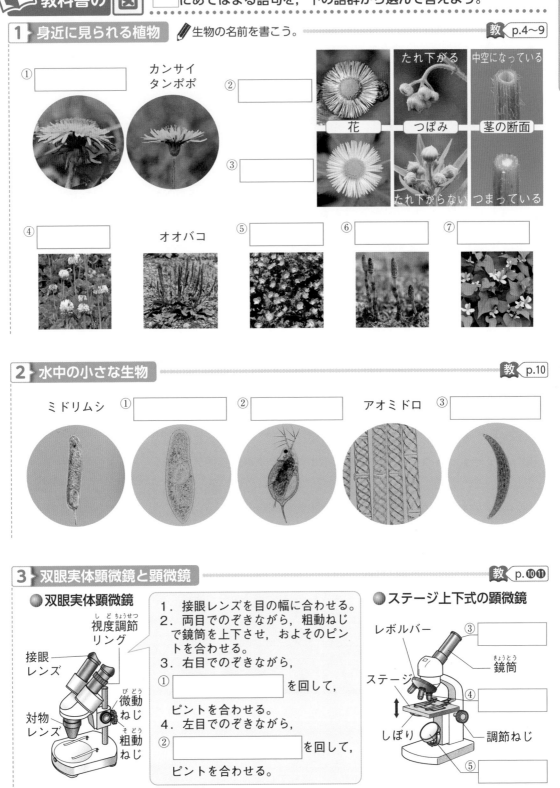

同じ語句を何度使ってもかまいません。

1 身近に見られる植物

生物の名前を書こう。 教 p.4～9

①[　　]　カンサイタンポポ

②[　　]

③[　　]

たれ下がる
中空になっている
花
つぼみ
茎の断面
たれ下がらない
つまっている

④[　　]

オオバコ

⑤[　　]

⑥[　　]

⑦[　　]

2 水中の小さな生物

教 p.10

ミドリムシ

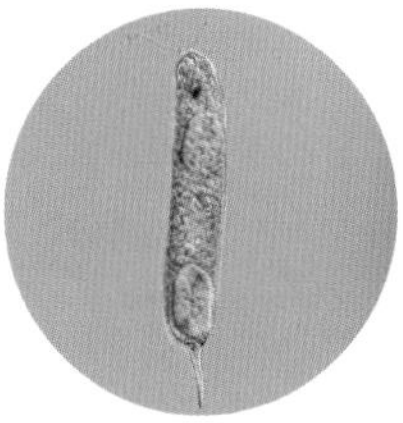

①[　　]

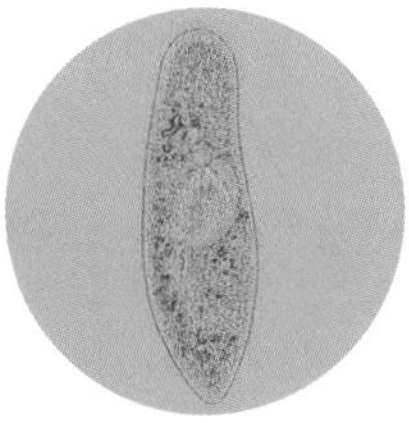

②[　　]

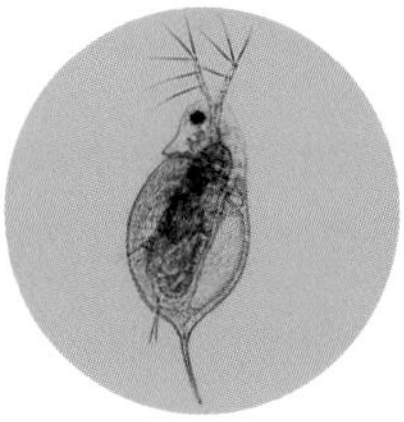

アオミドロ

③[　　]

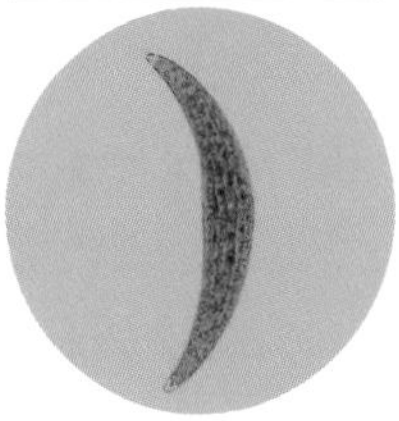

3 双眼実体顕微鏡と顕微鏡

教 p.⑩⑪

双眼実体顕微鏡

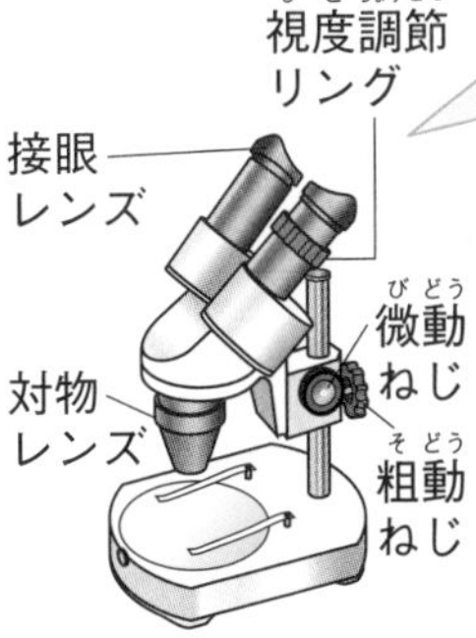

視度調節リング
接眼レンズ
微動ねじ
対物レンズ
粗動ねじ

1．接眼レンズを目の幅に合わせる。
2．両目でのぞきながら，粗動ねじで鏡筒を上下させ，およそのピントを合わせる。
3．右目でのぞきながら，
①[　　]を回して，
ピントを合わせる。
4．左目でのぞきながら，
②[　　]を回して，
ピントを合わせる。

ステージ上下式の顕微鏡

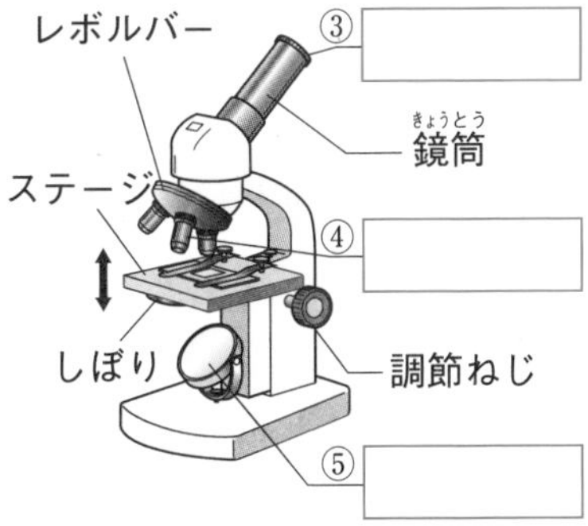

レボルバー
③
鏡筒
ステージ
④
しぼり
調節ねじ
⑤

語群
[1]ハルジオン／スギナ／ドクダミ／セイヨウタンポポ／シロツメクサ／ヒメジョオン／オオイヌノフグリ
[2]ミカヅキモ／ゾウリムシ／ミジンコ　[3]接眼レンズ／微動ねじ／対物レンズ／反射鏡／視度調節リング

わからない用語は，教科書の[要][点]の★で確認しよう！

解答　p.1

定着のワーク　ステージ 2　自然の中にあふれる生命

1 **身のまわりの生物の観察**　校庭や学校のまわりで見られる植物の観察を行った。図１は，タンポポの観察をまとめた観察カードである。これについて，次の問いに答えなさい。

(1)　観察カードに書かれた特徴から，観察したのは，図１
　　セイヨウタンポポとカンサイタンポポのどちらか。
　　ヒント（　　　　　　　　　　　）

(2)　花粉がついているＡは，何というつくりの先か。
　　　　　　　　　　（　　　　　　　　　　　）

(3)　手に持った〔１つの花〕を観察するときに用いた
　　ルーペの使い方について，次の文の（　）にあては
　　まる言葉を，書きなさい。ヒント
　　　　　　　　①（　　　　　）②（　　　　　）
　　　ルーペを（　①　）に近づけて持ち，（　②　）を
　　前後に動かしてピントを合わせる。

(4)　〔１つの花〕のスケッチは誤っている部分がある。
　　正しいスケッチのしかたについて，次の文の（　）
　　にあてはまる言葉を書きなさい。

　　　　　　　　①（　　　　　）②（　　　　　）
　　　スケッチは，（　①　）線と小さな点ではっきりとかき，影は（　②　）。

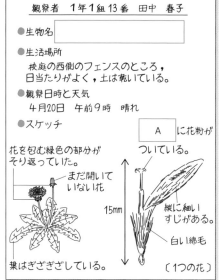

観察者　１年１組13番　田中　春子
●生物名
●生活場所
　校庭の西側のフェンスのところ，
　日当たりがよく，土は乾いている。
●観察日時と天気
　４月20日　午前９時　晴れ
●スケッチ
　花を包む緑色の部分が
　そり返っていた。
　まだ開いて
　いない花
　15mm
　Ａ　に花粉が
　ついている。
　縦に細い
　すじがある。
　白い綿毛
　葉はぎざぎざしている。
　〔１つの花〕

(5)　図２のａ，ｂのうち，夜のタンポポのようすを表
　　しているのはどちらか。　　　（　　　　　）

図２　ａ　　　ｂ

(6)　校庭では，ほかにも，次のような生物が観察され
　　た。それぞれの生物の名前を答えなさい。
　　㋐（　　　　　　　）㋑（　　　　　　　）
　　㋒（　　　　　　　）㋓（　　　　　　　）㋔（　　　　　　　）

㋐

㋑

㋒

㋓

㋔

(7)　(6)の㋑は，どのような場所でよく見られるか。次の文の（　）にあてはまる言葉を，下か
　　ら選んで書きなさい。ヒント　　　　　　　①（　　　　　）②（　　　　　）
　　　日当たりが（　①　），地面が（　②　）場所でよく見られる。
　　〔　よく　　悪く　　乾いている　　湿っている　〕

ヒントの森
1 (1)セイヨウタンポポとカンサイタンポポは，花を包む緑色の部分で見分ける。
(3)観察するものが動かせる場合を考える。(7)日かげでよく見られる植物である。

2 水中の小さな生物　池の中の小さな生物を顕微鏡で観察した。次の問いに答えなさい。

(1) 図1は，採集した池の水を1滴(てき)落として，プレパラートをつくるときのようすを表している。㋐，㋑を何というか。

㋐(　　　　　　　) ㋑(　　　　　　　)

図1

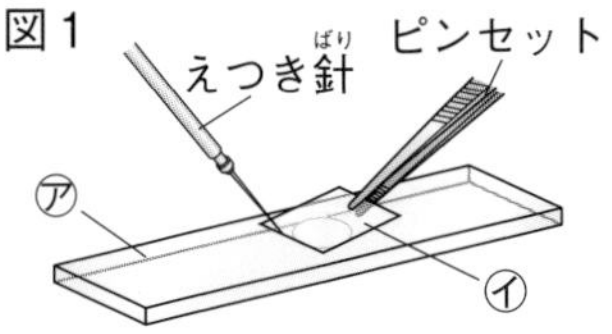

[記述] (2) 図1で，㋑をかけるときに注意することは何か。

(　　　　　　　　　　　　　　　　　　)

(3) 図1でつくったプレパラートを，図2のように，はじめ低倍率で観察した後，観察したい生物を中央に移動させ，さらにくわしく観察するために，対物レンズを高倍率のものに変えた。このとき，視野の明るさはどうなるか。[ヒント] (　　　　　　　　　)

図2

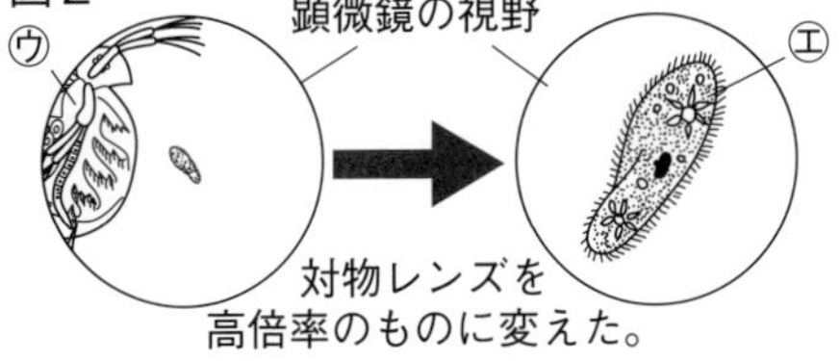

(4) 図2の㋒，㋓の生物の名前を答えなさい。 ㋒(　　　　　) ㋓(　　　　　)

3 観察器具　右の図の観察器具について，次の問いに答えなさい。

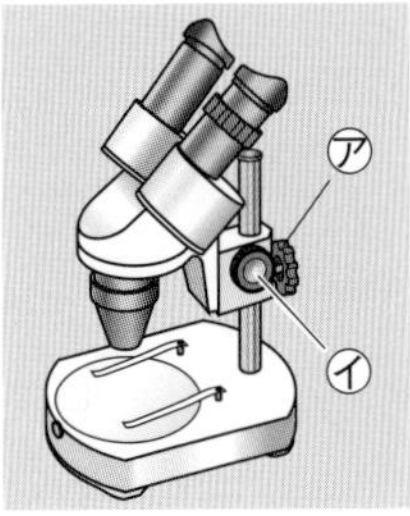

(1) 図の観察器具を何というか。 (　　　　　　　)

(2) 図の㋐，㋑を何というか。 ㋐(　　　　　) ㋑(　　　　　)

(3) ピントを合わせるときに調整する順に，次のア～ウを並(なら)べなさい。

(　　　→　　　→　　　)

ア　左目でのぞきながら，視度調節リングを回して，ピントを合わせる。

イ　㋐を回して鏡筒を上下させ，およそのピントを合わせたら，㋐をしめて固定する。

ウ　右目でのぞきながら，㋑を回してピントを合わせる。

(4) 図の観察器具は，接眼レンズが1つしかない顕微鏡とちがい，2つの接眼レンズを両目で観察することで，どのように見えるか。 (　　　　　　　　　　　　)

4 [教] p.13 [実習 1] 生物のなかま分け　図1の8種類の野菜を，「食べる部分」という観点で，「葉・茎・根・実・花」という基準でなかま分けしたところ，図2のような結果が得られた。

図1

ジャガイモ	カボチャ	ピーマン	ブロッコリー
キュウリ	キャベツ	ニンジン	タマネギ

(1) 共通の特徴やちがいに着目して，なかま分けすることを何というか。 (　　　　　　)

(2) 図2の㋒～㋔にあてはまる野菜を，3つ答えなさい。

(　　　　　　　　　　　　　　　　　　　　　)

図2

食べる部分			
葉	茎	実	花
タマネギ	ジャガイモ	㋒	ブロッコリー
㋐	根	㋓	
	㋑	㋔	

[レベルUP] (3) 基準を変え，食べる部分が「地上で育つ」か，「地下で育つ」かでなかま分けしたとき，「地下で育つ」に分けられる野菜を，すべて答えなさい。[ヒント]

(　　　　　　　　　　　　　　　　　　　　　　　　)

ヒントの森

❷(3)見える範囲がせまくなると，視野に入る光の量がどうなるか考える。

❹(3)地下で育つ野菜は，いっぱんに「根菜(こんさい)」といわれていることから考える。

解答 p.1

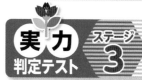

実力判定テスト ステージ3 自然の中にあふれる生命

30分 /100

よく出る 1 ルーペの使い方について，次の問いに答えなさい。

3点×3（9点）

(1) 観察するものが動かせるときの，ルーペのピントの合わせ方として正しいものを，次の㋐〜㋓から選びなさい。

㋐
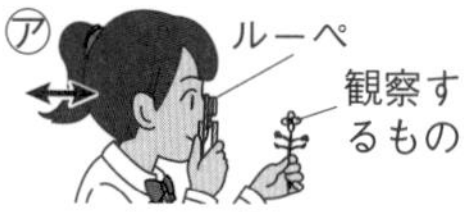

ルーペを目に近づけて持ち，顔を前後させてピントを合わせる。

㋑
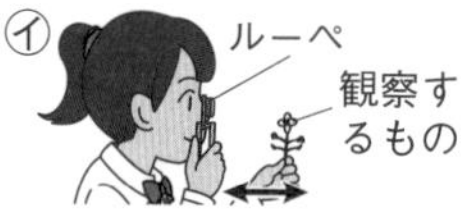

ルーペを目に近づけて持ち，観察するものを前後させてピントを合わせる。

㋒
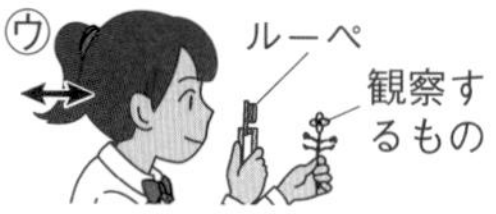

ルーペを観察するものに近づけて持ち，顔を前後させてピントを合わせる。

㋓
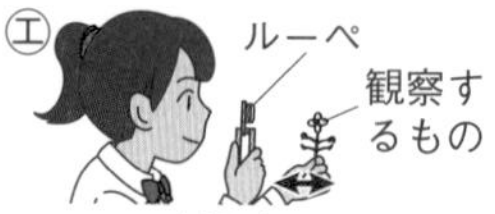

ルーペを観察するものに近づけて持ち，観察するものを前後させてピントを合わせる。

記述 (2) 観察するものが動かせないときの，ルーペのピントはどのようにして合わせるか。次の文の(　)にあてはまる言葉を書きなさい。

ルーペを(①)に近づけて持ち，(②)してピントを合わせる。

(1)		(2) ①		②	

2 右の校内の植物の観察レポートについて，次の問いに答えなさい。

4点×10（40点）

(1) レポートのA〜Dにあてはまる項目名（こうもくめい）を答えなさい。

(2) 校内地図の，○，△，□のマークは，セイヨウタンポポ，オオイヌノフグリ，ドクダミのどれを示しているか。それぞれ答えなさい。

(3) 校内では，①オカダンゴムシ，②トノサマガエル，③セイヨウミツバチも見られた。よく見られた場所を，次のア〜エからそれぞれ選びなさい。

ア 日当たりがよく，乾いているところ
イ 日当たりがよく，湿っているところ
ウ 日当たりが悪く，乾いているところ
エ 日当たりが悪く，湿っているところ

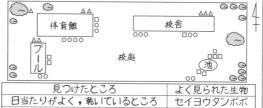

校内の植物の観察

4月15日午前10時　晴れ
1年2組　山田洋子

〔 A 〕 校内には，どのような種類の植物が，どのような環境で生息しているか調べる。
〔準　備〕 ルーペ，生物図鑑，教科書，色鉛筆，校内地図，記録用紙，デジタルカメラ
〔 B 〕 ①よく見られる植物の名前を調べ，校内地図に，見られた場所にマークを付ける。
②植物が見られた場所の環境について表にまとめる。
〔 C 〕 校内での代表的な植物の分布

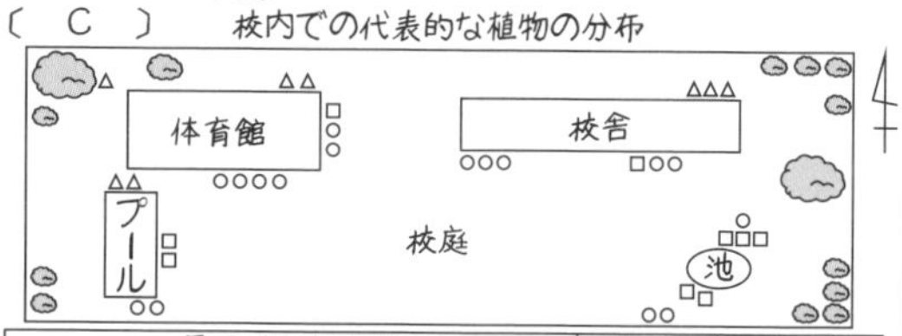

見つけたところ	よく見られた生物
日当たりがよく，乾いているところ	セイヨウタンポポ
日当たりがよく，湿っているところ	オオイヌノフグリ
日当たりが悪く，湿っているところ	ドクダミ

〔 D 〕 植物が生息する場所は，日当たりや湿りけなどと関係があると考えられる。
〔感　想〕 調べる範囲を広げて，校内で見られた植物以外

(1)	A		B		C		D
(2)	○		△		□		
(3)	①		②		③		

3 水中の生物の観察について，次の問いに答えなさい。
3点×13(39点)

図1

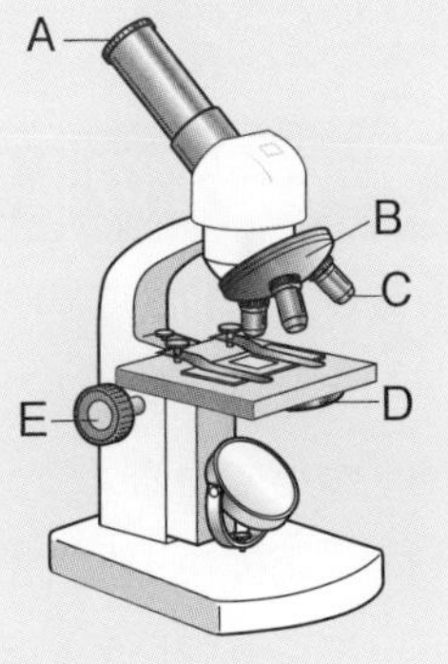
A
B
C
D
E

(1) 図1の顕微鏡のB，D，Eの名称(めいしょう)を，それぞれ答えなさい。

(2) Aのレンズに「×15」，Cのレンズに「40」と表示されているものを使ったとき，顕微鏡の拡大倍率は何倍になるか。

(3) 顕微鏡を操作する順に，次のア～エを並べなさい。

ア　横から見ながら，プレパラートとCを，できるだけ近づける。

イ　視野全体が明るくなるように，反射鏡とDを調節する。

ウ　Aをのぞきながら，プレパラートとCを離す方向にEを回して，ピントを合わせる。

エ　プレパラートをステージにのせる。

(4) 顕微鏡の倍率を低倍率から高倍率にすると，見える範囲と明るさはどうなるか。

(5) 図2は，顕微鏡で観察した水中の生物のスケッチである。㋐，㋓の生物の名前を答えなさい。

図2

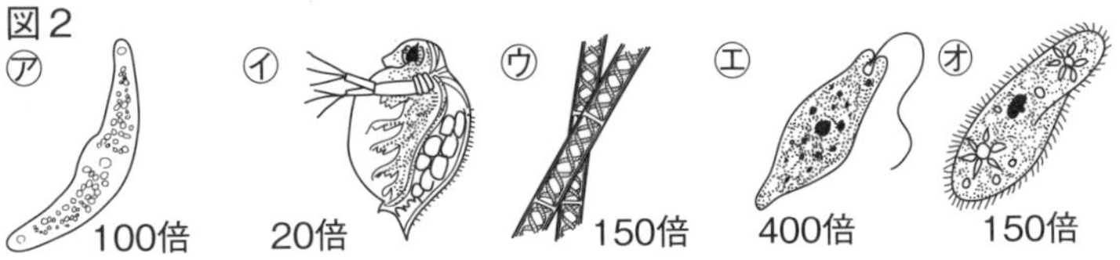
㋐
100倍
㋑
20倍
㋒
150倍
㋓
400倍
㋔
150倍

[記述] (6) 生物を観察するときのスケッチの方法を，「線」「点」「影」という語を使って答えなさい。

[記述] (7) 図2の㋐～㋔のうち，双眼実体顕微鏡で観察したと考えられる生物が1つある。その記号を答えなさい。また，そのように考えた理由を答えなさい。

[レベルUP] (8) 図2の生物を，次の①，②の観点で分類したとき，両方にあてはまる生物はどれか。㋐～㋔の記号で答えなさい。

① 緑色をしている。　② みずから動くことができる。

(1)	B		D		E		(2)		(3)	→ → →
(4)	範囲		明るさ		(5)	㋐		㋓		
(6)										
(7)	記号		理由					(8)		

4 次の生物の分類について，あとの問いに答えなさい。
(1)(2)完答，6点×2(12点)

ツバメ　クマ　イルカ　フナ　チョウ　クサガメ

(1) 生活場所を観点として，「陸上・水辺・水中」を基準に，上の動物を分類しなさい。

(2) 「移動の方法や手段」を観点とすると，3つのグループになかま分けができる。何を基準になかま分けできるか。考えた基準を〔　〕に書き，その下に生物の名前を書きなさい。

(1)	陸上		(2)	〔　　〕	〔　　〕	〔　　〕
	水辺					
	水中					

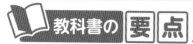

解答 p.2

確認のワーク ステージ1　1章　植物の特徴と分類(1)

教科書の要点

（　　）にあてはまる語句を，下の語群から選んで答えよう。　同じ語句を何度使ってもかまいません。

1 花のつくり

教 p.18〜21

(1) 花は外側から，がく，(①　　　　)，おしべ，めしべの順についている。

(2) 花弁が1枚1枚離れている花を(②★　　　　)，花弁がたがいにくっついている花を(③★　　　　)という。

(3) おしべの先端の(④★　　　　)の中には，花粉が入っている。

(4) めしべの先端部分を(⑤★　　　　)，根元のふくらんだ部分を(⑥★　　　　)という。

(5) 子房の中には，(⑦★　　　　)とよばれる粒がある。

(6) アブラナ，エンドウ，ツツジなどのように，胚珠が子房の中にある植物を(⑧★　　　　)という。

2 受粉後の花の変化

教 p.22〜23

(1) おしべのやくに入っていた花粉が，動物や風などの力によって運ばれ，めしべの柱頭につくことを(①★　　　　)という。

(2) 受粉すると，子房は(②★　　　　)に，子房の中の胚珠は(③★　　　　)になる。

(3) 地面の落ちた種子は発芽して，次の世代の植物へと成長する。花は子孫をふやすはたらきをしている。

3 マツのなかま

教 p.24〜25

(1) マツの花には雌花と雄花があり，花弁とがくはない。

(2) マツの雌花のりん片には子房がなく，胚珠がむきだしになっている。雄花のりん片には，中に花粉の入った(①★　　　　)がある。

(3) 花粉が胚珠に直接ついて受粉すると，雌花は1年以上かけてまつかさとなり，胚珠は種子になる。

(4) マツ，スギ，イチョウなどのように，雌花に子房がなく，胚珠がむきだしになっている植物のなかまを(②★　　　　)という。

(5) 子房のない裸子植物には，受粉後に果実はできない。

(6) 被子植物や裸子植物のように，花を咲かせて種子でなかまをふやす植物のなかまを(③★　　　　)という。

プラスα

風に花粉を運ばせる花を**風媒花**，昆虫に花粉を運ばせる花を**虫媒花**という。

ワンポイント

マツの花粉には空気袋がついていて，花粉は風の力で遠くまで運ばれる。

まるごと暗記

受粉後の花の変化

- 子房→果実
- 胚珠→種子

まるごと暗記

被子植物

胚珠が子房の中にある。

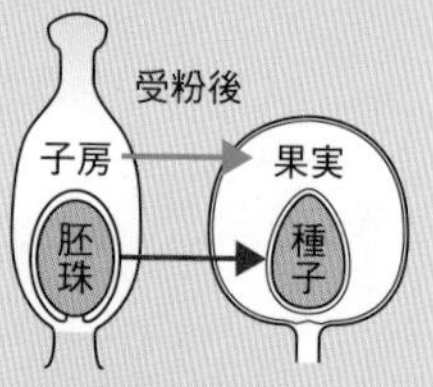

→果実ができる。

裸子植物

胚珠が子房に包まれていない。

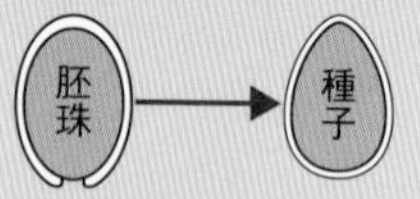

→果実ができない。

語群
1 子房／離弁花／被子植物／花弁／やく／合弁花／柱頭／胚珠　2 種子／受粉／果実
3 裸子植物／花粉のう／種子植物

★の用語は，説明できるようになろう！

教科書の [図]

同じ語句を何度使ってもかまいません。

□にあてはまる語句を，下の語群から選んで答えよう。

1 被子植物の花（アブラナ）

[教] p.20，22

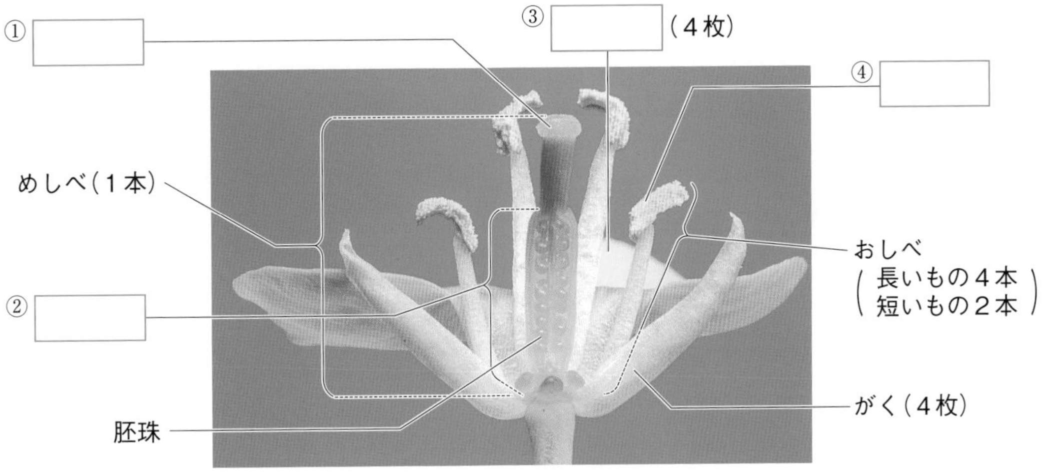

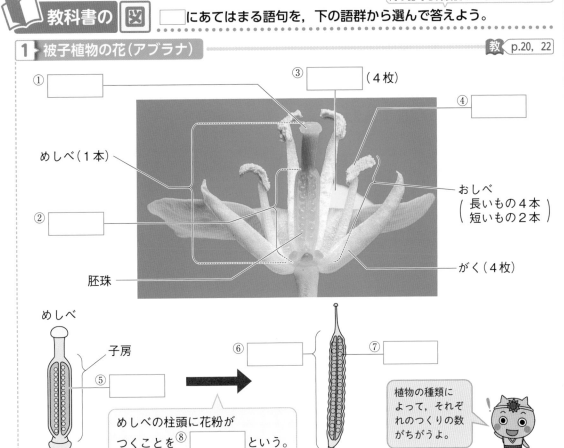

①
③
（４枚）
④
めしべ（１本）
②
おしべ
（長いもの４本
短いもの２本）
がく（４枚）
胚珠

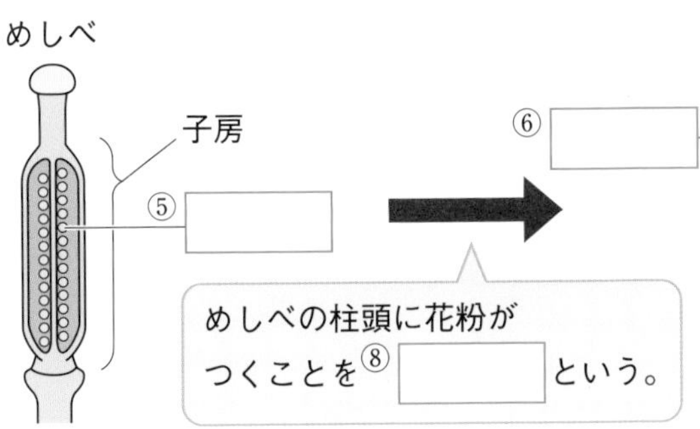

めしべ
子房
⑤
⑥
⑦
めしべの柱頭に花粉が
つくことを⑧ という。

植物の種類によって，それぞれのつくりの数がちがうよ。

2 裸子植物の花（マツ）

[教] p.24

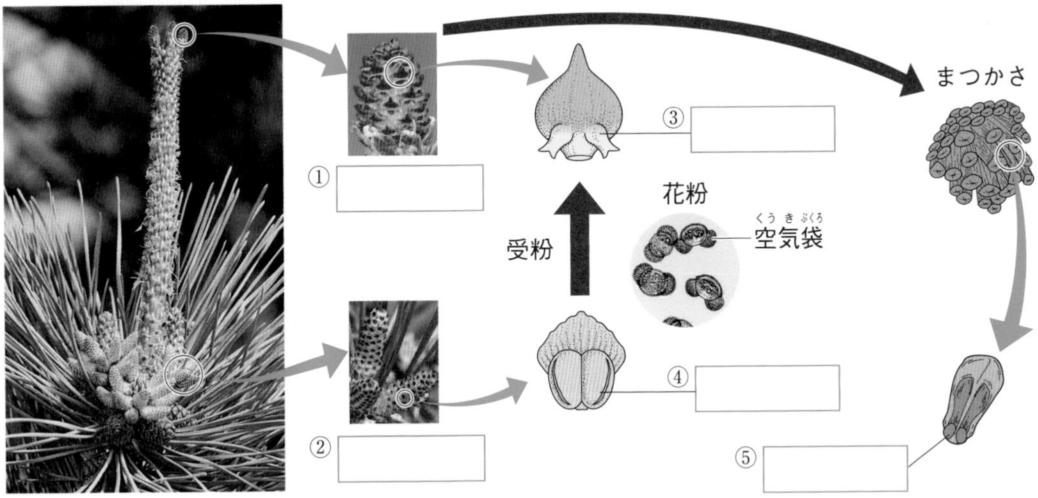

①
②
③
④
⑤
まつかさ
花粉
空気袋
受粉

語群 1 やく／胚珠／受粉／柱頭／種子／果実／子房／花弁
2 花粉のう／雄花／種子／雌花／胚珠

わからない用語は，教科書の要点の★で確認しよう！

[解答] p.2

定着のワーク ステージ2 1章 植物の特徴と分類(1)－①

1 [教] p.19 [観察] 2 **花のつくり** 図1と図2は，アブラナとツツジの花を分解し，つくりごとにセロハンテープではりつけたものである。㋐〜㋓は同じつくりであることを示している。これについて，あとの問いに答えなさい。

図1

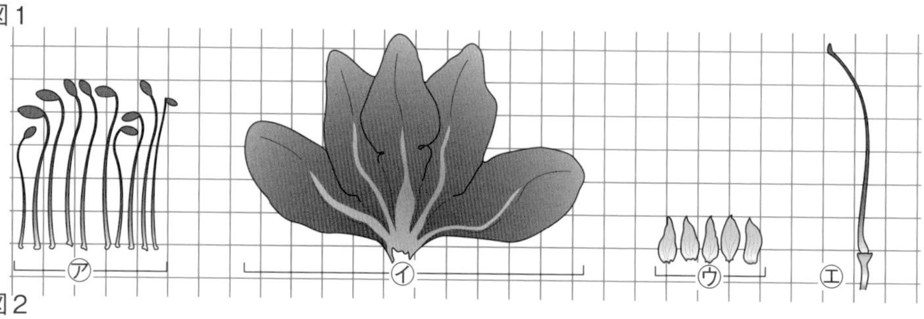

図2

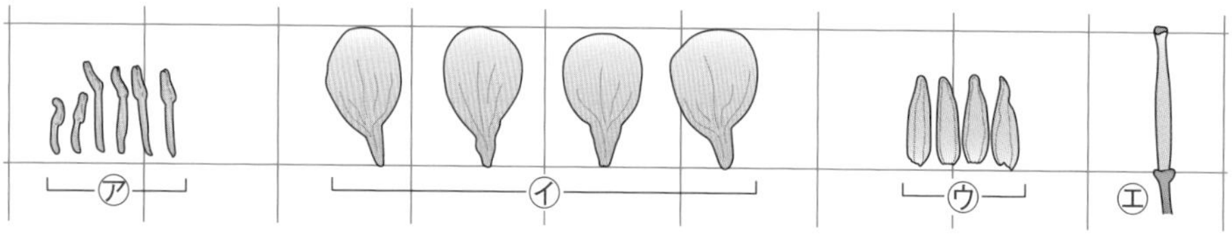

(1) アブラナは，図1，図2のどちらか。 (　　　)

(2) ㋐〜㋓のつくりをそれぞれ何というか。

㋐(　　　　　) ㋑(　　　　　) ㋒(　　　　　) ㋓(　　　　　)

(3) 図の㋐〜㋓のつくりを，花の中心にあるものから順に並べなさい。

(　　→　　→　　→　　)

(4) 図3は，図2の㋓をカッターナイフで縦(たて)に切り，ルーペで拡大(かくだい)して観察したものである。㋔〜㋖の部分をそれぞれ何というか。

㋔(　　　　　) ㋕(　　　　　) ㋖(　　　　　)

図3

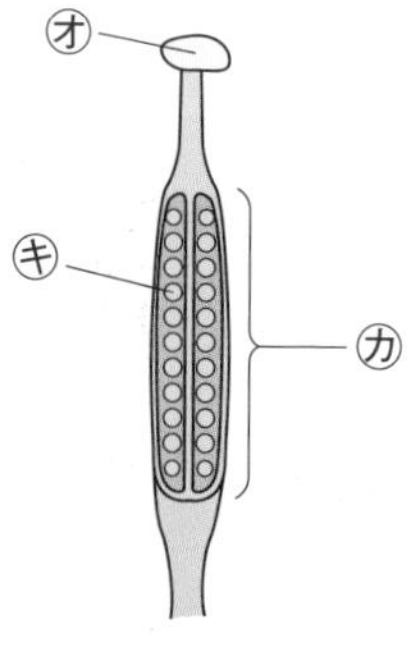

[記述] (5) 図3の㋔の部分はねばりけがある。その理由を答えなさい。[ヒント]

(　　　　　　　　　　　　　　　　　　　　　　　)

(6) ㋑のつくりについて，次の①〜④に答えなさい。

① 図1のように，㋑がたがいにくっついている花を何というか。

(　　　　　　)

② ①の花を，下の〔　〕からすべて選んで書きなさい。[ヒント]

(　　　　　　　　　　　　　　　　　)

③ 図2のように，㋑が1枚1枚離れている花を何というか。 (　　　　　)

④ ③の花を，下の〔　〕からすべて選んで書きなさい。[ヒント]

(　　　　　　　　　　　　　　　　　)

〔 シロツメクサ　タンポポ　サクラ　エンドウ　アサガオ 〕

ヒントの森

❶(5)柱頭に花粉がつくことで受粉が行われる。(6)②シロツメクサとエンドウは，同じマメ科の植物で，花弁が5枚あることが共通点。④タンポポの花弁は，5枚がひとつにくっついている。

2 花のつくり

図1はヘチマの花を，図2はイネの花を表したものである。これについて，次の問いに答えなさい。

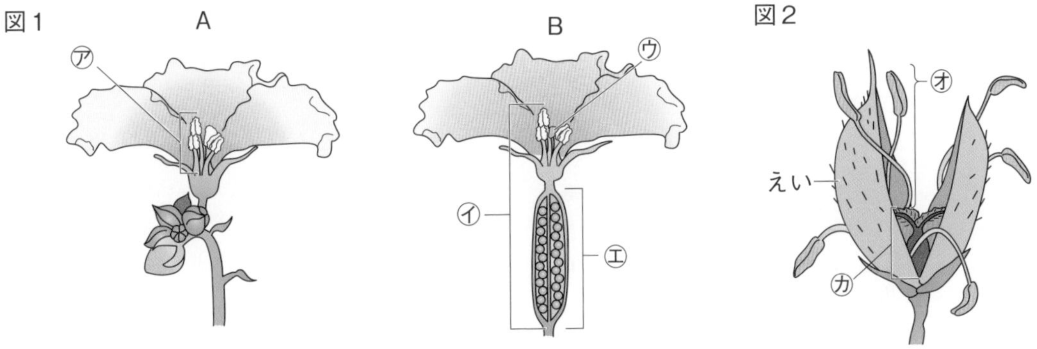

(1) ヘチマの雄花は，図1のA，Bのどちらか。（　　）

(2) ㋐～㋕のつくりをそれぞれ何というか。

㋐（　　）㋑（　　）㋒（　　）
㋓（　　）㋔（　　）㋕（　　）

(3) ヘチマの雌花と雄花にはあるが，イネにはない花のつくりを２つ答えなさい。

（　　）（　　）

レベルUP (4) ヘチマとイネの花粉は，それぞれ何によって運ばれるか。ヒント

ヘチマ（　　）
イネ（　　）

3 花のはたらき

下の図は，花と果実のつくりを模式的(もしきてき)に表したものである。これについて，あとの問いに答えなさい。

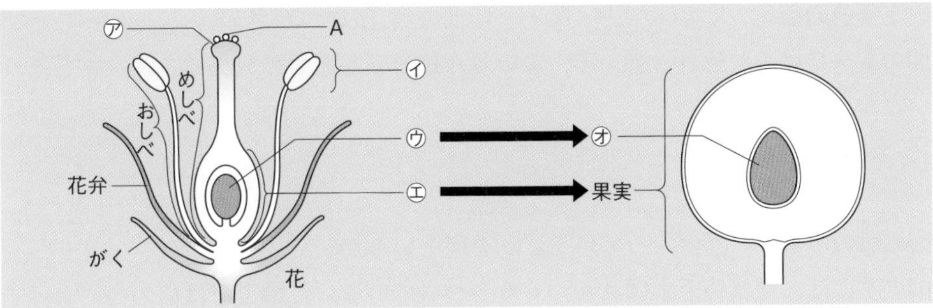

(1) ㋐～㋔のつくりをそれぞれ何というか。

㋐（　　）㋑（　　）㋒（　　）㋓（　　）㋔（　　）

(2) 図のように，㋒が㋓の中にある植物のなかまを何というか。（　　）

(3) めしべの㋐についたAの粉を何というか。（　　）

(4) Aがめしべの㋐につくことを何というか。（　　）

記述 (5) 花は，どのようなはたらきをしているか。簡単に答えなさい。ヒント

（　　）

ヒントの森

2(4)色あざやかな花弁は，昆虫(こんちゅう)などをひきつける。

3(5)受粉後に胚珠は種子になる。種子が発芽して，新しい代の植物が育つ。

解答 p.3

定着のワーク ステージ2 1章 植物の特徴と分類(1)－②

1 マツの花 下の図は，マツの花のつくりを表したものである。これについて，あとの問いに答えなさい。

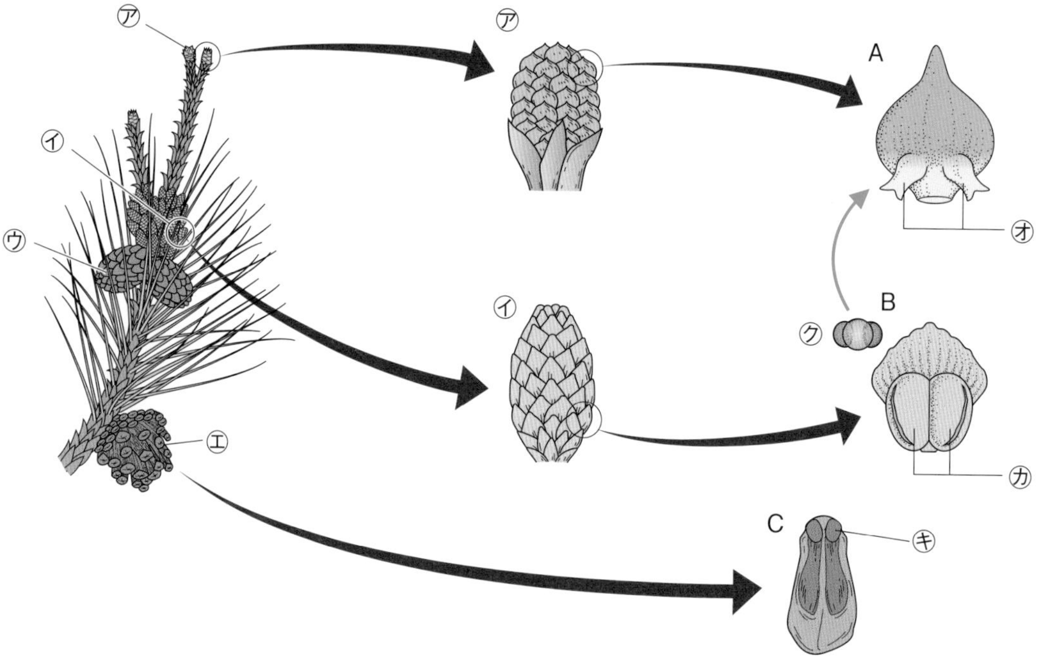

(1) 次の①～④にあてはまるものを，それぞれ図の㋐～㋓から選びなさい。

① 雄花 ( )　② 今年の雌花 ( )

③ 1年前の雌花 ( )　④ 2年前の雌花(まつかさ) ( )

(2) 図のA～Cはそれぞれ，㋐，㋑，㋓のりん片を表したものである。㋔～㋖をそれぞれ何というか。

㋔( )

㋕( )

㋖( )

(3) 図の㋕の中には，㋗が入っている。㋗を何というか。 ( )

(4) 図の㋗には，空気袋とよばれるつくりがついている。このことは何の力によって運ばれるのに適しているか。

( )

(5) 次の文の( )にあてはまるものを，図の㋔～㋗から選びなさい。ヒント

①( ) ②( ) ③( )

(①)が(②)に直接つくことで受粉すると，(②)はやがて(③)になる。

(6) マツは，果実をつくるか，つくらないか。 ( )

記述 (7) (6)の理由を，マツのつくりに着目(ちゃくもく)して簡単に答えなさい。ヒント

( )

ヒントの森

1(5)雄花の花粉のうでつくられた花粉が，雌花のりん片の胚珠につくことで受粉し，胚珠は種子となる。(7)子房のある植物は，受粉すると子房が果実になる。

[2] マツとイチョウ

右の図1はイチョウ，図2はマツの花のつくりを表したものである。これについて，次の問いに答えなさい。

図1

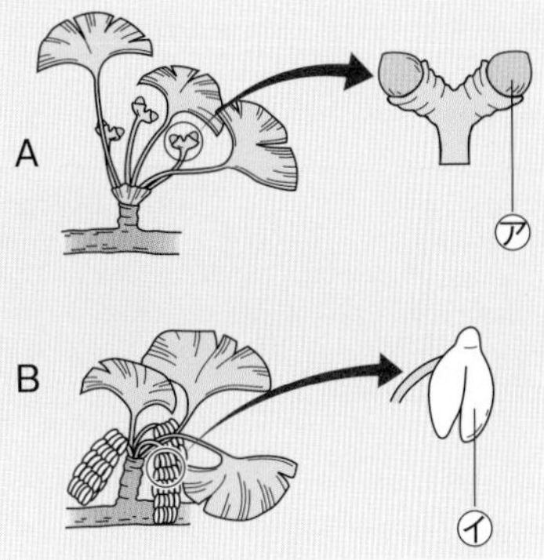

図2

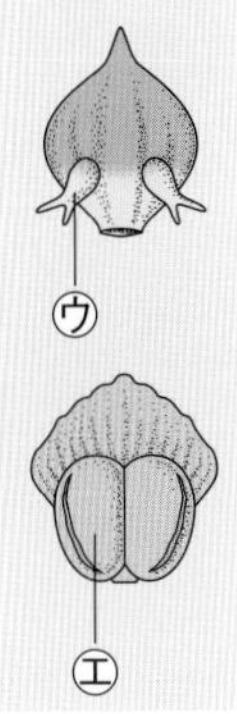

(1) イチョウの雄花は，A，Bのどちらか。
（　　）

(2) 図1の㋐，㋑のつくりを何というか。
㋐（　　　　　）　㋑（　　　　　）

(3) 図1の㋑と同じつくりは，図2の㋒，㋓のどちらか。[ヒント]
（　　）

(4) イチョウやマツと同じ特徴をもつなかまを，下の〔　〕から2つ選びなさい。
（　　　　　）（　　　　　）

〔　サクラ　　スギ　　ヘチマ　　アブラナ　　ソテツ　　ナス　〕

[3] アブラナとマツ

右の図は，アブラナとマツの花のつくりを表したものである。これについて，次の問いに答えなさい。

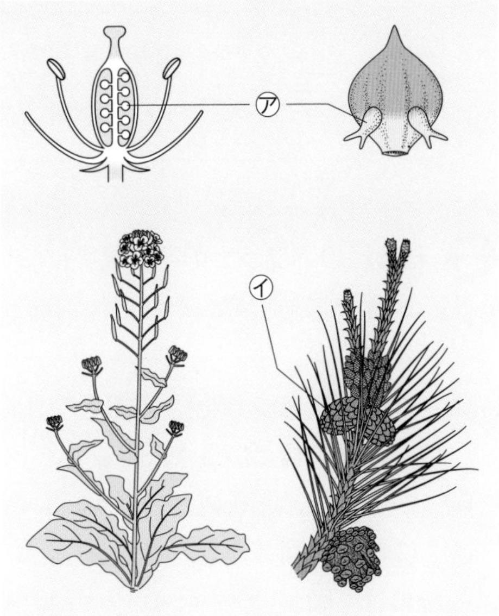

(1) 2つの花に共通するつくりである，図の㋐を何というか。（　　　　　）

(2) アブラナの花で，㋐は何というつくりの中にあるか。（　　　　　）

(3) アブラナのように，㋐が(2)のつくりの中にある植物のなかまを何というか。
（　　　　　）

(4) マツの花に次のつくりはあるか。
① 花弁（　　　　　）
② がく（　　　　　）
③ (2)のつくり（　　　　　）

(5) マツの花で，㋐のつき方にはどのような特徴があるか。簡単に答えなさい。
（　　　　　　　　　　　　　）

(6) マツのように，㋐のつき方に(5)のような特徴がある植物を何というか。
（　　　　　）

(7) マツに見られるまつかさは，何が成長したものか。（　　　　　）

(8) 図の㋑は，何年前の雌花か。（　　　　　）

(9) アブラナとマツは何でなかまをふやすか。[ヒント]（　　　　　）

(10) アブラナやマツのように，(9)でなかまをふやす植物のなかまを何というか。
（　　　　　）

ヒントの森

[2](3)㋐～㋓はそれぞれ，イチョウとマツの胚珠と花粉のうである。㋒は雌花のりん片に，㋓は雄花のりん片にある。　[3](9)アブラナもマツも，胚珠が変化したものでなかまをふやす。

実力判定テスト ステージ3 　1章　植物の特徴と分類(1) 　30分 　/100 　解答▶ p.3

1 下の図のように，エンドウの花を分解してつくりを観察した。これについて，あとの問いに答えなさい。

4点×3（12点）

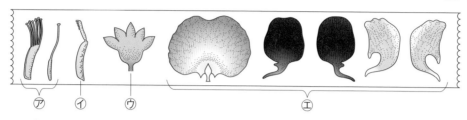

(1) 図の⑦を何というか。

(2) 図の⑦〜⑤を，花の外側にあるものから順に並べなさい。

 (3) 図の⑤は，多くの花の種類の中で，いっぱん的に色あざやかで目立ちやすい。その理由を，受粉のしくみから答えなさい。

(1)		(2)	→	→	→
(3)					

2 右の図のアブラナの花と果実について，あとの問いに答えなさい。

2点×13（26点）

(1) 図1の⑦〜⑦を，それぞれ何というか。

(2) ⑤の中にあった花粉が⑦につくことを何というか。

(3) 図2の⑦，⑦を何というか。

(4) (2)の後，図2の⑦，⑦になるのは，図1の⑦〜⑦のどのつくりか。

(5) アブラナのように，花弁が1枚1枚離れている花を何というか。

(6) (5)の植物を，次のア〜オから2つ選びなさい。

ア タンポポ　　イ ホウセンカ　　ウ アサガオ　　エ ツツジ　　オ サクラ

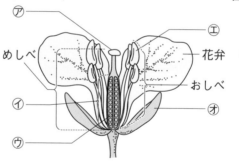

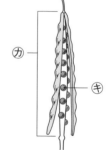

図1 　⑦ 　⑤ 　花弁 　めしべ 　おしべ 　① 　⑦ 　⑦

図2 　⑦ 　⑦

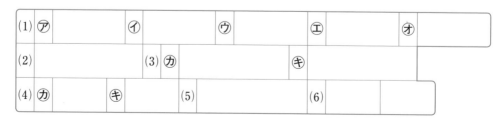

(1)⑦		①		⑦		⑤		⑦	
(2)			(3)⑦			⑦			
(4)⑦		⑦		(5)			(6)		

[よく出る] **3** 図1はマツの花から種子ができるまでのようすを，図2はイチョウの花の一部を表したものである。これについて，次の問いに答えなさい。 4点×8（32点）

(1) 図1のA，Bのうち，雌花はどちらか。

(2) 図1のA，Bのうち，枝の先に集まってついているのはどちらか。

(3) 図1の㋐～㋒を，それぞれ何というか。

[記述] (4) マツの花粉は，どのようなつくりになっているか。花粉が何によって運ばれるかに着目して，答えなさい。

図1

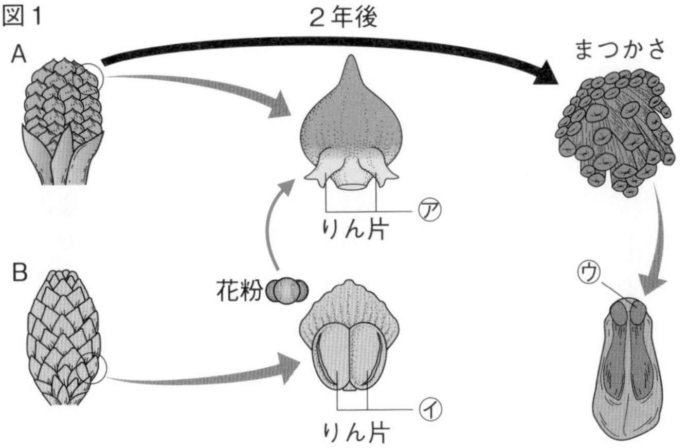

[レベルUP] (5) 図2の㋓は，マツの花では㋐，㋑のどちらにあたるか。

(6) マツやイチョウのように，胚珠がむきだしになっている植物のなかまを何というか。

図2

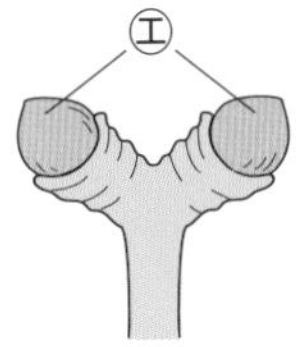

(1)		(2)		(3)	㋐		㋑		㋒
(4)									
(5)		(6)							

4 2種類の植物の花のつくりを模式的に表したものについて，次の問いに答えなさい。 5点×6（30点）

(1) Bの㋗，㋘と同じ役割をする部分は，Aではどこにあたるか。それぞれ㋐～㋖から選びなさい。

[記述] (2) AとBの植物の共通点を，なかまのふやし方に着目して答えなさい。

(3) (2)より，AとBをまとめて何植物というか。

(4) Aのように，㋒が㋓の中にある植物を何というか。

[記述] (5) Aの植物とBの植物では，受粉後のようすにどのようなちがいが見られるか。

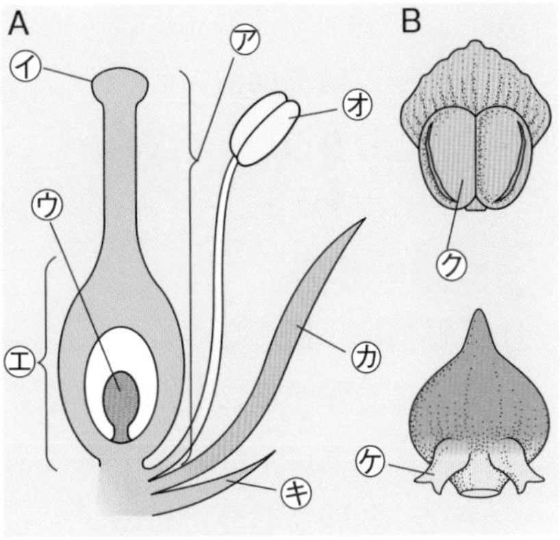

(1)	㋗		㋘		(2)
(3)		(4)			
(5)					

解答 p.4

確認のワーク ステージ1　1章　植物の特徴と分類(2)

教科書の要点

同じ語句を何度使ってもかまいません。

(　　)にあてはまる語句を，下の語群から選んで答えよう。

1 単子葉類と双子葉類

教 p.26〜28

(1)　ツユクサやトウモロコシのように，子葉が1枚のなかまを(①★　　　　)といい，アサガオやタンポポのように子葉が2枚のなかまを(②★　　　　)という。

(2)　葉に見られる，すじのようなつくりを(③★　　　　)という。

(3)　単子葉類に見られる，平行になっている葉脈を(④★　　　　)といい，たくさんの細い根を(⑤★　　　　)という。

(4)　双子葉類に見られる，網の目状に広がる葉脈を(⑥★　　　　)といい，1本の太い根を(⑦★　　　　)，そこから枝分かれしている細い根を(⑧★　　　　)という。

2 種子をつくらない植物

教 p.29〜30

(1)　種子をつくらない植物には，**シダ植物**と**コケ植物**があり，(①★　　　　)をつくってなかまをふやす。

(2)　(②★　　　　)には，イヌワラビ，ゼンマイなどがある。

・葉，茎，根の区別が(③　　　　)。

・葉の裏にある(④★　　　　)から出た**胞子**が湿った地面に落ちると，発芽して成長していく。

(3)　(⑤★　　　　)には，ゼニゴケ，スギゴケなどがある。

・葉，茎，根の区別が(⑥　　　　)。

・根のようなつくりを**仮根**といい，**地面に体を固定する**役割をもつ。

3 植物の分類

教 p.31〜33

(1)　植物は，種子をつくる(①　　　　)と，種子をつくらない植物に分類することができる。

胞子でふえる。コケ植物やシダ植物。

(2)　種子植物は，**胚珠**が子房の中にある(②　　　　)と，子房がなく**胚珠がむきだし**の(③　　　　)に分類できる。

(3)　被子植物は，**子葉・葉脈・根のつくり**によって，(④　　　　)と**双子葉類**に分類することができる。

(4)　双子葉類は，**花弁**が1枚1枚離れている(⑤★　　　　)と，花弁が1つにくっついている(⑥★　　　　)に分類できる。

まるごと暗記

単子葉類と双子葉類

- 単子葉類
子葉が1枚。根がひげ根。平行脈。
- 双子葉類
子葉が2枚。主根と側根。網状脈。

プラスα

根の先端付近に，たくさん生えている綿毛のようなものを**根毛**という。

まるごと暗記

胞子でふえる植物

- シダ植物→葉・茎・根の区別が**ある**。
- コケ植物→葉・茎・根の区別が**ない**。

ワンポイント

ゼニゴケやスギゴケには**雌株**と**雄株**があり，胞子は，**雌株の胞子のう**の中にできる。

まるごと暗記

- 種子植物は，子房の有無で，**被子植物**と**裸子植物**に分類できる。
- 被子植物は，**単子葉類**と**双子葉類**に分類できる。
- 双子葉類は，**離弁花類**と**合弁花類**に分類できる。

語群　❶網状脈／単子葉類／側根／双子葉類／主根／葉脈／平行脈／ひげ根　❷シダ植物／胞子／ある／胞子のう／ない／コケ植物　❸合弁花類／離弁花類／被子植物／裸子植物／種子植物／単子葉類

★の用語は，説明できるようになろう！

教科書の [図]

□にあてはまる語句を，下の語群から選んで答えよう。

同じ語句を何度使ってもかまいません。

1 種子をつくらない植物

[教] p.29〜30

シダ植物

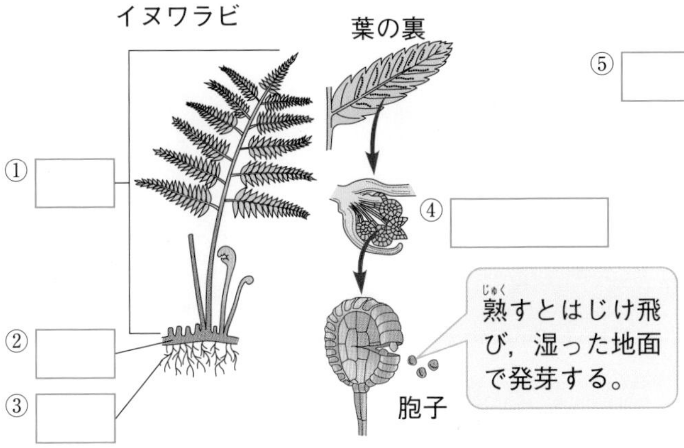

イヌワラビ
葉の裏
①
②
③
④
熟(じゅく)すとはじけ飛び，湿った地面で発芽する。
胞子

コケ植物

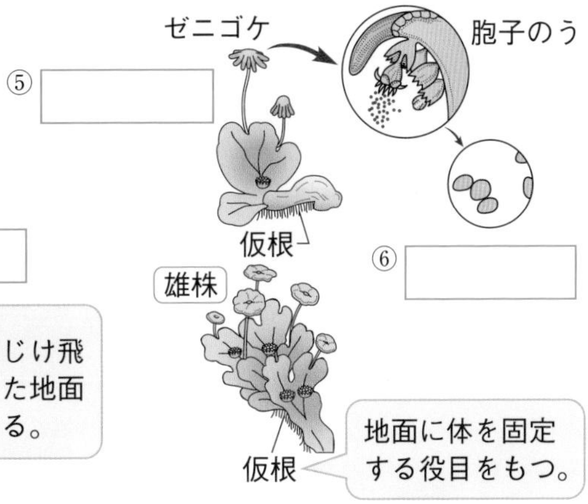

ゼニゴケ
胞子のう
⑤
仮根
⑥
雄株
地面に体を固定する役目をもつ。
仮根

2 植物の分類

[教] p.31〜33

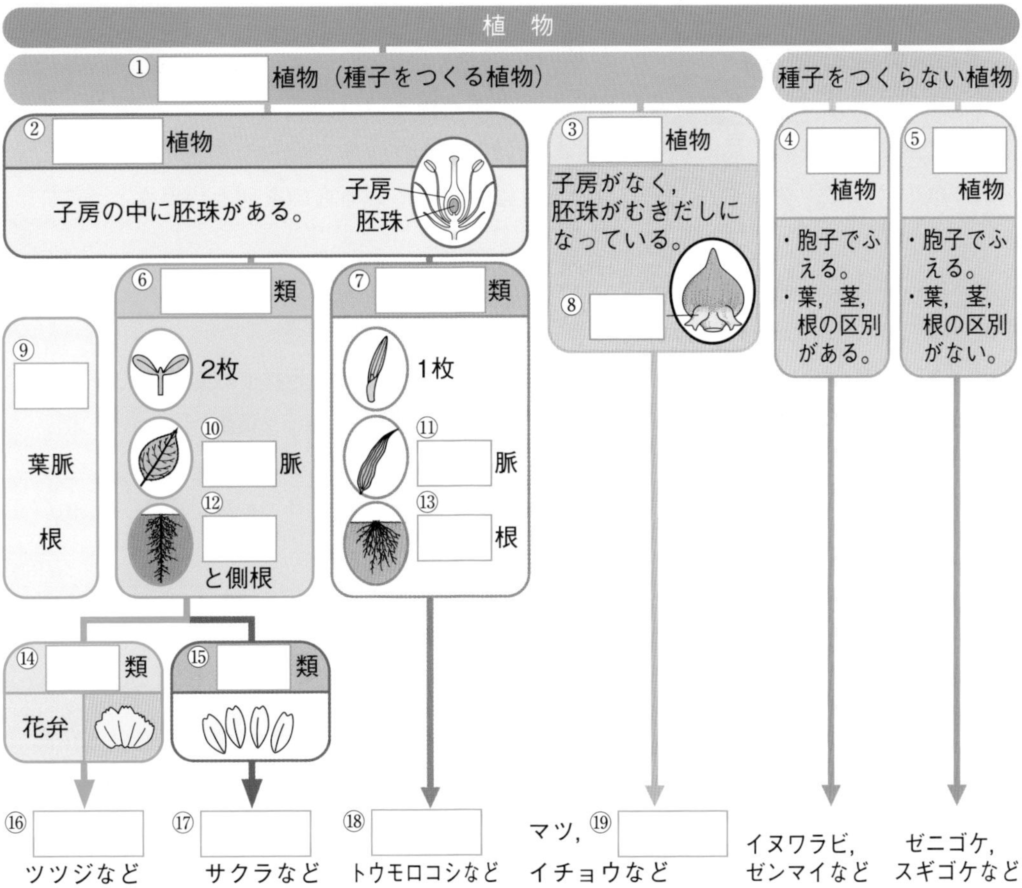

植　物
① 植物（種子をつくる植物）
種子をつくらない植物
② 植物
子房の中に胚珠がある。
子房
胚珠
③ 植物
子房がなく，胚珠がむきだしになっている。
⑧
④ 植物
・胞子でふえる。
・葉，茎，根の区別がある。
⑤ 植物
・胞子でふえる。
・葉，茎，根の区別がない。
⑥ 類
⑦ 類
⑨
葉脈
根
2枚
⑩ 脈
⑫ と側根
1枚
⑪ 脈
⑬ 根
⑭ 類
花弁
⑮ 類
⑯ ツツジなど
⑰ サクラなど
⑱ トウモロコシなど
マツ，⑲ イチョウなど
イヌワラビ，ゼンマイなど
ゼニゴケ，スギゴケなど

語群　[1]葉／雌株／胞子のう／茎／根／胞子　[2]平行／裸子／被子／コケ／主根／単子葉／胚珠／合弁花／双子葉／子葉／網状／ひげ／シダ／離弁花／種子／スギ／アサガオ／イネ／アブラナ

わからない用語は，教科書の [要][点] の★で確認しよう！

解答　p.4

定着のワーク　ステージ2　1章　植物の特徴と分類(2)－①

1 教 p.27　観察3　**葉と根のつくり**　下のA〜Fは，被子植物のなかまであるユリとアブラナの発芽のようす，葉脈，根のようすを，それぞれ表したものである。これについて，あとの問いに答えなさい。

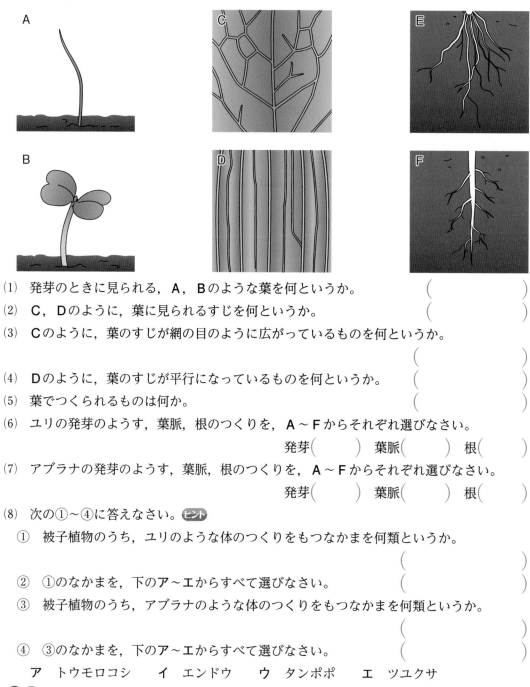

(1)　発芽のときに見られる，A，Bのような葉を何というか。　　　　（　　　　　　　）

(2)　C，Dのように，葉に見られるすじを何というか。　　　　　　　（　　　　　　　）

(3)　Cのように，葉のすじが網の目のように広がっているものを何というか。

　　　　　　　　　　　　　　　　　　　　　　　　　　　　　　　　（　　　　　　　）

(4)　Dのように，葉のすじが平行になっているものを何というか。　（　　　　　　　）

(5)　葉でつくられるものは何か。　　　　　　　　　　　　　　　　　（　　　　　　　）

(6)　ユリの発芽のようす，葉脈，根のつくりを，A〜Fからそれぞれ選びなさい。

　　　　　　　　　　　　　　発芽（　　　）　葉脈（　　　）　根（　　　）

(7)　アブラナの発芽のようす，葉脈，根のつくりを，A〜Fからそれぞれ選びなさい。

　　　　　　　　　　　　　　発芽（　　　）　葉脈（　　　）　根（　　　）

(8)　次の①〜④に答えなさい。**ヒント**

　①　被子植物のうち，ユリのような体のつくりをもつなかまを何類というか。

　　　　　　　　　　　　　　　　　　　　　　　　　　　　　　　　（　　　　　　　）

　②　①のなかまを，下のア〜エからすべて選びなさい。　　　　　　（　　　　　　　）

　③　被子植物のうち，アブラナのような体のつくりをもつなかまを何類というか。

　　　　　　　　　　　　　　　　　　　　　　　　　　　　　　　　（　　　　　　　）

　④　③のなかまを，下のア〜エからすべて選びなさい。　　　　　　（　　　　　　　）

　　　ア　トウモロコシ　　イ　エンドウ　　ウ　タンポポ　　エ　ツユクサ

　❶(8)①③子葉の枚数から，それぞれの分類名がついている。②葉脈が平行に通り，たくさんの細い根が広がっている植物を選ぶ。④葉脈が網の目に広がり，主根と側根をもつ植物を選ぶ。

2 根のつくりとはたらき 図1は，ナズナとスズメノカタビラの根のようす，図2は発芽後の植物の根のようすをそれぞれ表している。これについて，あとの問いに答えなさい。

図1

 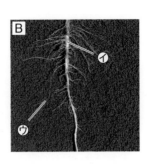 図2

(1) ナズナとスズメカタビラを，次の①～⑤からそれぞれ選びなさい。 **ヒント**

　　　　　　　　　　　　　　　　ナズナ（　　　　）　スズメノカタビラ（　　　　　）

① ② ③ ④ ⑤

(2) 図1のア～ウの根を，それぞれ何というか。

　　　　ア（　　　　　　　）　イ（　　　　　　　）　ウ（　　　　　　　）

(3) 図1で，スズメノカタビラの根のようすを表しているのは，A，Bのどちらか。（　　　）

(4) ダイコン，ニンジン，ゴボウで食用とされている部分は，ア～ウのどの根か。（　　　）

(5) ナズナのような根をもつ被子植物のなかまを何というか。（　　　）

(6) 図2で，根の先端付近に生えている毛のようなエを何というか。（　　　）

 (7) 根のはたらきを2つ答えなさい。 **ヒント** （　　　）
　　　　　　　　　　　　　　　　　　　　　　　　　（　　　）

3 イヌワラビの体のつくり 右の図は，イヌワラビの体のつくりを表したものである。これについて，次の問いに答えなさい。

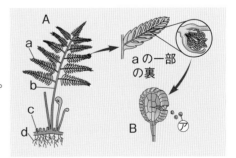

(1) Aのa～dは，それぞれ葉，茎，根のどの部分にあたるか。記号で答えなさい。 **ヒント**

　　　葉（　　　）　茎（　　　）　根（　　　）

(2) Aのaの裏側に見られる袋状のBを何というか。（　　　）

(3) Bの中でつくられた，アを何というか。（　　　）

(4) イヌワラビは何という植物のなかまか。（　　　）

 ヒントの森 ❷(1)ナズナは，白い小さな花を咲かせ，ハート形の実をつける。(7)地中に根をはりめぐらせていることから考える。　❸(1)イヌワラビのなかまは，茎が地中にあるものが多い。

解答 ▶ p.5

定着のワーク ステージ2 1章　植物の特徴と分類(2)−②

❶ コケ植物　右の図は，スギゴケの体のつくりを表している。これについて，次の問いに答えなさい。

(1) 雄株は，**A**，**B**のどちらか。　　　　　　　　（　　　　）

(2) コケ植物は，何でなかまをふやすか。　　　　（　　　　）

(3) (2)がつくられるのは㋐，㋑のどちらの部分か。（　　　　）

(4) (3)の部分を何というか。　　　　　　　　　　（　　　　）

レベルUP (5) 次の文の（　）にあてはまる言葉を答えなさい。**ヒント**

①（　　　　　　　）　②（　　　　　　　）　③（　　　　　　　）
④（　　　　　　　）　⑤（　　　　　　　）

　　コケ植物は，シダ植物とちがい，葉，茎，根の区別が（ ① ）。図2の根のように見える㋒は（ ② ）といい，地面などに体を（ ③ ）するはたらきをするが，ほかの植物の根のように（ ④ ）をとり入れるはたらきはない。コケ植物は，体の表面全体から④をとり入れているため，乾燥に弱く，（ ⑤ ）場所に生えていることが多い。

❷ 種子植物のなかま分け　種子植物について，次の問いに答えなさい。

記述 (1) 種子植物は，被子植物と裸子植物に分類される。被子植物と裸子植物に分類するときの特徴のちがいを，「胚珠」という言葉を使ってそれぞれ答えなさい。

被子植物（　　　　　　　　　　　　　　　　　　　　　　　　　　　　　）
裸子植物（　　　　　　　　　　　　　　　　　　　　　　　　　　　　　）

(2) 次のア〜オから，裸子植物をすべて選びなさい。**ヒント**　　　　　（　　　　）

　ア　ブナ　　イ　スギナ　　ウ　ソテツ　　エ　ヒノキ　　オ　クリ

(3) 被子植物は，子葉の数で2種類に分けることができる。次の①，②のなかまをそれぞれ何類というか。　　　①子葉が1枚（　　　　　　　）　②子葉が2枚（　　　　　　　）

(4) (3)の①，②のなかまの葉と根のようすを表したものを，次の㋐〜㋓から，それぞれ選びなさい。　　　　　　　①葉（　　）根（　　）　②葉（　　）根（　　）

㋐　　　　　　　　㋑　　　　　　　　㋒　　　　　　　　㋓

(5) 次のア〜オの植物を，(3)の①，②に，それぞれなかま分けしなさい。**ヒント**

①（　　　　　　　　）　②（　　　　　　　　）

　ア　ツバキ　　イ　ユリ　　ウ　ツユクサ　　エ　シロツメクサ　　オ　イネ

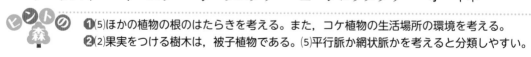

❶(5)ほかの植物の根のはたらきを考える。また，コケ植物の生活場所の環境を考える。
❷(2)果実をつける樹木は，被子植物である。(5)平行脈か網状脈かを考えると分類しやすい。

3 花のつくりと植物の分類　右の写真は，アサガオとサクラの葉と花を表している。これについて，次の問いに答えなさい。

アサガオ　　サクラ

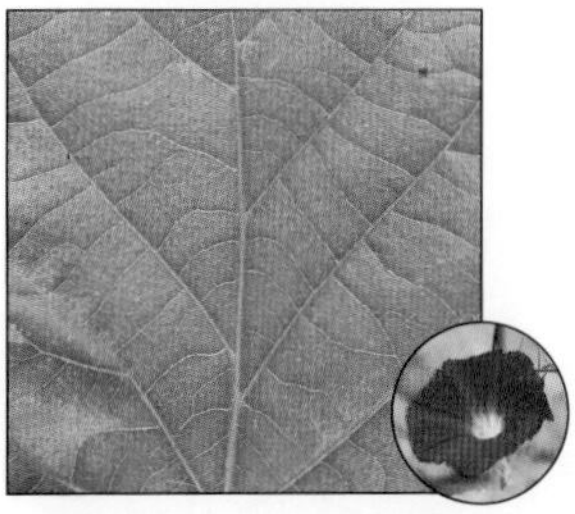

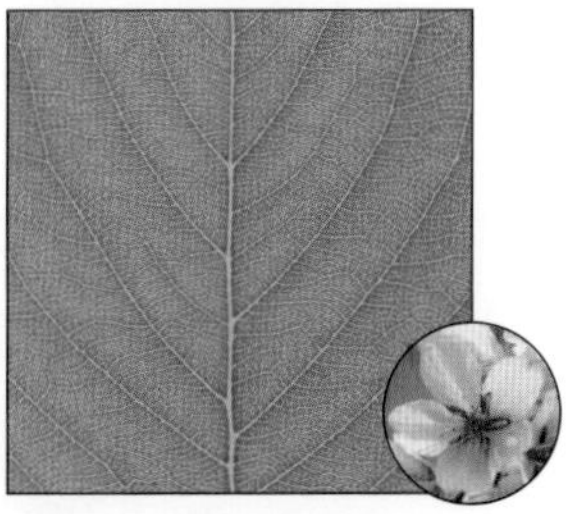

(1)　アサガオとサクラは，被子植物のうち，何というなかまに分類されるか。（　　　　）

[記述] (2)　(1)のように分類した理由を，アサガオとサクラの葉のようすから説明しなさい。
（　　　　　　　　　　　　　　　　　　　　　　　　）

(3)　アサガオとサクラは，花弁のつき方のちがいから，さらに2つのなかまに分けられる。それぞれ何類というか。　アサガオ（　　　　）　サクラ（　　　　）

[レベルUP] (4)　(3)でなかま分けしたとき，アサガオ，サクラと同じなかまの植物を，次の㋐～㋔から，それぞれすべて選びなさい。[ヒント]　アサガオ（　　　　）　サクラ（　　　　）

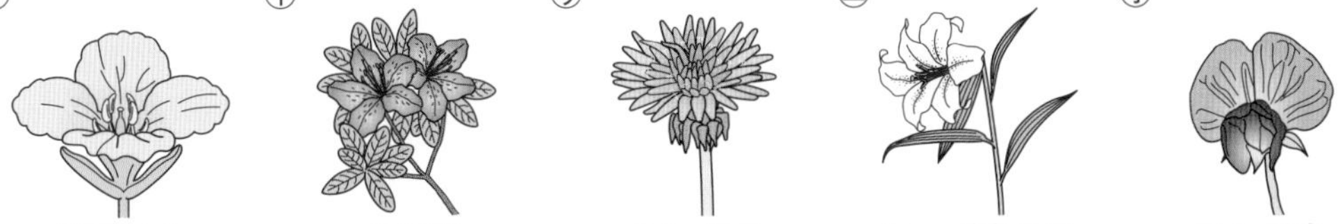

㋐ アブラナ　㋑ ツツジ　㋒ タンポポ　㋓ テッポウユリ　㋔ エンドウ

4 植物の分類　右の図は，４つの観点をもとに植物をなかま分けしたものである。これについて，次の問いに答えなさい。

(1)　A，Bにあてはまる観点を，次のア～エからそれぞれ選びなさい。[ヒント]
A（　　　）　B（　　　）
ア　葉・茎・根の区別がある。
イ　葉脈が平行に通っている。
ウ　子葉が２枚である。
エ　胞子でふえる。

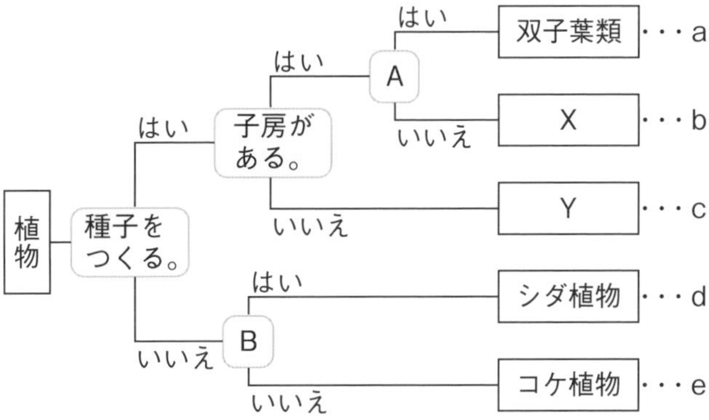

(2)　X，Yにあてはまる植物のなかまを，それぞれ何というか。　X（　　　　）　Y（　　　　）

(3)　aとbを，まとめて何植物というか。（　　　　）

(4)　種子をつくらないd，eは，何をつくってなかまをふやすか。（　　　　）

(5)　次の①～④の植物を図のように分類すると，図のa～eのどのなかまに入るか。
①　スギ（　　）　②　ゼンマイ（　　）
③　トウモロコシ（　　）　④　ホウセンカ（　　）

ヒントの森
3(4)はじめに㋐～㋔が，アサガオとサクラと同じ双子葉類であるかどうか考える。
4(1)Aは被子植物を双子葉類と単子葉類に，Bはシダ植物とコケ植物に分ける観点である。

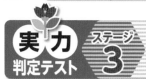

解答 p.5

実力判定テスト ステージ3　1章　植物の特徴と分類(2)

30分　/100

よく出る **1** 図1はイヌワラビの体のつくりを，図2はゼニゴケの体のつくりを，それぞれ表したものである。あとの問いに答えなさい。　4点×13(52点)

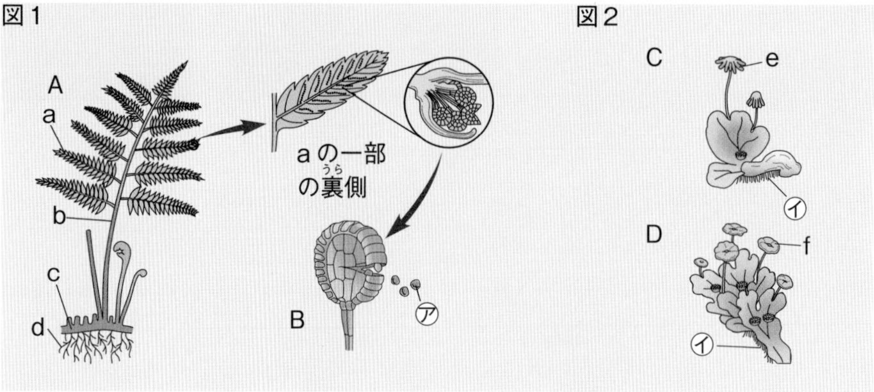
図1
A
a
b
c
d
aの一部の裏側
B
㋐
図2
C
e
㋑
D
f
㋑

(1) 図1のイヌワラビと図2のゼニゴケは，それぞれ何植物のなかまか。

[記述] (2) イヌワラビとゼニゴケに見られる体のつくりのちがいのうち，イヌワラビの特徴を「葉，茎，根」という言葉を使って答えなさい。

(3) 図1のAのa〜dについて，葉，茎，根の部分の組み合わせを，右のア〜ウから選びなさい。

	葉	茎	根
ア	a	b	c，d
イ	a，b	c	d
ウ	a	b，c	d

(4) 図1のaの一部の裏側に，無数に見られるBを何というか。

(5) 図1のBでつくられた㋐の粒を何というか。

[記述] (6) Bの集まりをピンセットで採取し，シャーレにのせた後，Bから㋐をはじけさせて観察したい。どのような処理を行えばいいか。

(7) 図2で，雄株はC，Dのどちらか。

(8) 図1の㋐は，図2のe，fのどちらの部分でつくられるか。

(9) 図2の㋑を何というか。

[記述] (10) 図2の㋑のはたらきを簡単に答えなさい。

(11) イヌワラビと同じなかまの植物を，次のア〜オからすべて選びなさい。

ア ソテツ　**イ** ササ　**ウ** スギナ　**エ** オオバコ　**オ** ノキシノブ

[記述] (12) イヌワラビやゼニゴケが生えている場所は，どのようなところか。

(1)	図1		図2		(2)		(3)
(4)		(5)		(6)		(7)	
(8)		(9)		(10)			
(11)		(12)					

2 アブラナやイネなど10種類の植物を，いろいろな共通する特徴でA～Eのグループに
なかま分けした。次の問いに答えなさい。　　　2点×24(48点)

A　スギゴケ，ゼニゴケ

B　イヌワラビ，ゼンマイ

C　マツ，イチョウ

D　イネ，トウモロコシ

E　アブラナ，タンポポ

(1)　右の図をもとに，次の①～③のようにグループ分けした
ときの観点を，下のア～ウからそれぞれ選びなさい。

①　A と B・C・D・E に分ける。

②　A・B と C・D・E に分ける。

③　C～Eを，C と D・E に分ける。

ア　葉，茎，根の区別があるか，区別がないか。

イ　種子でふえるか，ふえないか。

ウ　果実をつくるか，つくらないか。

(2)　(1)②の C・D・E のなかまを，何植物というか。

(3)　(1)②の A・B の植物は，何でなかまをふやすか。

(4)　(1)③の C，D・E のなかまを，それぞれ何植物というか。

(5)　DとEを区別するときの観点は何か。

(6)　DとEのなかまを，それぞれ何類というか。

作図 (7)　DとEの植物のなかまの根と葉脈のようすを，それぞれ下の図にかき入れなさい。

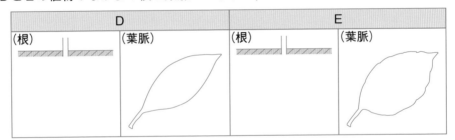

D		E	
(根)	(葉脈)	(根)	(葉脈)

(8)　Eのアブラナとタンポポの花について，次の文の（　）にあてはまる言葉を答えなさい。

タンポポとアブラナは，ともに黄色い花を咲かせ，（　①　）の力で花粉が運ばれると
いう共通の特徴がある。異なる特徴は，花弁のようすで，タンポポは花弁が（　②　）の
で，（　③　）類に分類され，アブラナは，花弁が（　④　）ので，（　⑤　）類に分類される。

(9)　次のア～オは，A～Eのどのグループと同じなかまか。

ア　スギナ　　イ　ドクダミ　　ウ　ツユクサ　　エ　スギ　　オ　ユリ

(1)	①		②		③		(2)			(3)	
(4)	C			D・E				(5)			
(6)	D			E			(7)	図に記入			
(8)	①			②					③		
	④								⑤		
(9)	ア		イ		ウ		エ		オ		

解答 p.6

確認のワーク ステージ1　2章　動物の特徴と分類(1)

教科書の要点

(　　)にあてはまる語句を，下の語群から選んで答えよう。
同じ語句を何度使ってもかまいません。

1 動物の体のつくりと生活

教 p.35〜39

(1)　動物の体は，それぞれの**食べ物**や**生活**に合ったつくりをしている。

(2)　ライオンのように，ほかの動物を食べる動物を(①★　　　　)という。

・獲物(えもの)をしとめるための，するどい(②★　　　　)が発達している。

・目が顔の**正面**についていることで，(③　　　　)に見える範囲が広くなり，獲物との距離(きょり)をはかることができる。

(3)　シマウマのように，植物を食べる動物を(④★　　　　)という。

・草を切る**門歯**(もんし)と，草をすりつぶす(⑤★　　　　)が発達している。

・目が(⑥　　　　)についていることで，広範囲を見わたせる。
背後から近づく敵をすばやく察知できる。

2 背骨のある動物

教 p.40〜47

(1)　体を支える(①★　　　　)として**背骨**(せぼね)をもつ動物を(②★　　　　)という。

(2)　親が卵(らん)を産んで，卵から子がかえるふやし方を(③★　　　　)といい，母親の**子宮**(しきゅう)内で酸素と栄養分を与(あた)えて，ある程度成長させてから子を産むふやし方を(④★　　　　)という。

(3)　脊椎動物(せきついどうぶつ)は，生活場所や呼吸(こきゅう)のしかた，ふえ方，体表などの特徴から，次の５つに分類できる。

・(⑤★　　　　)…一生，**水中**で生活をする。**卵生**(らんせい)で，**殻**(から)**のない**卵を産む。(⑥　　　　)で呼吸し，体表は**うろこ**でおおわれている。

・(⑦★　　　　)…子は**水中**，親は**水辺**で生活する。**卵生**で，寒天状のものに包まれた卵を産む。子は**えら**や**皮膚**(ひふ)で呼吸し，親は**肺**や**皮膚**で呼吸する。体表は**湿ったうすい皮膚**でおおわれている。

・(⑧★　　　　)…おもに**陸上**で生活する。**卵生**で，弾力のある**殻のある卵**を産む。**肺**で呼吸し，体表は(⑨　　　　)でおおわれている。

・(⑩★　　　　)…**陸上**で生活する。**卵生**で，かたい**殻のある卵**を産む。**肺**で呼吸し，体表は(⑪　　　　)でおおわれている。

・(⑫★　　　　)…おもに陸上で生活する。**胎生**(たいせい)で，生まれた後は**母乳**で育つ。**肺**で呼吸し，体表は(⑬　　　　)でおおわれている。

まるごと暗記
肉食動物(にくしょくどうぶつ)**と草食動物**(そうしょくどうぶつ)
●肉食動物
・犬歯が発達。
・目が前向き→立体的に見える範囲が広い。
●草食動物
・臼歯と門歯が発達。
・目が横向き→広範囲を見わたせる。

プラスα
●ライオンの**かぎ爪**(つめ)は，走る速度を上げたり，獲物をとらえるのに適している。
●シマウマの**ひづめ**は，長距離移動や敵から逃げるのに適している。

ワンポイント
脊椎動物は，背骨のまわりに**筋肉**(きんにく)が発達していることで，すばやく力強い動きができる。

まるごと暗記
卵生と胎生
●卵生…卵を産むなかまのふやし方→魚類，両生類，は虫類，鳥類
●胎生…母体内である程度成長させてから子を産むふやし方。→哺乳類のみ。

語群
1 臼歯(きゅうし)／立体的／肉食動物／犬歯(けんし)／横向き／草食動物
2 鳥類(ちょうるい)／えら／骨格(こっかく)／哺乳類(ほにゅうるい)／脊椎動物／魚類(ぎょるい)／羽毛(うもう)／卵生／うろこ／両生類／胎生／毛／は虫類(ちゅうるい)

★の用語は，説明できるようになろう！

教科書の [図]　□にあてはまる語句を，下の語群から選んで答えよう。

同じ語句を何度使ってもかまいません。

1 肉食動物と草食動物　[教] p.39

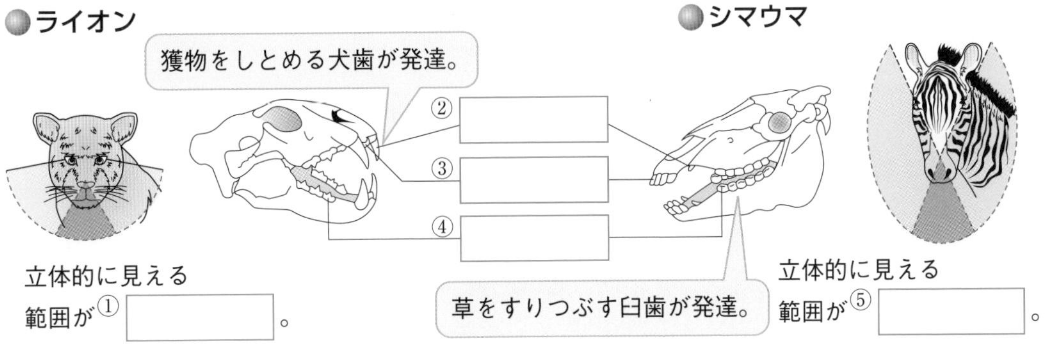

ライオン
シマウマ
獲物をしとめる犬歯が発達。
②
③
④
草をすりつぶす臼歯が発達。
立体的に見える範囲が① □。
立体的に見える範囲が⑤ □。

2 脊椎動物　[教] p.46〜47

	生活の場所	体表のようす	呼吸のしかた	なかまのふやし方
魚類（フナなど）	水中	①	②	卵生
両生類（カエルなど）	子：水中 親：陸上（水辺）	うすく湿った皮膚	子：③ 親：④	⑤
は虫類（ヤモリなど）	おもに陸上	うろこ	⑥	⑦
鳥類（ハトなど）	陸上	⑧	⑨	⑩
哺乳類（ウサギなど）	おもに陸上	⑪	肺	⑫

3 脊椎動物の分類　✎分類の観点と動物の名前を書こう。　[教] p.46

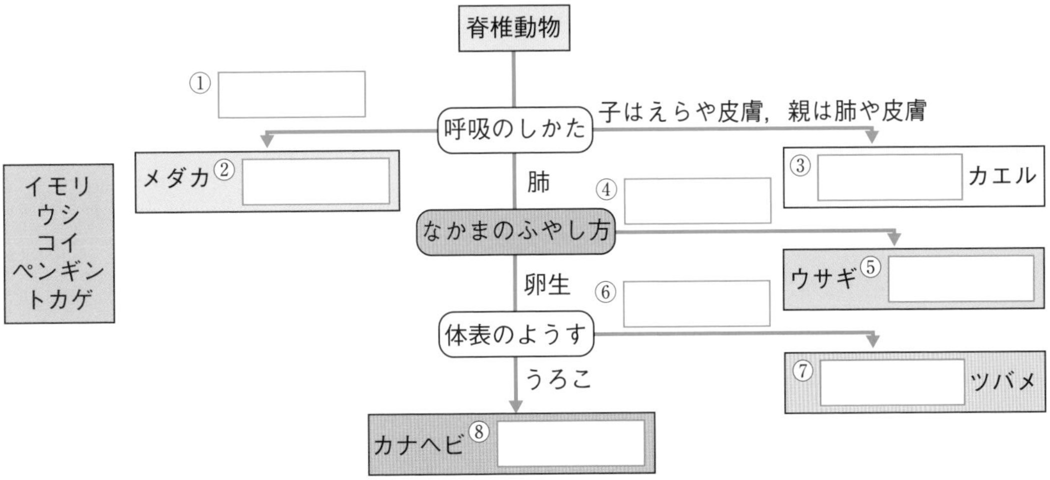

脊椎動物
①
呼吸のしかた
子はえらや皮膚，親は肺や皮膚
メダカ②
③ カエル
イモリ
ウシ
コイ
ペンギン
トカゲ
肺
④
なかまのふやし方
ウサギ⑤
卵生
⑥
体表のようす
⑦ ツバメ
うろこ
カナヘビ⑧

[語群] [1]広い／犬歯／門歯／臼歯／せまい　[2]毛／うろこ／えらや皮膚／卵生／肺／羽毛／えら／胎生／肺や皮膚　[3]羽毛／コイ／イモリ／トカゲ／胎生／ウシ／ペンギン／えら

わからない用語は，教科書の[要][点]の★で確認しよう！

解答 ▶ p.6

定着のワーク ステージ2　2章　動物の特徴と分類(1)

1 **セキツイ動物**　下の表は，身のまわりに見られる5種類の動物の特徴をまとめたものである。これについて，あとの問いに答えなさい。

	フナ	カエル	ニホンカナヘビ	ハト	ウマ
生活場所	（ A ）　　子	親	おもに（ B ）		
体表のようす	（ C ）	湿った皮膚	（ D ）	（ E ）	（ F ）
呼吸のしかた	（ G ）　　子 (H)	親 (I)	（ J ）		
なかまのふやし方	a	b	c	d	e
子の育て方	X			Y	Z
なかま分け	（ ① ）類	（ ② ）類	（ ③ ）類	（ ④ ）類	（ ⑤ ）類

(1) 表のA〜Jにあてはまる言葉をそれぞれ答えなさい。 ヒント

A（　　　　）　B（　　　　）　C（　　　　）　D（　　　　）　E（　　　　）
F（　　　　）　G（　　　　）　H（　　　　）　I（　　　　）　J（　　　　）

(2) 表のa〜eにあてはまるなかまのふやし方を，次のア〜オから選びなさい。 ヒント

a（　　　）　b（　　　）　c（　　　）　d（　　　）　e（　　　）

ア　弾力のある殻のある卵を陸上に産む。

イ　母親の子宮内で酸素や栄養分を与えて，ある程度育てた子を産む。

ウ　寒天状のものに包まれた卵を水中に産む。

エ　殻のない卵を水中に産む。

オ　かたい殻のある卵を陸上の巣の中に産む。

(3) (2)のイのようななかまのふやし方を何というか。　　　　　　　　　（　　　　　　　　）

記述 (4) (2)のアやオのように，殻をもつ卵にはどのような特徴があるか。 ヒント

（　　　　　　　　　　　　　　　　　　　　　　　　　　　　　　　　　　　　　　）

(5) 表のX〜Zにあてはまる子の育て方を，次のア〜ウから選びなさい。

X（　　　）　Y（　　　）　Z（　　　）

ア　親は産卵後，卵をあたためてかえした後，子に食べ物を与えて育てる。

イ　親は産卵後も，卵からかえった後も子を育てない。

ウ　出産後，親が乳を与えて子を育てる。

(6) 表の①〜⑤にあてはまる言葉を答えなさい。

①（　　　　）　②（　　　　）　③（　　　　）　④（　　　　）　⑤（　　　　）

(7) 1回に産む卵(子)の数がもっとも多い動物を，表の名前で答えなさい。（　　　　　　　）

ヒントの森　❶(1)(2)それぞれの生活場所に合った，体表や呼吸のしかた，なかまのふやし方になっている。
(4)水中と陸上の環境のちがいを考える。殻があることで内部が守られる。

2 ライオンとシマウマ

図１はシマウマとライオンの頭部を，図２はそれぞれの頭骨を表している。これについて，次の問いに答えなさい。

図１

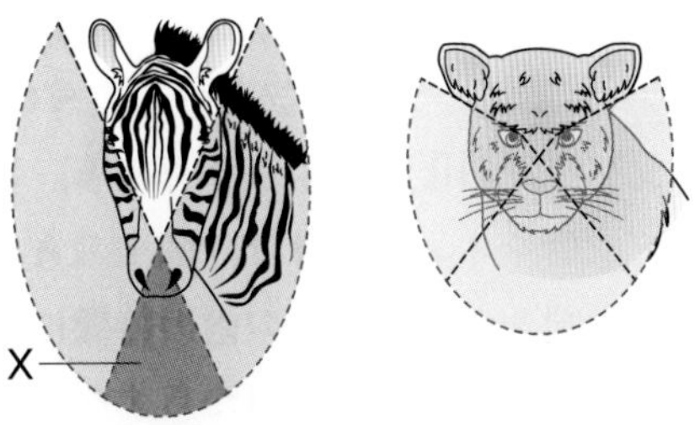
X

(1) 図１で，左右の視野が重なるXの部分はどのように見える範囲か。（　　　　　　）

(2) 図１で，ライオンのXの部分をぬりつぶしなさい。

(3) 次の文の(　)にあてはまる言葉を書きなさい。

①(　　　　　) ②(　　　　　)
③(　　　　　) ④(　　　　　)

ライオンは目が(①)についていて，図１のXの部分が広くなり，獲物との(②)がはかりやすい。シマウマは目が(③)についているので，Xの部分はせまくなるが，(④)を見わたすことができ，後方の敵をもすばやく察知し，逃げることができる。

(4) 図２で，㋐～㋒の歯の名前を答えなさい。

㋐(　　　　) ㋑(　　　　) ㋒(　　　　)

図２

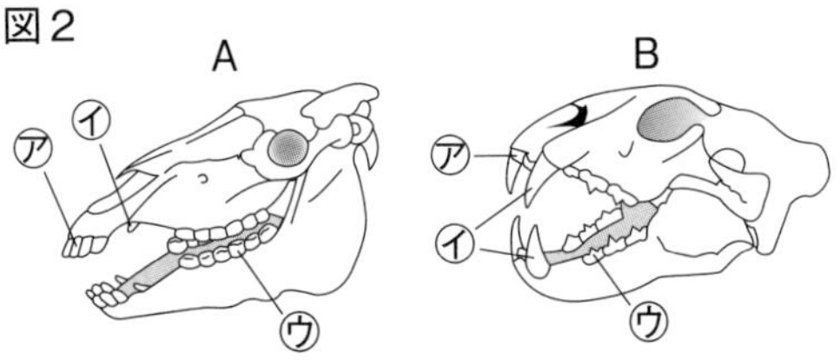
A
B
㋐
㋑
㋒
㋐
㋑
㋒

(5) 次の文の(　)にあてはまる言葉を書きなさい。[ヒント]

①(　　　　) ②(　　　　) ③(　　　　)

ライオンは，ほかの動物を食べる(①)動物である。獲物をとらえるためのするどい(②)が発達しているので，図２では，ライオンの頭骨はA，Bのうち，(③)である。

3 脊椎動物の分類

図１は，５種類の動物をある観点にしたがって順にならべたものである。これについて，あとの問いに答えなさい。

図１

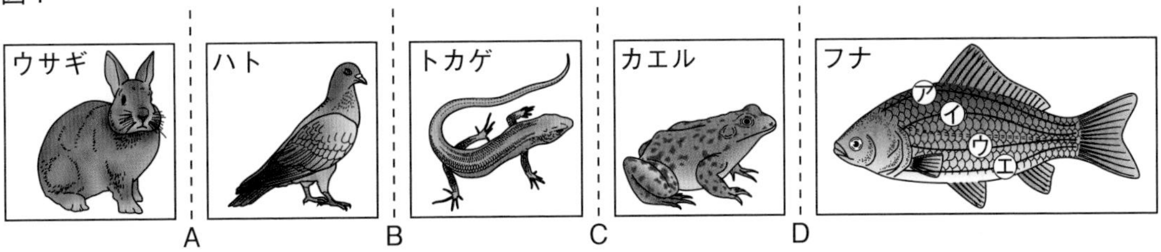
ウサギ
ハト
トカゲ
カエル
フナ
㋐
㋑
㋒
㋓
A
B
C
D

(1) 図１で，フナの背骨の位置は，㋐～㋓のどれか。（　　）

図２

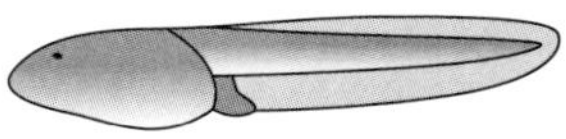

(2) なかまのふやし方について，卵生か胎生かで，５種類の動物を分ける境界線は，A～Dのどれか。（　　）

(3) 図１で，(2)で分けた卵生の動物を，卵に殻があるかないかで分ける境界線は，A～Dのどれか。[ヒント]（　　）

(4) Dは，５種類の動物をどのように分ける境界線か。（　　　　　　　　　　）

(5) 図２は，図１の動物のうち，どの動物の子(幼生)か。（　　）

[記述] (6) (5)の動物は，図２の子から親(成体)になるとき，呼吸のしかたはどのように変わるか。

（　　　　　　　　　　　　　　　　　　　　　　　　　）

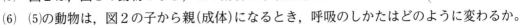

ヒントの森

2(5)肉食動物は，獲物をしとめるために適した歯をもつ。
3(3)陸上にすむ動物の卵は，乾燥から守るために殻がある。

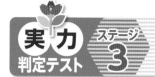

解答 p.7

実力判定テスト ステージ3　2章　動物の特徴と分類(1)

30分　/100

1 図1は，ライオンとシマウマのいずれかの頭骨を表している。また，図2はライオンとシマウマの正面のようすである。これについて，次の問いに答えなさい。　4点×5（20点）

(1) ライオンの頭骨は，図1のA，Bのどちらか。

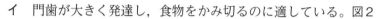

(2) 図1のAの動物の歯の特徴について述べているものを，次のア～カからすべて選びなさい。

ア　門歯はあまり発達していない。

イ　門歯が大きく発達し，食物をかみ切るのに適している。

ウ　犬歯はあまり発達していない。

エ　するどい犬歯は，獲物をとらえるのに適している。

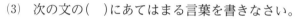

オ　するどい臼歯は，食物をかみくだくのに適している。

カ　平らな臼歯は，食物をすりつぶすのに適している。

図1

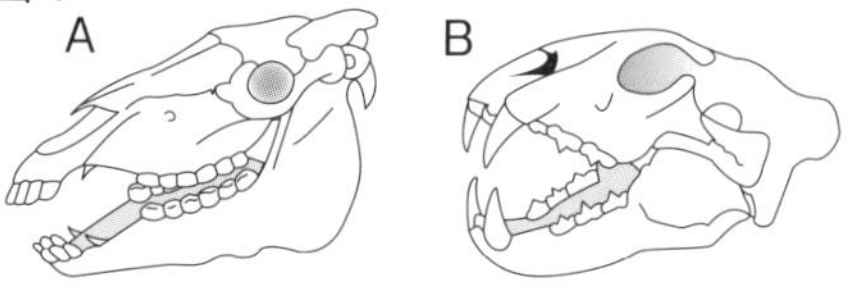
A
B

図2

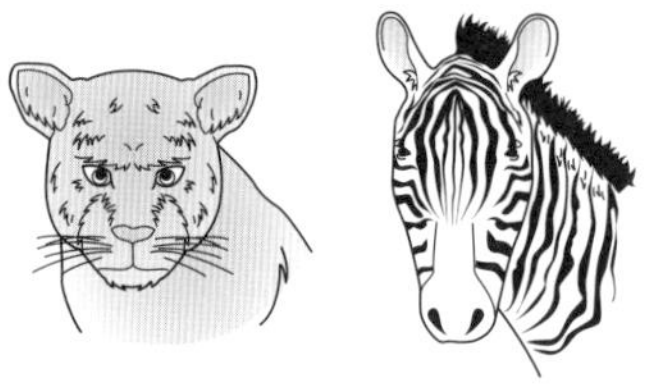

(3) 次の文の(　)にあてはまる言葉を書きなさい。

シマウマの目のつき方は，ライオンに比べると，(①)についている。この目のつき方によって，(②)ことができ，(③)という利点がある。

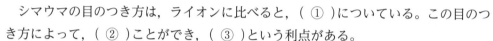

(1)		(2)		(3) ①		②	
(3) ③							

2 校庭で採集したイモリ（成体）とヤモリについて，次の問いに答えなさい。　3点×7（21点）

(1) 右の図で，イモリはA，Bのどちらか。

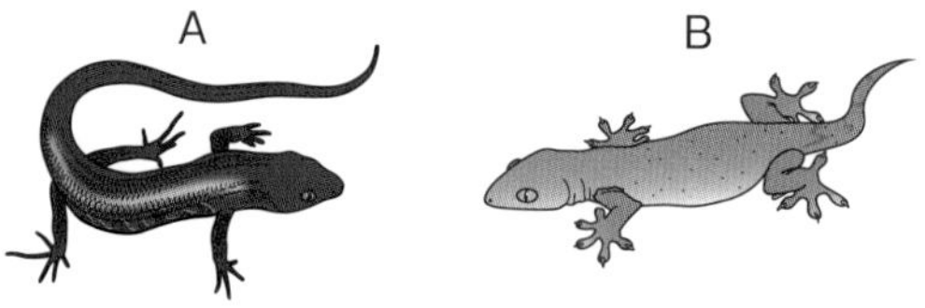
A
B

(2) イモリとヤモリは，それぞれ脊椎動物の何類のなかまか。

(3) イモリとヤモリのように，卵を産んでなかまをふやすことを何というか。

[記述] (4) イモリ（成体）とヤモリでは，ヤモリのほうが，より陸上生活に適した特徴をもっている。その特徴を2つ答えなさい。

[レベルUP] (5) 採集したイモリを飼育することにした。飼育用の容器として適切なものを，右の㋐～㋒から選びなさい。

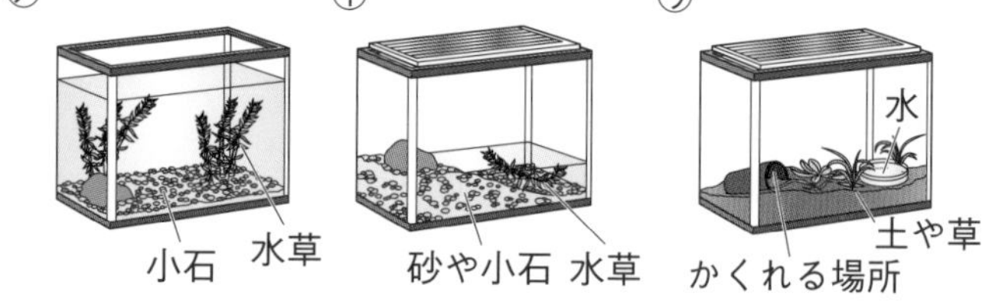
㋐
㋑
㋒
水
小石
水草
砂や小石
水草
かくれる場所
土や草

(1)		(2) イモリ		ヤモリ		(3)	
(4)						(5)	

3 右の図のように，10種類の脊椎動物をA〜Eの5つにグループ分けした。これについて，次の問いに答えなさい。

3点×13(39点)

A	ツバメ，ニワトリ
B	フナ，イワシ
C	カメ，ワニ
D	サル，イルカ
E	カエル，サンショウウオ

(1) A〜Eの動物は，すべて脊椎動物である。脊椎動物とはどのような特徴をもつ動物か。

(2) 水中に卵を産むグループを，すべて選びなさい。

(3) 陸上に卵を産むグループを，すべて選びなさい。

(4) 卵からかえった子にえさを与えるグループはどれか。

(5) 母親の体内である程度育ててから，子の形で産むグループはどれか。

(6) (5)のようななかまのふやし方を何というか。

記述 (7) (5)のグループの動物は，子がある程度食べ物を自分でとり入れるようになるまで，どのような育て方をするか。

(8) いっぱんに，1回に産む卵や子の数が多い順にA〜Eを並べなさい。

(9) A〜Eは，それぞれ何類か。

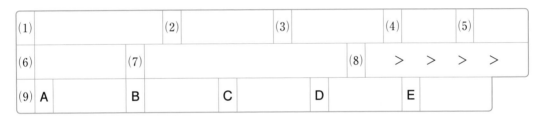

(1)		(2)		(3)		(4)		(5)	
(6)		(7)				(8)	> > > >		
(9) A		B		C		D		E	

4 下の図は，メダカ，カエル，ヘビ，ハト，イヌの5種類の動物を，いろいろな特徴をもとに分類したものである。次の問いに答えなさい。

2点×10(20点)

(1) 図中のA〜Hにあてはまる特徴を，次のア〜クからそれぞれ選びなさい。

ア 殻のある卵を産む。

イ 胎生である。

ウ 卵生である。

エ 殻のない卵を産む。

オ 一生えらで呼吸する。

カ 親と子で呼吸のしかたが変わる。

キ 体表がうろこでおおわれている。　ク 体表が羽毛でおおわれている。

```
              脊椎動物
          ┌──────┴──────┐
          A              B
     ┌────┴────┐
     C         D
  ┌──┴──┐   ┌──┴──┐
  E    F     G    H
  a メダカ b カエル c ヘビ d ハト e イヌ
```

(2) 次の①，②の動物は，a〜eのどのなかまに分類されるか。
① ウサギ　② ペンギン

(1) A		B		C		D		E		F		G		H	
(2) ①		②													

確認のワーク　ステージ**1**　**2章　動物の特徴と分類(2)**

解答▶ p.8

📖 **教科書の** 要点　（　）にあてはまる語句を，下の語群から選んで答えよう。

同じ語句を何度使ってもかまいません。

❶ 背骨のない動物

教▶p.48〜50

(1) 背骨をもたない動物を(①★　　　　　　)という。

(2) 無脊椎動物(むせきついどうぶつ)のうち，体やあしが多くの節(ふし)に分かれている動物を(②★　　　　　　)という。

(3) 節足動物(せっそくどうぶつ)は，体の外側がかたい殻(から)でおおわれ，体の内部が保護されている。このように，体の外側をおおう骨格を(③★　　　　　　)という。

地球上の動物の約95%を無脊椎動物が占めるといわれているよ。

(4) 節足動物のうち，バッタやカブトムシなど，体が頭部(とうぶ)・胸部(きょうぶ)・腹部(ふくぶ)に分かれ，胸部にあしが3対あるなかまを(④★　　　　　　)という。胸部や腹部の気門で空気をとり入れて呼吸している。

(5) 節足動物のうち，エビやカニなどのなかまを(⑤★　　　　　　)という。多くは，体が頭胸部(とうきょうぶ)・腹部，あるいは頭部・胸部・腹部に分かれている。多くが水中生活をし，えらで呼吸している。

(6) そのほかの節足動物

・クモのなかま…頭胸部と腹部に分かれ，頭胸部にあしが4対ある。

・ムカデのなかま…頭部と胴部(どうぶ)に分かれ，胴部の各節ごとにあしが1対ずつついている。

(7) イカやタコ，マイマイやアサリなどのように，(⑥★　　　　　　)で内臓(ないぞう)がおおわれている動物を(⑦★　　　　　　)という。

(8) そのほかの無脊椎動物には，ヒトデやイソギンチャク，クラゲ，ウニ，ミミズなどがふくまれる。

❷ 動物の分類

教▶p.51〜53

(1) 動物は背骨をもつかもたないかで，(①★　　　　　　)か(②★　　　　　　)に，大きく分けることができる。

(2) 脊椎動物は，生活場所やからだのつくりなどの特徴によって，さらに，(③★　　　　　)，(④★　　　　　)，(⑤★　　　　　)，(⑥★　　　　　)，(⑦★　　　　　)の5つに分類できる。

(3) 無脊椎動物は，体やあしに節のある(⑧★　　　　　)，外とう膜をもつ(⑨★　　　　　)，そのほかの無脊椎動物に分類できる。

語群 ❶昆虫類／無脊椎動物／節足動物／軟体動物／外骨格／甲殻類／外とう膜

❷は虫類／脊椎動物／哺乳類／両生類／節足動物／無脊椎動物／魚類／鳥類／軟体動物

😊 ★の用語は，説明できるようになろう！

まるごと暗記

節足動物

●体やあしが節に分かれている。

●外骨格(がいこっかく)をもつ。

●昆虫類…クワガタ・ハチ・チョウなど。

●甲殻類(こうかくるい)…エビ・カニ・ダンゴムシ・ミジンコなど。

●その他…クモ・ムカデ，ヤスデなど。

プラスα

節足動物は，外骨格を脱ぎ捨てて脱皮(だっぴ)をくり返すことで成長する。

まるごと暗記

軟体動物(なんたいどうぶつ)

●内臓をおおう外とう膜(がいとうまく)をもつ。

●筋肉でできたあしをもつ。

プラスα

軟体動物のうち，マイマイのように，陸上で生活するものは，肺で呼吸する。

ワンポイント

生活場所や，ふえ方，呼吸のしかたなど，分類の観点や基準が変わると，分類の結果も変わる。

生命

教科書の 図 〔　〕にあてはまる語句を，下の語群から選んで答えよう。

同じ語句を何度使ってもかまいません。

1 無脊椎動物

教 p.49〜50

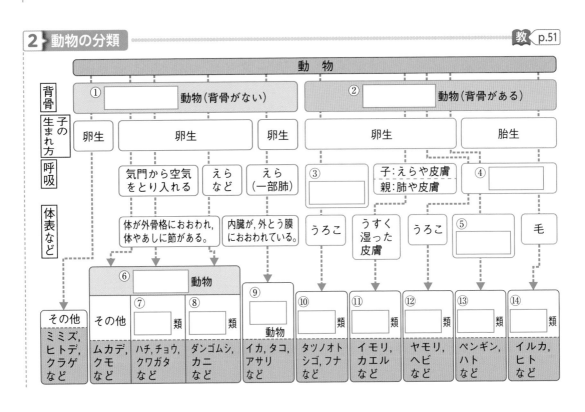

● ホッコクアカエビ　①〔　　　　　　〕類

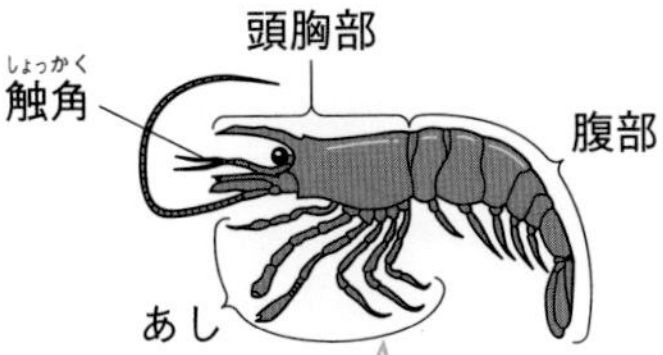

触角（しょっかく）　頭胸部　腹部　あし

● バッタ　②〔　　　　　　〕類

③〔　　　〕　はね　④〔　　　〕

触角　あし　空気をとり入れて，呼吸している。

⑤〔　　　〕　⑥〔　　　〕

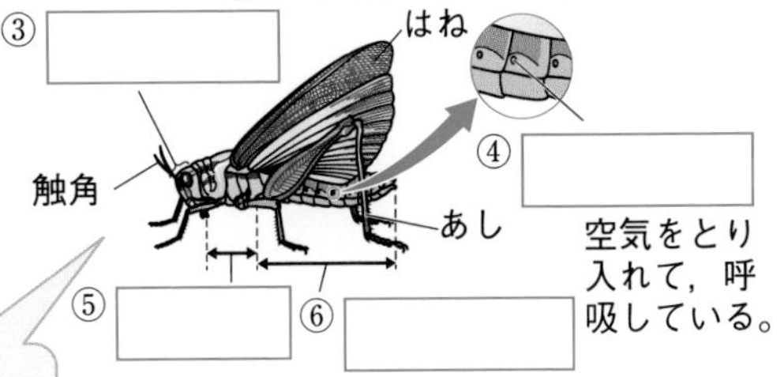

・体やあしに多くの⑦〔　　　〕がある。
・全身が⑧〔　　　〕でおおわれている。

➡ ⑨〔　　　〕動物とよばれる。

● アサリ

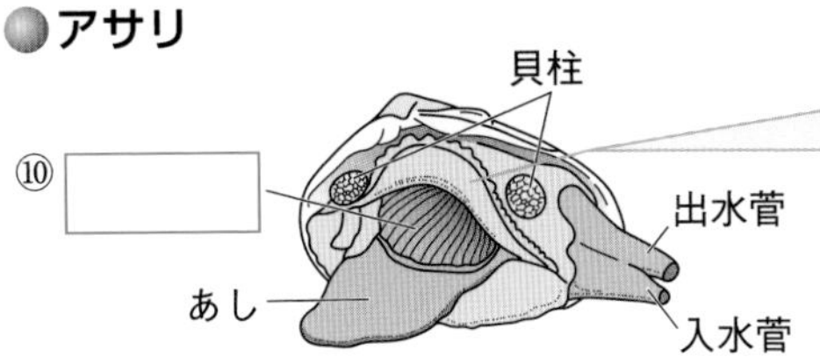

貝柱　出水菅　入水菅

⑩〔　　　〕　あし

・内臓が⑪〔　　　〕におおわれている。
・骨格がない。

➡ ⑫〔　　　〕動物とよばれる。

2 動物の分類

教 p.51

背骨	①〔　　　〕動物（背骨がない）			②〔　　　〕動物（背骨がある）	
子の生まれ方	卵生	卵生	卵生	卵生	胎生
呼吸		気門から空気をとり入れる	えらなど	えら（一部肺）	③〔　　　〕／子：えらや皮膚／親：肺や皮膚	④〔　　　〕
体表など		体が外骨格におおわれ，体やあしに節がある。	内臓が，外とう膜におおわれている。	うろこ	うすく湿った皮膚／うろこ	⑤〔　　　〕／毛

⑥〔　　　〕動物

⑦〔　　　〕類　⑧〔　　　〕類

⑨〔　　　〕動物

⑩〔　　　〕類　⑪〔　　　〕類　⑫〔　　　〕類　⑬〔　　　〕類　⑭〔　　　〕類

その他　その他

| ミミズ，ヒトデ，クラゲなど | ムカデ，クモなど | ハチ，チョウ，クワガタなど | ダンゴムシ，カニなど | イカ，タコ，アサリなど | タツノオトシゴ，フナなど | イモリ，カエルなど | ヤモリ，ヘビなど | ペンギン，ハトなど | イルカ，ヒトなど |

語群 1 甲殻／節足／昆虫／頭部／胸部／腹部／節／えら／外とう膜／外骨格／軟体／気門
2 無脊椎／羽毛／肺／節足／脊椎／は虫／鳥／えら／昆虫／軟体／魚／両生／哺乳／甲殻

わからない用語は，教科書の 要点 の★で確認しよう！

解答 p.8

定着のワーク ステージ2 2章 動物の特徴と分類(2)

1 バッタとエビの体のつくり 図1はバッタの体のつくり，図2はエビの体のつくりを表している。これについて，あとの問いに答えなさい。

図1 バッタ

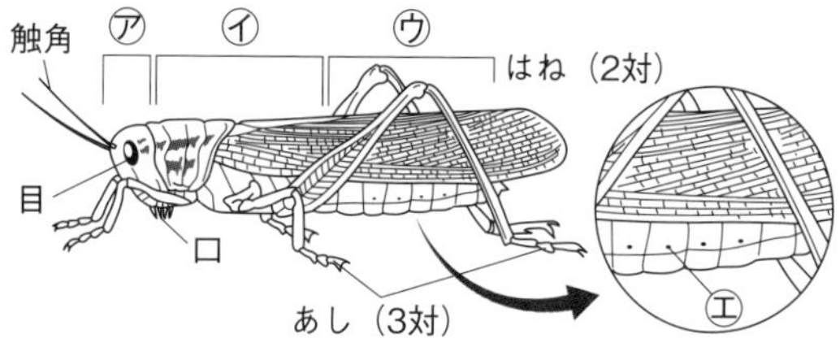

図2 エビ

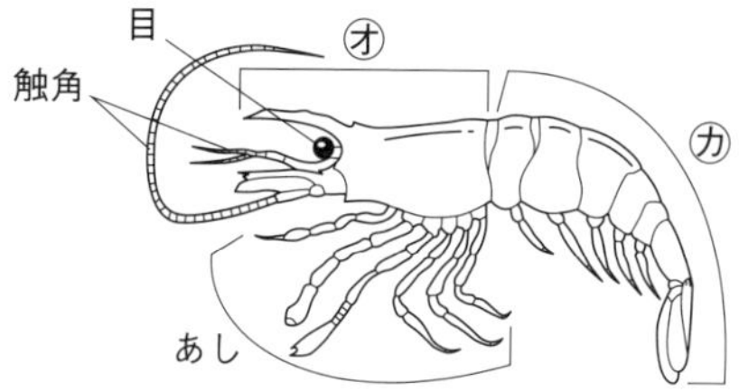

(1) バッタとエビの体について，次の文の(　)にあてはまる言葉を書きなさい。
①(　　　) ②(　　　) ③(　　　)

バッタとエビは，体の中に背骨がない(①)動物であるが，体の外側がかたい殻のようなものでおおわれていて，体の内部が保護されて，体は支えられている。このようなつくりを(②)といい，②の内側についている(③)のはたらきで，体やあしを動かしている。

(2) バッタやエビのように，体やあしが多くの節に分かれている動物を何というか。
(　　　)

(3) バッタは図1のように，体が各部に分かれている。㋐〜㋒の部分を何というか。
㋐(　　　) ㋑(　　　) ㋒(　　　)

(4) 図1のバッタの体に見られる㋓を何というか。 (　　　)

[記述] (5) (4)のはたらきを簡単に答えなさい。
(　　　)

(6) (2)の動物のうち，図1のバッタのなかまを何類というか。 (　　　)

(7) バッタと同じ(6)に分類される動物を，次のア〜エから選びなさい。[ヒント] (　　　)

ア クモ　**イ** アリ　**ウ** ムカデ　**エ** マイマイ

(8) エビは，図2のように体が2つに分かれている。㋔，㋕の部分を何というか。
㋔(　　　) ㋕(　　　)

(9) エビはどこで呼吸をしているか。 (　　　)

(10) (2)の動物のうち，図2のエビのなかまを何類というか。 (　　　)

(11) エビと同じ(10)に分類される動物を，次の**ア**〜**オ**からすべて選びなさい。[ヒント]
(　　　)

ア ザリガニ　**イ** ムカデ　**ウ** ウニ　**エ** ダンゴムシ　**オ** カニ

[記述] (12) バッタやエビなど(2)の動物の多くは，どのように成長していくか。
(　　　)

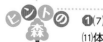

ヒントの森

1 (7)バッタと同じように，体が3つの部分に分かれ，あしを3対もつ動物を選ぶ。
(11)体の分かれ方や体の外側のようすに注目する。

レベルUP 2 アサリの観察　次のように，アサリの運動のようすや体のつくりを観察した。これについて，あとの問いに答えなさい。

観察1　砂と海水を入れた水そうにアサリを入れ，静かに放置した後，運動のようすを観察した。
観察2　アサリを約40℃の湯につけて，殻が少し開いたら，割りばしをはさみ，すきまにメスを入れ，貝柱を切った。図のように貝殻を開いて，体のつくりを観察した。

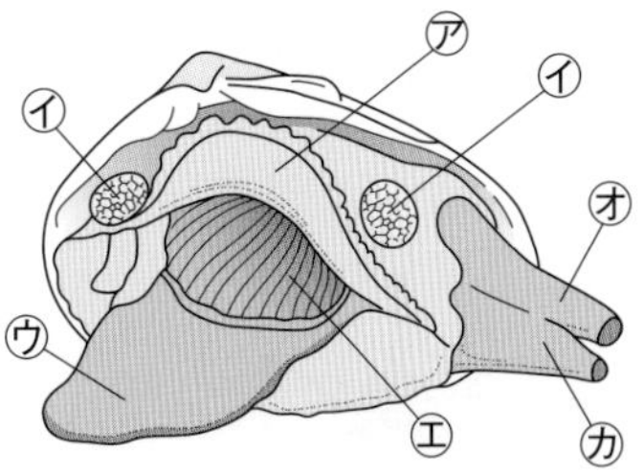

(1)　**観察1**では，ある部分を使って砂の中にもぐるようすが観察された。この部分を㋐～㋕から選び，名前を答えなさい。[ヒント]　記号(　　)　名前(　　　　)

(2)　**観察1**で，砂にもぐった後，砂の中から体の一部をつき出し，ある部分から水鉄砲のように海水を噴射し始めた。この部分を㋐～㋕から選び，名前を答えなさい。[ヒント]
記号(　　)　名前(　　　　)

(3)　**観察2**の下線部の貝柱は，㋐～㋕のどの部分か。　(　　)

(4)　**観察2**では，内臓をおおっている膜が観察された。㋐～㋕のどの部分か。　(　　)

(5)　(4)を何というか。　(　　　　)

(6)　アサリのように，(5)をもつ動物を何というか。
(　　　　)

3 動物の分類　下の９種類の動物のなかま分けについて，あとの問いに答えなさい。

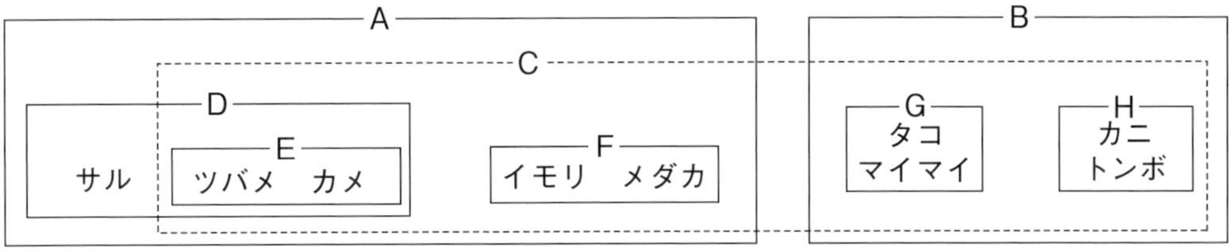

(1)　図の**A**～**H**は，次の**ア**～**ク**のどの特徴でなかま分けしたものか。[ヒント]
A(　　)　B(　　)　C(　　)　D(　　)
E(　　)　F(　　)　G(　　)　H(　　)

ア　卵生である。　**イ**　殻のない卵を産む。　**ウ**　体やあしに節がある。
エ　背骨がある。　**オ**　一生，肺で呼吸する。　**カ**　背骨がない。
キ　殻のある卵を産む。　**ク**　内臓がやわらかい膜におおわれている。

[記述] (2)　**E**グループの，ツバメとカメの体表のようすのちがいを答えなさい。
(　　　　　　　　　　)

[記述] (3)　**G**グループのタコとマイマイの呼吸のしかたのちがいを答えなさい。[ヒント]
(　　　　　　　　　　)

ヒントの森
2(1)筋肉でできていて，のび縮みさせることで移動する。(2)２つある管のうちの１つ。
3(1)Cは，哺乳類のサル以外であることから考える。(3)マイマイは陸上生活をする。

 実力判定テスト　ステージ 3　　**2章　動物の特徴と分類(2)**　　30分　/100

解答 ▶ p.9

1 図1の4種類の動物について，あとの問いに答えなさい。

4点×13(52点)

図1

カブトムシ　　　　ムカデ　　　　　クモ　　　　　　カニ

 記述

(1) 図1のカニの体は，図2の㋐のようなかたい殻におおわ　図2
れている。この㋐のはたらきを2つ答えなさい。

(2) カニは，図2の㋐の殻と㋑を使って体を動かしている。
㋑の部分を何というか。

(3) 次の文の（　）にあてはまる言葉を書きなさい。

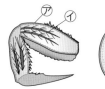

あしの縦断面　あしの横断面

　　図1の動物は，図2の㋐のつくりをもち，体やあしが多くの（ ① ）に分かれている。
このような動物を（ ② ）動物という。②動物は，そのほかに，（ ③ ）を産んでなかま
をふやすことや，多くは（ ④ ）をくりかえして成長するなどの共通点がある。

(4) 図1のカブトムシにあてはまる特徴を，次の**ア〜ク**からすべて選びなさい。

　ア 体は頭部と胴部に分かれている。　　　　**イ** 体が頭部，胸部，腹部に分かれている。

　ウ 体が頭胸部と腹部に分かれている。　　　**エ** あしは，すべて胸部についている。

　オ あしは各節に1対ずつついている。　　　**カ** あしは，すべて頭胸部についている。

　キ えらで呼吸している。　　　　　　　　　**ク** 気門で空気をとり入れて呼吸している。

(5) カブトムシは，節足動物の何類のなかまか。

(6) 図1のカニにあてはまる特徴を，(4)の**ア〜ク**からすべて選びなさい。

(7) カニは，節足動物の何類のなかまか。

(8) 図1のムカデにあてはまる特徴を，(4)の**ア〜ク**からすべて選びなさい。

(9) 図1のクモは，ほかの動物をとらえて食べる。クモと同じようにほかの動物を食べ物に
している動物を，次の**ア〜エ**から選びなさい。

　ア チョウ　　**イ** ハエ　　**ウ** カブトムシ　　**エ** カマキリ

(1)									
(2)		(3)①		②		③		④	(4)
(5)		(6)		(7)		(8)		(9)	

2 水族館に出かけて，次の8種類の動物を観察した。それぞれの特徴を調べて，下の図のように分類した。このとき，イセエビは⑥に，クラゲは⑧に分類された。これについて，あとの問いに答えなさい。

4点×12(48点)

> タツノオトシゴ　　タコ　　イセエビ　　クラゲ
> ペンギン　　イルカ　　サンショウウオ　　ウミガメ

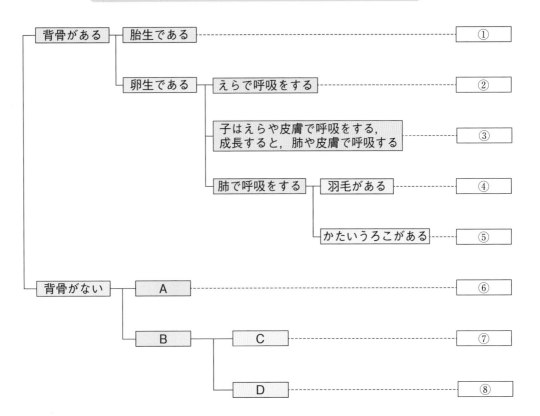

(1) ①～⑤に分類される動物の名前を，それぞれ答えなさい。

 (2) ④の動物は，体表が羽毛におおわれていることで，どんなことに役立っているか。

(3) 図のA～Dには，次のア～エのいずれかの特徴があてはまる。図のBとDにあてはまるものを，それぞれア～エから選びなさい。

　ア　外とう膜をもつ　　イ　外とう膜をもたない
　ウ　外骨格をもつ　　エ　外骨格をもたない

(4) 水族館では，そのほかにも，次のア～エの動物が観察できた。それぞれ①～⑧のどのなかまに分類されるか。

　ア　カメレオン　　イ　チンアナゴ　　ウ　ウニ　　エ　アザラシ

(1)	①		②		③		④		⑤	
(2)										
(3)	B		D		(4) ア		イ		ウ	エ

解答 p.9

単元末総合問題 [生命] いろいろな生物とその共通点

40分　/100

1 5種類の植物(ゼニゴケ，イヌワラビ，マツ，ツユクサ，アブラナ)を，それぞれの特徴をもとに，図1のように分類した。あとの問いに答えなさい。　4点×12(48点)

図1

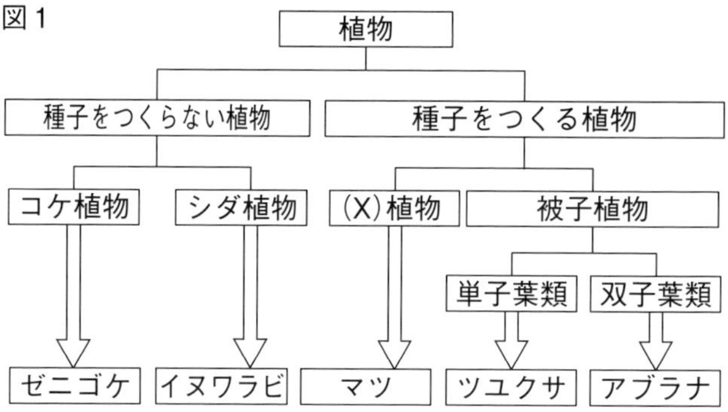

(1) 図1の種子をつくらない植物は，何をつくってなかまをふやすか。

[記述] (2) 図1の種子をつくらない植物は，体のつくりの特徴から，コケ植物とシダ植物に分類できる。コケ植物の特徴を「葉，茎，根」の言葉を使って答えなさい。

(3) 図1の(X)にあてはまる言葉を答えなさい。

(4) (X)植物を，次のア〜エからすべて選びなさい。

ア　スギナ　　イ　イチョウ
ウ　イネ　　エ　ソテツ

図2

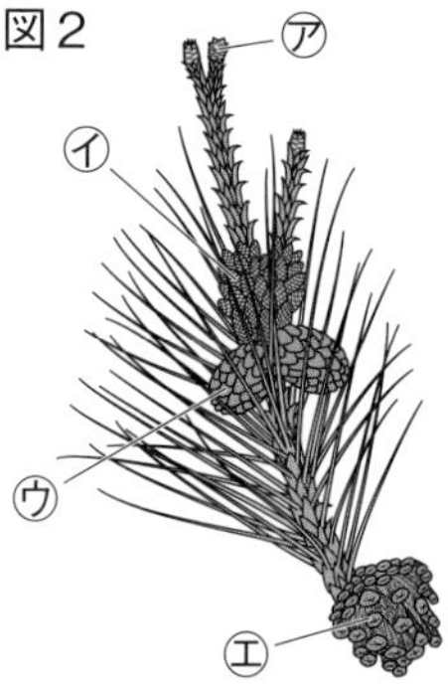

[作図] (5) 図2は，マツの枝先を表している。雄花を㋐〜㋓から選びなさい。

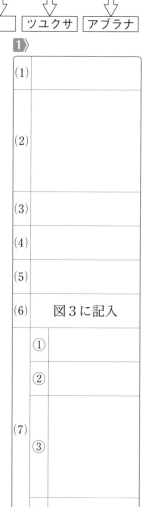

(6) 図3は，マツの花から採取した2種類のりん片を模式的に表している。受粉後，種子になる部分をすべて黒くぬりなさい。

図3

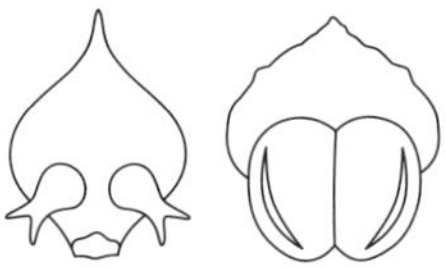

[レベルUP] (7) 図4の植物を観察して確認された特徴から，図1をもとに，何のなかまであるか分類した。次の文の(　)にあてはまる言葉を答えなさい。

　胚珠が(①)の中にあるという特徴によって，(②)植物のなかまに分類できる。
　さらに，葉脈が(③)という特徴から，(④)類のなかまに分類できる。

図4

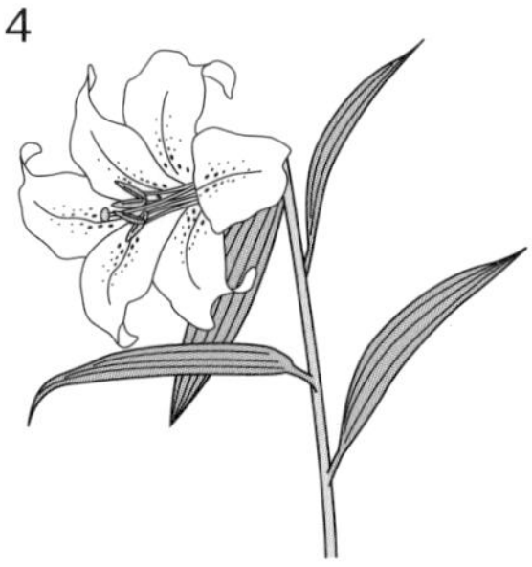

(8) 図1の双子葉類は，花弁のつき方によって，2つのなかまに分けられる。アブラナは，そのうちの何類か。

(9) (8)のなかまの植物を，次のア〜エからすべて選びなさい。

ア　エンドウ　　イ　タンポポ　　ウ　サクラ　　エ　ツツジ

1

(1)		
(2)		
(3)		
(4)		
(5)		
(6)	図3に記入	
(7)	①	
	②	
	③	
	④	
(8)		
(9)		

目標 いろいろな植物や動物の特徴の中から共通点やちがいを見つけ，適切な観点と基準をもとに，分類できるようになろう。

自分の得点まで色をぬろう!
がんばろう! ／ もう一歩 ／ 合格!
0　60　80　100点

[2] 無脊椎動物について，あとの問いに答えなさい。

4点×8（32点）

図1

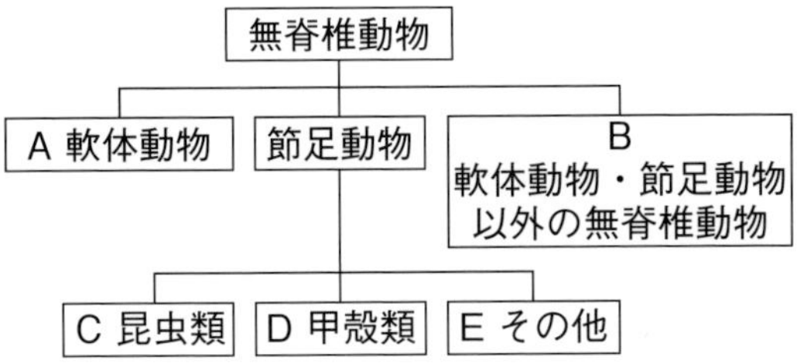

無脊椎動物
A 軟体動物
節足動物
B
軟体動物・節足動物
以外の無脊椎動物
C 昆虫類
D 甲殻類
E その他

図2

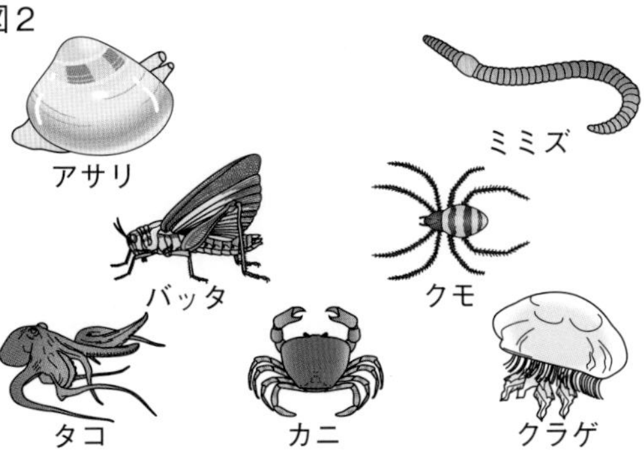

アサリ
ミミズ
バッタ
クモ
タコ
カニ
クラゲ

(1) 図2の動物を，図1のように分類したとき，A～Eにあてはまる動物の名前を，それぞれすべて答えなさい。

(2) 節足動物の体をおおっているかたい殻のことを何というか。

(3) 軟体動物の内臓をおおっている膜を何というか。

(4) 池の水を採取して，無脊椎動物のなかまであるミジンコを顕微鏡で観察した。同時に観察されたゾウリムシを，さらにくわしく観察したい場合，図3のようにゾウリムシを視野の中央に移動させた後，次に行う操作を，ア～エから選びなさい。

図3

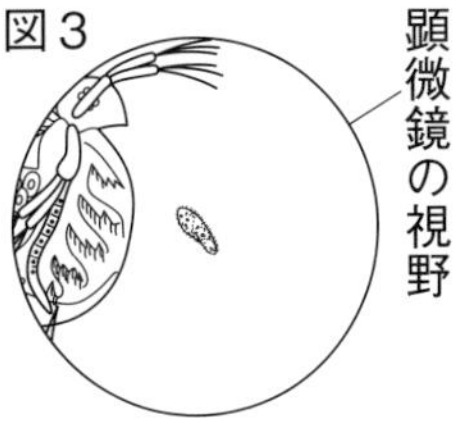

顕微鏡の視野

ア　反射鏡を調節して，視野を明るくする。

イ　調節ねじを回して，プレパラートと対物レンズを近づける。

ウ　しぼりを調節して，はっきり見えるようにする。

エ　レボルバーを回して，対物レンズを倍率の高いものに変える。

[2]

(1)	A	
	B	
	C	
	D	
	E	
(2)		
(3)		
(4)		

[3] 次の㋐～㋔の動物を下の①～④のように分ける場合の基準を，あとのア～エから選びなさい。

5点×4（20点）

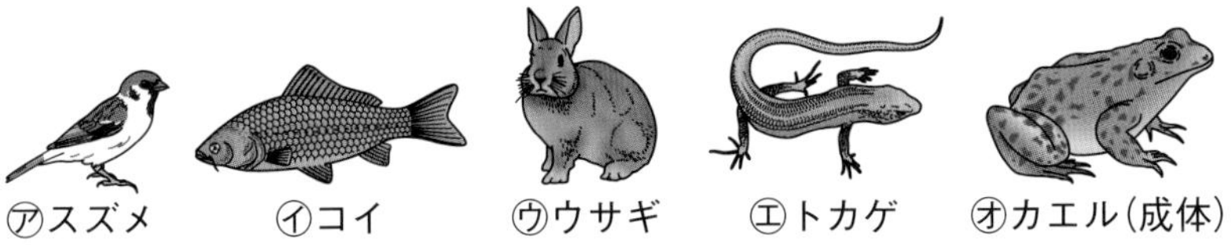

㋐スズメ
㋑コイ
㋒ウサギ
㋓トカゲ
㋔カエル(成体)

① ［㋐㋒㋓㋔］と［㋑］　② ［㋑㋔］と［㋐㋓］

③ ［㋑㋓］と［㋐㋒㋔］　④ ［㋐㋑㋓㋔］と［㋒］

ア　卵生か，胎生か。

イ　えらで呼吸するか，しないか。

ウ　体表がうろこでおおわれているか，おおわれていないか。

エ　卵(子)を水中に産むか，陸上に産むか。

[3]

①	
②	
③	
④	

終わったら後ろの，[1]，[7]をやろう。

解答 p.10

確認のワーク ステージ1　1章　身近な大地　2章　ゆれる大地

教科書の要点　(　　)にあてはまる語句を，下の語群から選んで答えよう。

同じ語句を何度使ってもかまいません。

1 身近な大地

教 p.66〜74

(1)　地球表面をおおう，十数枚のかたい板状の岩石のかたまりを(①★　　　　　)という。これが地球内部の高温の岩石の上を動いているため，プレートの上にある島や大陸も動いている。

(2)　地震や火山活動によって，大地のようすは変化する。大地がもち上がることを(②★　　　　　)といい，大地が沈むことを(③★　　　　　)という。

(3)　長期間大地に力がはたらいて，地層が波打つようになったつくりを(④★　　　　　)，割れてずれたものを(⑤★　　　　　)という。

(4)　**露頭**(ろとう)に見られるれきや砂，泥は，粒の大きさによって区別できる。化石や岩石の粒などを観察することで，地層がどのようにつくられたかを推測することができる。

2 地震のゆれの伝わり方

教 p.75〜85

(1)　最初に地下の岩石が破壊された場所を(①★　　　　　)といい，その真上にある地表の位置を(②★　　　　　)という。

(2)　地震が起こったときのはじめの小さなゆれを(③★　　　　　)といい，後からくる大きなゆれを(④★　　　　　)という。

(3)　初期微動(しょきびどう)は伝わる速さが速い**P波**(ピーは)によるゆれ，主要動(しゅようどう)は伝わる速さが遅(おそ)い**S波**(エスは)によるゆれである。初期微動がはじまってから主要動がはじまるまでの時間を(⑤★　　　　　)といい，震源距離(しんげんきょり)が長くなるほど長くなる。

(4)　ある地点での地震による**ゆれの大きさ**は(⑥★　　　　　)で表され，その階級は０～７の**10階級**に分かれている。

(5)　地震そのものの**規模**(きぼ)**の大小**は，(⑦★　　　　　)で表される。

(6)　大陸プレートの下に沈みこむ海洋プレートに沿って地震が起こる。

(7)　海底で大規模な地震が起こると，海水がもち上げられて(⑧★　　　　　)が発生することがある。

(8)　過去にもくり返し動き，今後もずれ動く可能性がある断層を(⑨　　　　　)という。

まるごと暗記

大きな力が大地にはたらき，隆起したり沈降したり，しゅう曲や断層ができたりする。

プラスα

粒の種類	粒の大きさ
れき	大きい
砂	2 mm ↕
泥	$\frac{1}{16}$mm 小さい

ワンポイント

地形の変化を調べると，大地の成り立ちや過去の変化，はたらいた力などがわかる。

まるごと暗記

地震のゆれ
- P波→初期微動
- S波→主要動
- P波とS波の到着時間の差：初期微動継続時間→震源距離が遠くなるほど，長くなる。

プラスα

地震波の速さ〔km/s〕

$= \frac{震源距離〔km〕}{地震波が届くまでの時間〔s〕}$

語群
1 しゅう曲(きょく)／隆起(りゅうき)／プレート／沈降(ちんこう)／断層(だんそう)
2 マグニチュード／津波(つなみ)／初期微動継続時間／震央(しんおう)／震度(しんど)／震源(しんげん)／活断層(かつだんそう)／主要動／初期微動

★の用語は，説明できるようになろう！

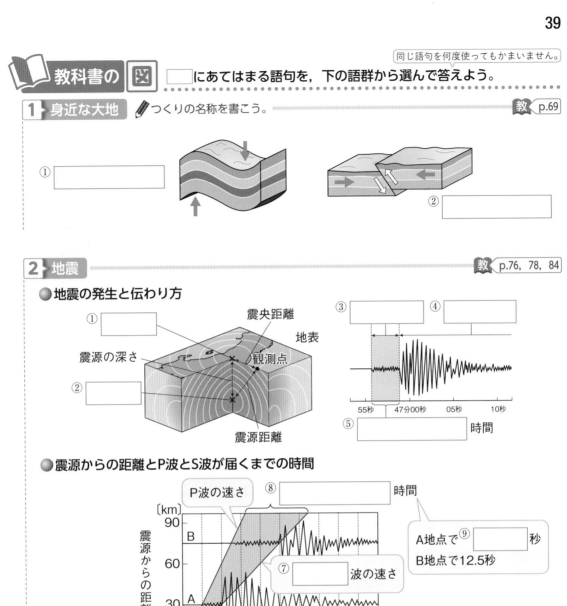

教科書の[図]

同じ語句を何度使ってもかまいません。

□にあてはまる語句を，下の語群から選んで答えよう。

1 身近な大地

✎つくりの名称を書こう。 [教] p.69

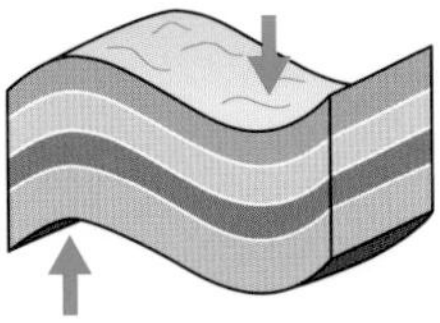

① □

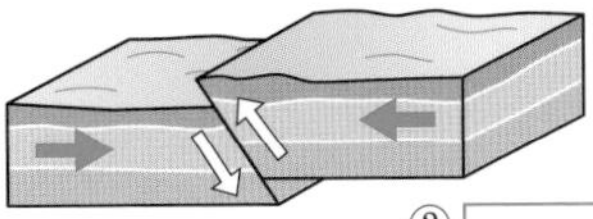

② □

2 地震

[教] p.76，78，84

● 地震の発生と伝わり方

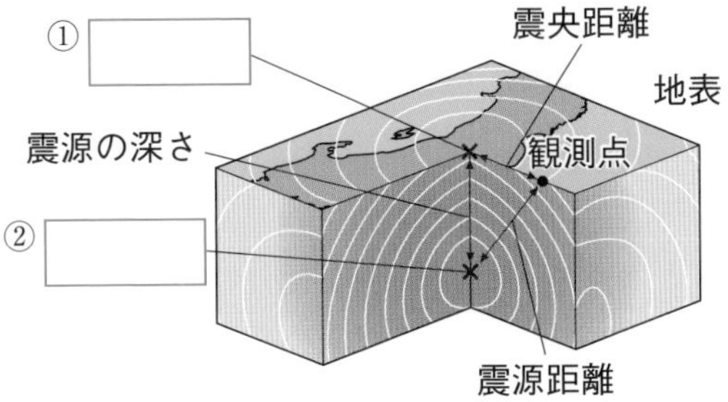

① □
震央距離
地表
震源の深さ
観測点
② □
震源距離

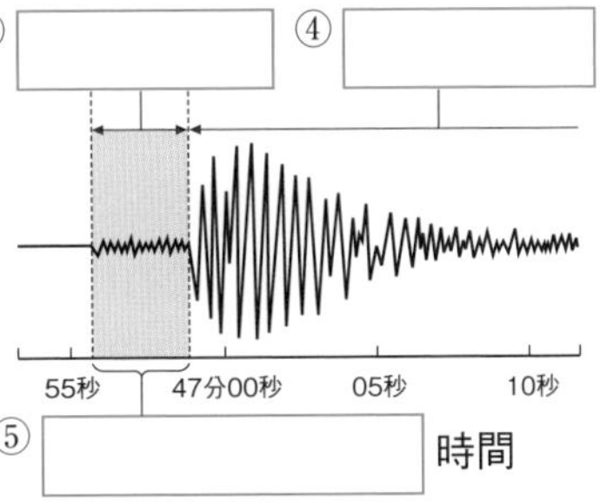

③ □
④ □
55秒
47分00秒
05秒
10秒
⑤ □ 時間

● 震源からの距離とP波とS波が届くまでの時間

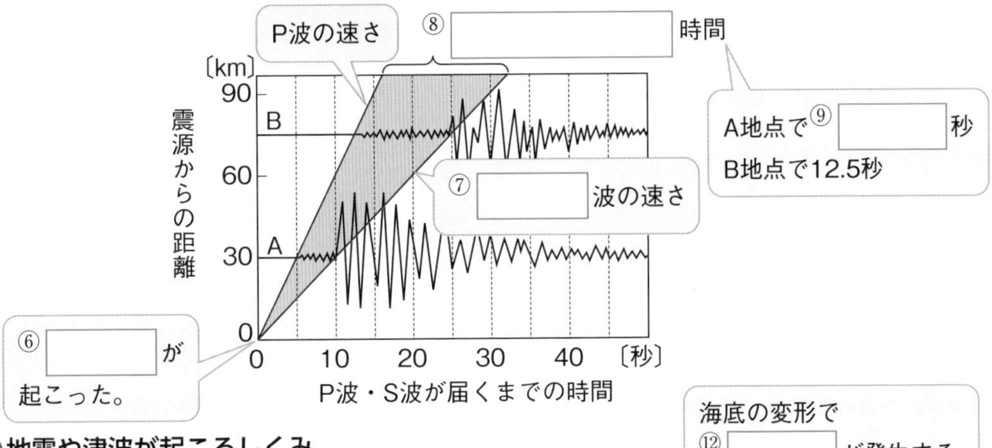

P波の速さ
⑧ □ 時間
〔km〕
90
B
60
30
A
0
震源からの距離
A地点で⑨ □ 秒
B地点で12.5秒
⑦ □ 波の速さ
⑥ □ が
起こった。
0
10
20
30
40
〔秒〕
P波・S波が届くまでの時間

● 地震や津波が起こるしくみ

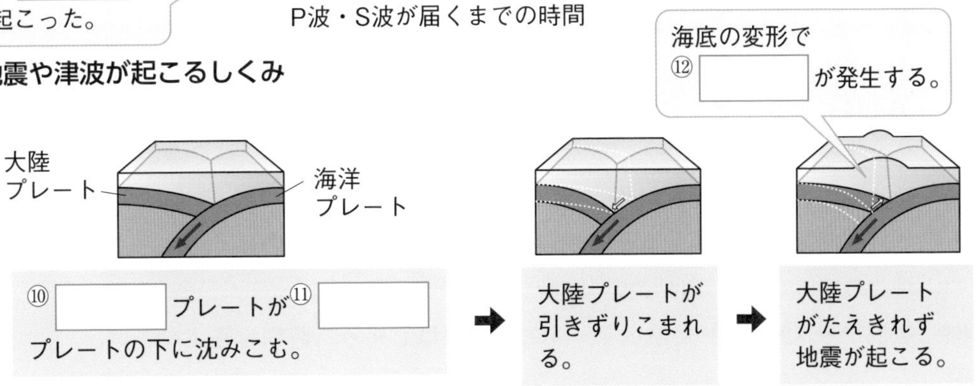

海底の変形で
⑫ □ が発生する。
大陸
プレート
海洋
プレート
⑩ □ プレートが⑪ □
プレートの下に沈みこむ。
➡
大陸プレートが
引きずりこまれる。
➡
大陸プレート
がたえきれず
地震が起こる。

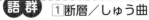

[語][群] [1]断層／しゅう曲

[2]海洋／初期微動／地震／震央／津波／大陸／５／初期微動継続／震源／Ｓ／主要動

わからない用語は，[教科書の][要][点]の★で確認しよう！

解答 ▶ p.10

定着のワーク　ステージ2

1章　身近な大地－①
2章　ゆれる大地－①

1 露頭の観察　露頭の観察について，次の問いに答えなさい。

(1) 露頭の地層にふくまれていた岩石を観察した。次のア〜ウのうち，もっとも粒が小さいものはどれか。　　　　　　　　　　（　　　　）

　　ア 砂　イ 泥　ウ れき

ホタテ貝は海にすむ生物だよ。

(2) ホタテ貝の化石が見つかったことから，この地層はどこで堆積したと考えられるか。　　　　　　　（　　　　　　）

(3) (2)の地層が地上で見ることができるのは，何という土地の変化があったからか。 ヒント　　　　　　　（　　　　　　）

2 地震のゆれ　右の図は，ある地震のときの震源から30km離れた地点Pと75km離れた地点Qの地震計の記録である。また，地点Pでは，はじめの小さなゆれが午前7時15分15秒にはじまっていた。これについて，次の問いに答えなさい。

(1) 地震が発生するとき，最初に地下の岩石が破壊された場所を何というか。
　　　　　　　　　　　　　　　　　　　　　　（　　　　　　）

(2) (1)の真上の地表の位置を何というか。　　（　　　　　　）

(3) ⑦の小さなゆれを何というか。
　　　　　　　　（　　　　）

(4) (3)のゆれを伝える波を何というか。
　　　　　　　　（　　　　）

(5) (4)の波の伝わる速さは何km/sか。 ヒント
　　　　　　　　（　　　　）

(6) ⑦の大きなゆれを何というか。
　　　　　　　　（　　　　）

(7) (6)のゆれを伝える波を何というか。
　　　　　　　　（　　　　）

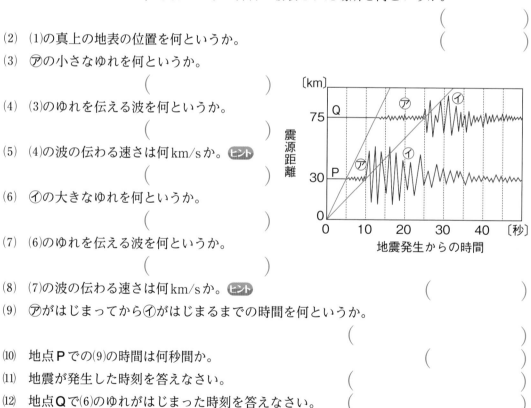

(8) (7)の波の伝わる速さは何km/sか。 ヒント　　　（　　　　　　）

(9) ⑦がはじまってから⑦がはじまるまでの時間を何というか。
　　　　　　　　　　　　　　　　　　　　　（　　　　　　）

(10) 地点Pでの(9)の時間は何秒間か。　　　　（　　　　　　）

(11) 地震が発生した時刻を答えなさい。　　　（　　　　　　）

(12) 地点Qで(6)のゆれがはじまった時刻を答えなさい。（　　　　　　）

(13) 震源から60km離れた地点で，(3)のゆれがはじまった時刻を答えなさい。
　　　　　　　　　　　　　　　　　　　　　（　　　　　　）

ヒントの森　**1**(3)海水面が下がったか，土地がもち上がったかである。
　2(5)(8)「速さ＝距離÷時間」　(13)ゆれを伝える波が60km進むのに何秒かかるか考える。

3 [教] p.77 [実習 1] **地震のゆれはじめの特徴**　右の図は，兵庫県南部地震の記録をもとにして，地震発生から各地がゆれはじめるまでにかかった時間を表したものである。これについて，次の問いに答えなさい。

(1)　震央は，図の㋐～㋒のどの地点であると考えられるか。　(　　)

[作図] (2)　図に，ゆれはじめるまでに20秒かかった地点を結んだなめらかな線をかき入れなさい。[ヒント]

(3)　ゆれはじめる時刻は，震源距離とどのような関係にあるか。次のア～ウから選びなさい。　(　　)

ア　震源から遠いほど，遅くなる。

イ　震源に近いほど，遅くなる。

ウ　震源からの距離には関係がない。

(4)　震源から名古屋までの距離を189kmとすると，このゆれの伝わる速さはおよそ何km/sか。[ヒント]　(　　　)

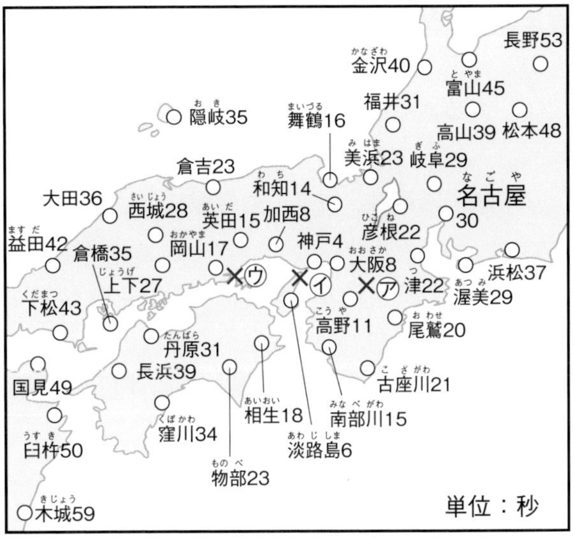

長野53
金沢40
富山45
福井31
隠岐35
舞鶴16
高山39
松本48
倉吉23
美浜23
岐阜29
和知14
名古屋
大田36
西城28
加西8
30
英田15
彦根22
益田42
倉橋35
岡山17
神戸4
浜松37
大阪8
×㋒
×㋑
×㋐
津22
上下27
渥美29
下松43
高野11
尾鷲20
丹原31
長浜39
古座川21
国見49
相生18
南部川15
窪川34
臼杵50
淡路島6
物部23
木城59
単位：秒

4 **地震の波の伝わり方**　下の表は，ある地震における各地の震源距離と地震の波が届くまでの時間を表したものである。これについて，次の問いに答えなさい。

観測地	震源距離〔km〕	地震の波が届くまでの時間〔秒〕
A	175	27
B	214	32
C	259	38
D	287	42

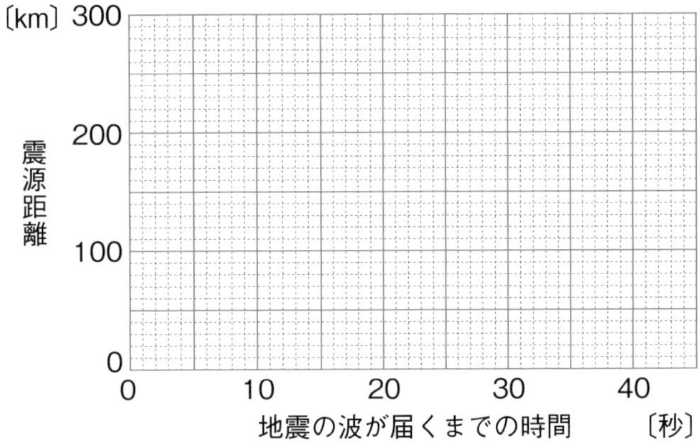

〔km〕
300
200
100
0
震源距離
0
10
20
30
40
地震の波が届くまでの時間
〔秒〕

[作図] (1)　表をもとに，震源距離と地震の波が届くまでの時間の関係を，グラフに表しなさい。

[レベルUP] (2)　(1)のグラフから，震源距離と地震の波が届くまでの時間は，どのような関係にあることがわかるか。[ヒント]　(　　　)

(3)　(1)のグラフから，地震を伝える波の速さについてどのようなことがわかるか。次のア～ウから選びなさい。[ヒント]　(　　)

ア　だんだんと速くなる。　　**イ**　だんだんと遅くなる。　　**ウ**　ほぼ一定である。

ヒントの森
3(2)地震の波は水面の波紋のように伝わる。(4)地震の波が名古屋まで伝わるのに30秒かかっている。　**4**(2)原点を通る直線となっている。(3)グラフの傾きは一定である。

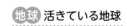

解答 p.11

定着のワーク ステージ2 1章 身近な大地－② 2章 ゆれる大地－②

1 地震のゆれと規模 地震のゆれの大きさや，地震の規模について，次の問いに答えなさい。

(1) ある地点での地震のゆれの大きさは，何で表されるか。
( )

(2) (1)の階級は，現在，何階級に分けられているか。[ヒント]
( )

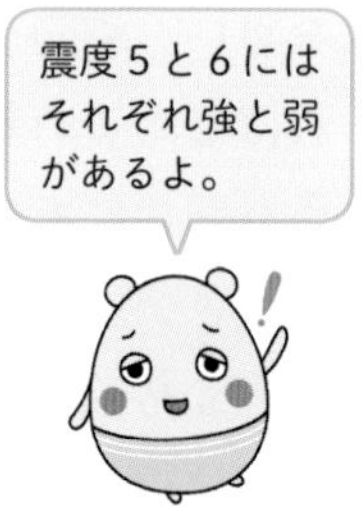
震度５と６には
それぞれ強と弱
があるよ。

(3) 地震のゆれの大きさは，ふつう，震央から遠ざかるほど大きくなるか，小さくなるか。( )

(4) 地震そのものの規模の大小は，何で表されるか。
( )

(5) 地震のエネルギーは，(4)の値(あたい)が１ふえると何倍になるか。次のア〜エから選びなさい。( )

ア 約２倍　イ 約10倍

ウ 約32倍　エ 約100倍

(6) 右の図の地震計は，地震のときにどのように動くか。次のア〜ウから選びなさい。( )

ア 記録紙，おもりとつながった針の両方が動く。

イ 記録紙は動くが，おもりとつながった針はほとんど動かない。

ウ おもりとつながった針は動くが，記録紙はほとんど動かない。

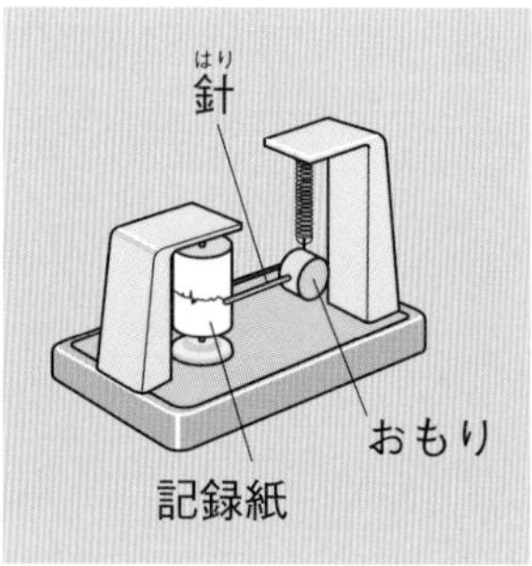
針(はり)
おもり
記録紙

(7) 下の図は，震央の位置が近く，震源の深さがほぼ同じである２つの地震の震度の分布を表したものである。㋐と㋑の地震で，地震の規模が大きかったと考えられるのはどちらか。

[ヒント] ( )

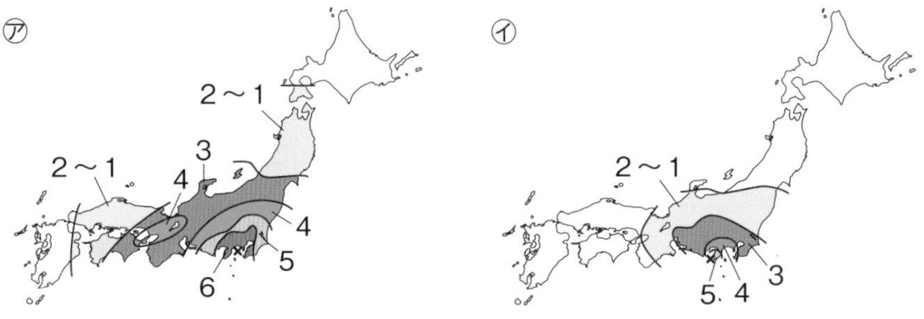
㋐
2〜1
2〜1
3
4
4
5
6
㋑
2〜1
3
5. 4

ヒントの森

1(2)地震のゆれの大きさは，観測地によって異なる。(7)㋐の地震のほうが最大震度が大きく，ゆれの伝わる範囲が広い。

❷ **地震が起こるしくみ**　右の図1は，日本列島付近の震央の分布を，図2は震源の分布を表したものである。また，図3は，2つのプレートの動きによる，地震前と地震後のようすを表したものである。これについて，次の問いに答えなさい。

(1) 図1より，日本列島付近での震央の分布は，海溝やトラフを境にどのようになっていることがわかるか。次の**ア，イ**から選びなさい。　　　　（　　　）

　　ア　海洋側に多く分布している。

　　イ　大陸側に多く分布している。

(2) 図2より，日本列島付近での震源の分布はどのようになっていることがわかるか。次の**ア～エ**から2つ選びなさい。ヒント

　　　　　　（　　　）（　　　）

　　ア　太平洋側から大陸側に向かって深くなっている。

　　イ　大陸側から太平洋側に向かって深くなっている。

　　ウ　比較的地下の浅いところで起こる地震がある。

　　エ　比較的地下の浅いところで起こる地震がない。

(3) 地震が起こるときにできる大地のずれを何というか。　　　　（　　　　　　）

(4) (3)のうち，過去にくり返しずれ動いて，今後もずれ動く可能性のあるものを何というか。　　　　（　　　　　　）

(5) 図3は，日本の東北地方を南から見たときのプレートのようすを表したものである。A，Bのプレートは，それぞれ海洋プレートと大陸プレートのどちらか。

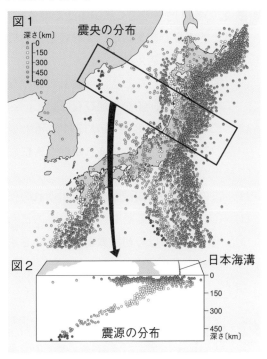

図1　震央の分布

深さ[km]
0
-150
-300
-450
-600

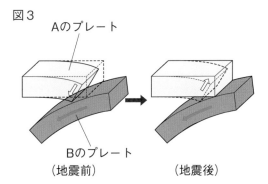

図2　日本海溝

0
-150
-300
-450
深さ[km]

震源の分布

図3

Aのプレート

Bのプレート
（地震前）　　　　（地震後）

A（　　　　　　　　　　）
B（　　　　　　　　　　）

(6) プレートの境界で地震が起こるとき，ゆがみにたえきれなくなり，やがて岩石の破壊が起こるのは，海洋プレートと大陸プレートのどちらか。ヒント

　　　　　　　　　　　　（　　　　　　　　）

(7) 地震にともない海底が大きく変動したときに発生し，沿岸部に被害をもたらすことがあるものを何というか。　　　　　　　　　　　　（　　　　　）

❷(2)プレートの境界で発生する地震と，大陸プレートで起こる地震がある。(6)Aのプレートが Bのプレートに引きずりこまれ，ゆがみにたえられなくなると，岩石が破壊される。

地球

解答 p.11

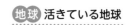

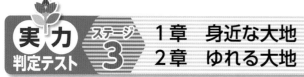

実力判定テスト ステージ3　1章 身近な大地　2章 ゆれる大地

30分　　/100

1 右の表は地下のごく浅い場所で発生した地震を，震源から96km離れた地点A，132km離れた地点Bで観測した結果を表したもので，図は地震計を表したものである。これについて，次の問いに答えなさい。　6点×5（30点）

地点	初期微動が始まった時刻	主要動が始まった時刻
A	8時45分28秒	8時45分36秒
B	8時45分34秒	8時45分45秒

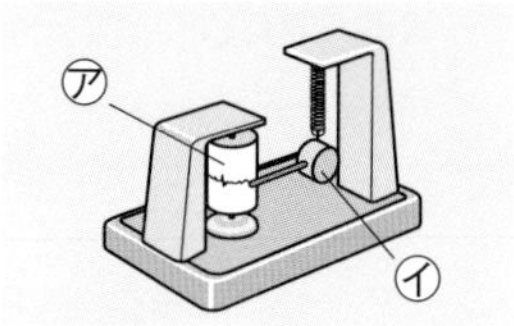

(1) 地震が起こったとき，地震計の動かない部分はどこか。図の㋐，㋑から選びなさい。

(2) この地震は，8時45分12秒に発生した。この地震の初期微動を起こすゆれが地点Aに届くまでに何秒かかったか。

(3) この地震の初期微動を起こすゆれの伝わる速さは何km/sか。

(4) この地震の主要動を起こすゆれの伝わる速さは何km/sか。

(5) 地点Bにおける初期微動継続時間を求めなさい。

(1)		(2)		(3)		(4)		(5)	

2 下の図1は，地点A〜Cでの地震計の記録を表したもので，図2は，この地震が発生してから各地点で小さなゆれがはじまるまでの時間を，・印で示したものである。これについて，あとの問いに答えなさい。　5点×5（25点）

図1

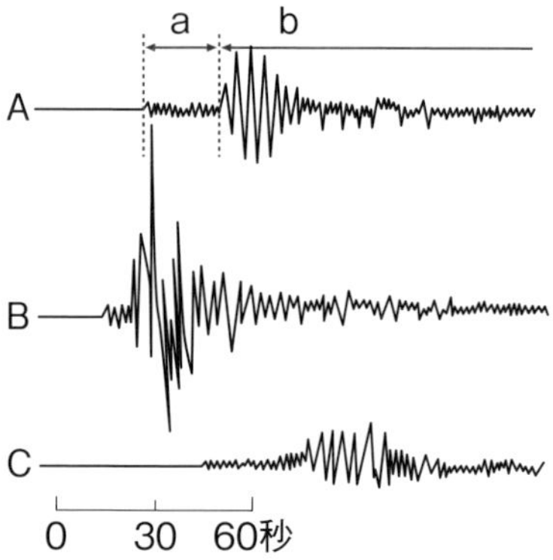

図2

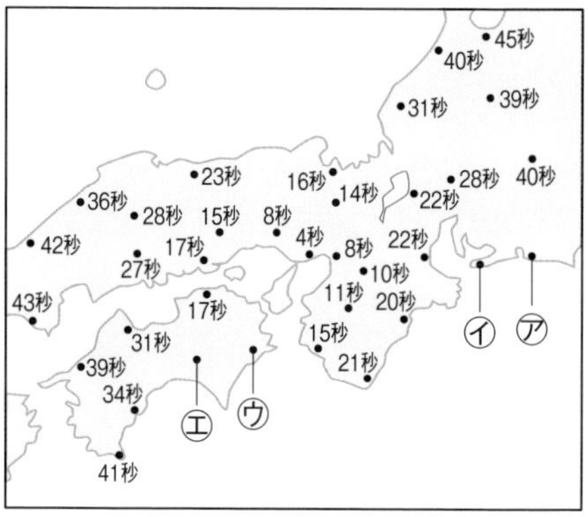

(1) 図1のa，bのゆれをそれぞれ何というか。

(2) 図1の地点A〜Cで，震源にもっとも近いのはどこか。記号で答えなさい。

(3) 図2の地点㋐〜㋓のうち，ゆれがはじまったのが23秒後であったのはどこか。記号で答えなさい。

[作図] (4) 図2に，震央の位置を×印でかき入れなさい。

(1)	a		b		(2)		(3)		(4)	図2に記入

❸ 地震の発生について，次の問いに答えなさい。　　　　　　　3点×9（27点）

(1) 地震の震源と震央のちがいを簡単に答えなさい。

(2) 次の文の（　）にあてはまる言葉を答えなさい。

　　はじめの小さなゆれを（ ① ）といい，（ ② ）によって伝えられる。後からくる大き
　なゆれを（ ③ ）といい，（ ④ ）によって伝えられる。（ ② ）と（ ④ ）の届いた時刻の
　差を（ ⑤ ）という。

(3) (2)の⑤の時間と震源距離にはどのような関係があるか。

(4) 震度は何を表しているか。

(5) マグニチュードは何を表しているか。

(1)					
(2)	①	②	③	④	⑤
(3)					
(4)			(5)		

❹ 右の図1は，日本列島付近の断面を模式的に表したものである。これについて，次の問
いに答えなさい。　　　　　　　　　　　　　　　　　　　　　　　　　　2点×9（18点）

(1) AやBなどの地球表面をおおう，厚さ数10～約
100kmの岩石でできた板状のものを何というか。

(2) Bは，a，bのどちらの向きに動いているか。

(3) 巨大地震が発生しやすいところはどこか。図1
の㋐～㋔から選びなさい。

(4) 図1のcのような，海底にある，せまく細長い
溝状になった長い谷を何というか。

(5) 図2のように，大きな力がはたらいてできる大
地のずれを何というか。

(6) 図2のようなずれができたときにはたらいた力
の向きを，図2の㋑～㋙から2つ選びなさい。

(7) (5)のうち，今後もずれ動く可能性があるものを
何というか。

(8) 地震にともなう海底の大きな変動で発生し，沿
岸部に被害をもたらすことがある現象を何というか。

図1

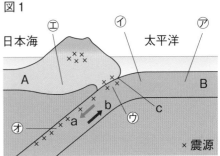

図2

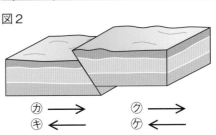

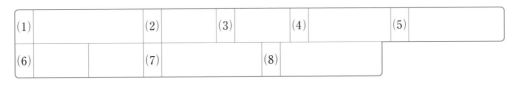

(1)		(2)		(3)		(4)		(5)	
(6)		(7)		(8)					

解答 p.12

確認のワーク ステージ1　3章　火をふく大地

教科書の要点　(　)にあてはまる語句を，下の語群から選んで答えよう。

同じ語句を何度使ってもかまいません。

1 火山　　教 p.86〜95

(1) 火山が噴火するときに噴出する，溶岩や火山れき，火山弾，軽石，(①　　　)(おもに水蒸気で二酸化炭素や硫化水素などもふくむ)などを(②　　　)という。

(2) 火山の地下には，高温などのために岩石がとけた(③★　　　)があり，**マグマだまり**に一時的にたくわえられている。

(3) マグマが冷えて結晶になったものを(④★　　　)といい，カンラン石，キ石，カクセン石，(⑤　　　)などの**有色鉱物**と，チョウ石，(⑥　　　)のような白色や無色の**無色鉱物**がある。火山によって，ふくまれる鉱物の**種類**や**量**がちがう。

(4) 現在活動している火山や，およそ過去1万年以内に噴火したことがある火山を(⑦　　　)という。

(5) マグマのねばりけが小さいほど，火山の傾斜が**ゆるやか**で，溶岩は(⑧　　　)っぽい色をしていて，**おだやか**に大量の溶岩をふき出す。

(6) マグマのねばりけが大きいほど，火山の傾斜が急で，**盛り上がった形**をしている。また，溶岩は(⑨　　　)っぽい色をしていて，**爆発的**な噴火をする。

プラスα
マグマにとけている気体が泡になって現れはじめると，マグマが膨張して密度が小さくなり，上昇する。

まるごと暗記
マグマのねばりけが小さい
→傾斜がゆるやか。
溶岩は黒っぽい。
おだやかな噴火。
マグマのねばりけが大きい
→傾斜が急。
溶岩は白っぽい。
爆発的な噴火。

2 マグマからできた岩石，日本列島の火山　　教 p.96〜100

(1) マグマが冷え固まった岩石を(①　　　)という。

(2) (②★　　　)は，マグマが地表や地表近くで**急に冷え固まった**もので，比較的大きな鉱物である(③★　　　)と，それをとり囲む(④★　　　)でできている。このようなつくりを(⑤★　　　)組織という。

(3) (⑥★　　　)は，マグマが地下の深いところで**ゆっくりと冷え固まった**もので，大きな鉱物でできたつくりを(⑦★　　　)組織という。

(4) 火山は，(⑧　　　)やトラフとほぼ平行に，帯状に分布している。

まるごと暗記
火山岩
地表や地表近く。
斑状組織(斑晶と石基)。
深成岩
地下深いところ。
等粒状組織。

語群
1 クロウンモ／黒／白／活火山／火山噴出物／鉱物／セキエイ／火山ガス／マグマ
2 海溝／火山岩／斑晶／等粒状／深成岩／斑状／火成岩／石基

★の用語は，説明できるようになろう！

教科書の [図]

（同じ語句を何度使ってもかまいません。）

□にあてはまる語句を，下の語群から選んで答えよう。

1 マグマと火山

②，③はおだやかか激しいかを書こう。 [教] p.94，95

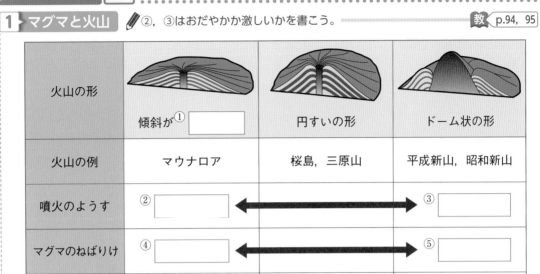

火山の形	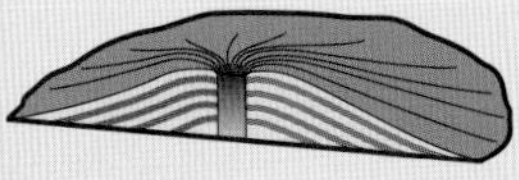 傾斜が① □	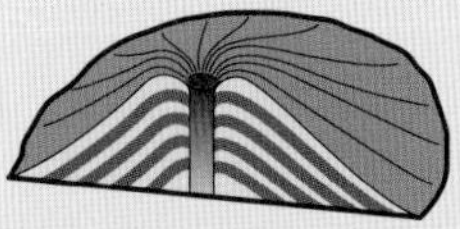 円すいの形	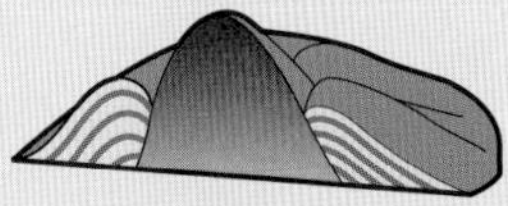 ドーム状の形
火山の例	マウナロア	桜島，三原山	平成新山，昭和新山
噴火のようす	② □	←→	③ □
マグマのねばりけ	④ □	←→	⑤ □
溶岩	⑥ □ っぽい	←→	白っぽい

2 火成岩

[教] p.96〜99

火成岩のつくり

① □ 岩　② □ 組織

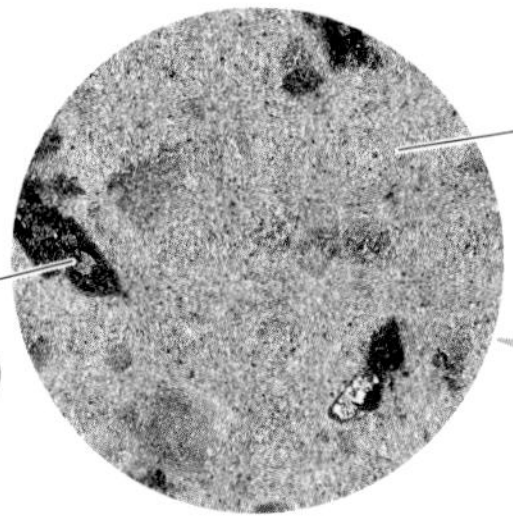

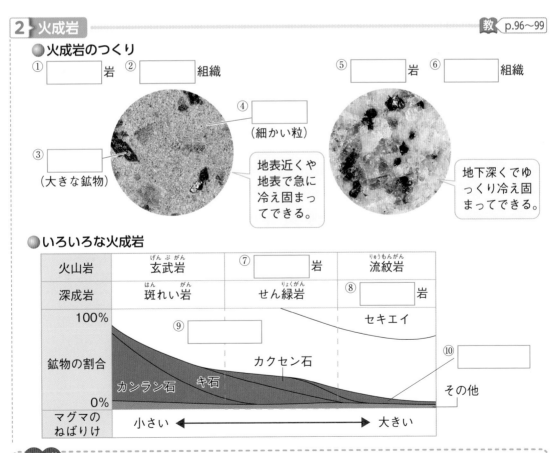

④ □
（細かい粒）
③ □
（大きな鉱物）

地表近くや地表で急に冷え固まってできる。

⑤ □ 岩　⑥ □ 組織

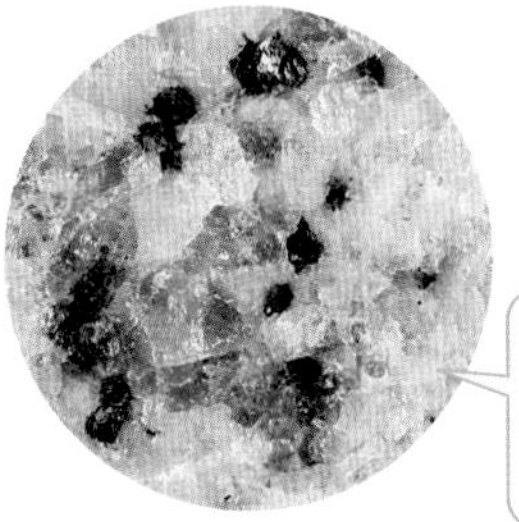

地下深くでゆっくり冷え固まってできる。

いろいろな火成岩

火山岩	玄武岩（げんぶがん）	⑦ □ 岩	流紋岩（りゅうもんがん）
深成岩	斑れい岩（はんれいがん）	せん緑岩（せんりょくがん）	⑧ □ 岩
鉱物の割合			
マグマのねばりけ	小さい	←→	大きい

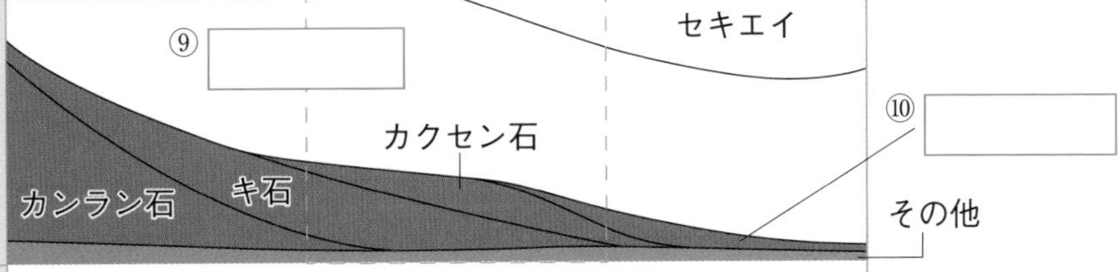

100%
0%
⑨ □
セキエイ
カクセン石
カンラン石
キ石
⑩ □
その他

語群
1 爆発的／黒／大きい／小さい／ゆるやか／おだやか
2 深成／安山／花こう／火山／斑状／石基／チョウ石／クロウンモ／斑晶／等粒状

わからない用語は，教科書の [要] [点] の★で確認しよう！

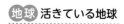

解答 ▶ p.12

定着のワーク ステージ2　3章　火をふく大地－①

1 火山噴出物の特徴　火山が噴火したときに噴出するものについて，次の問いに答えなさい。

(1)　火山の地下にあり，岩石の一部が高温のためどろどろにとけたものを何というか。

（　　　　　　　　）

(2)　(1)が上昇して噴火が起こったときに，火口から噴出するものをまとめて何というか。

（　　　　　　　　）

(3)　(2)のうち，次のものはそれぞれ何とよばれているか。 ヒント

①　地下から流れ出した高温で液体状のもの，または，それが冷え固まったもの。

（　　　　　　　　）

②　直径2mm以下の細かい粒。　　　　　（　　　　　　　　）

③　水蒸気や二酸化炭素をふくむ気体。　（　　　　　　　　）

2 火山灰にふくまれる鉱物　次の手順で，火山灰にふくまれる鉱物を観察した。これについて，あとの問いに答えなさい。

> 手順1　小さじ1ぱいの火山灰を蒸発皿に入れ，水で湿らせる。
> 手順2　親指の腹でよくこねる。
> 手順3　（　　　A　　　）
> 手順4　よく乾燥させてから，磁石に引きつけられた粒を除いて，双眼実体顕微鏡で観察する。

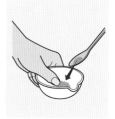

(1)　手順3の（　A　）に入る操作を，次のア〜エから選びなさい。 ヒント　（　　　）

ア　ガスバーナーで加熱し，粒をばらばらにする。これを1回のみ行う。

イ　ガスバーナーで加熱し，粒をばらばらにする。これを粒が細かくなるまでくり返す。

ウ　水を加えてかき混ぜ，にごった水を捨てる。これを1回のみ行う。

エ　水を加えてかき混ぜ，にごった水を捨てる。これを水がにごらなくなるまでくり返す。

(2)　火山灰にふくまれる鉱物について，次のア〜エから正しいものを2つ選びなさい。

（　　　）（　　　）

ア　同じ火山から噴出した火山灰であれば，ふくまれる鉱物の色や形はすべて同じである。

イ　どの火山から噴出した火山灰でも，ふくまれる鉱物の種類や量は同じである。

ウ　ふくまれる鉱物の種類や量のちがいによって，火山灰の色は異なる。

エ　ふくまれる鉱物の種類や量のちがいは，マグマにふくまれている成分のちがいによるものである。

ヒントの森
❶(3)火山噴出物には，溶岩，火山灰，火山弾，火山れき，軽石，火山ガスなどがある。
❷(1)ごみやよごれを洗い流す。

③ 鉱物 下の表は，火山灰にふくまれるおもな鉱物の特徴をまとめたものである。図の a 〜 d の鉱物をそれぞれ何というか。ヒント

	白色・無色の鉱物		有色の鉱物			
	a	b	c	カクセン石	キ石	d
鉱物						
色	無色・白色	白色・うす桃色	黒色〜褐色	濃い緑色〜黒色	緑色〜褐色	黄緑色〜褐色
形	六角柱状 不規則	柱状 短冊状	板状 六角形	細長い柱状 針状	短い柱状 短冊状	粒状の多面体

a（　　　　　　） b（　　　　　　）
c（　　　　　　） d（　　　　　　）

④ 火山とマグマのねばりけ 右の表は，マグマのねばりけのちがいによる，火山の特徴をまとめたものである。これについて，次の問いに答えなさい。

(1) 表の A，B には大きい，小さいのどちらがあてはまるか。

A（　　　　　）
B（　　　　　）

マグマ	ねばりけが（A） ◀ ▶ ねばりけが（B）		
噴火のようす	（C） ◀ ▶ （D）		
溶岩の色	黒っぽい ◀ ▶ 白っぽい		
火山の形	（E）	（F）	（G）
火山の例	（H）	（I）	（J）

(2) 表の C，D には激しい，おだやかのどちらがあてはまるか。ヒント

C（　　　　　　）
D（　　　　　　）

(3) 表の E 〜 G について，それぞれの火山の形を次の㋐〜㋒から選びなさい。ヒント

E（　　　） F（　　　） G（　　　）

㋐ 円すいの形  ㋑ 傾斜がゆるやかな形  ㋒ ドーム状の形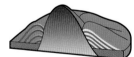

(4) 表の H 〜 J にあてはまる火山名を，次のア〜ウから選びなさい。

H（　　　） I（　　　） J（　　　）

ア マウナロア イ 平成新山，昭和新山 ウ 三原山，桜島

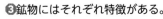
③鉱物にはそれぞれ特徴がある。
④(2)(3)マグマのねばりけが大きいほど，火山の傾斜は急になり，噴火は激しくなる。

地球

解答　p.13

定着のワーク ステージ2　3章　火をふく大地ー②

1 教 p.97 観察 1 **火成岩の観察**　火成岩のでき方やつくりについて，次の問いに答えなさい。 ヒント

(1)　火成岩は，何が冷え固まってできた岩石か。　　　　　　　　　　（　　　　　　　）

(2)　地表や地表付近で(1)が急に冷え固まってできた火成岩を何というか。（　　　　　　）

(3)　地下深くで(1)がゆっくり冷え固まってできた火成岩を何というか。（　　　　　　）

(4)　右の図は，2種類の火成岩を観察したものである。(3)の岩石のつくりを表しているのは，㋐，㋑のどちらか。　　（　　　）

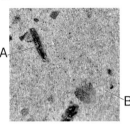 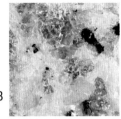

(5)　図の㋐，㋑のような岩石のつくりをそれぞれ何というか。

㋐（　　　　　　　　　）

㋑（　　　　　　　　　）

(6)　図の㋐に見られる，A，Bの部分をそれぞれ何というか。　　A（　　　　　　　　）

B（　　　　　　　　）

(7)　次のア〜カの火成岩のうち，(2)に分類されるもの，(3)に分類されるものを，それぞれ3つ選びなさい。

(2)に分類されるもの（　　　）（　　　）（　　　）

(3)に分類されるもの（　　　）（　　　）（　　　）

ア　安山岩　　イ　花こう岩　　ウ　斑れい岩

エ　流紋岩　　オ　玄武岩　　　カ　せん緑岩

2 **火山岩と深成岩のでき方**　右の図1のように，ミョウバンの水溶液を使って，冷え方のちがいによる結晶のでき方を調べる実験を行ったところ，図2のようになった。これについて，次の問いに答えなさい。

(1)　図1の冷やす前の濃いミョウバンの水溶液は，何をモデルで表したものか。

（　　　　　　　　）

(2)　図2の㋐，㋑は，それぞれ(1)がどのような場所で冷えたときのようすをモデルで表したものか。 ヒント

㋐（　　　　　　　　　）

㋑（　　　　　　　　　）

(3)　火山岩は，図2の㋐，㋑のどちらのようにしてできるか。　　（　　　）

図1

濃いミョウバンの水溶液　1つを氷水に移す。　氷水　湯

図2
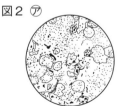 
氷水に移して急に冷やしたミョウバン　湯につけたままゆっくり冷やしたミョウバン

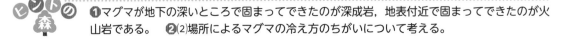
ヒントの森　❶マグマが地下の深いところで固まってできたのが深成岩，地表付近で固まってできたのが火山岩である。　❷(2)場所によるマグマの冷え方のちがいについて考える。

3 いろいろな火成岩

下の図は，火成岩にふくまれる鉱物の割合を表したものである。これについて，あとの問いに答えなさい。

火山岩	玄武岩	（ ㋐ ）	流紋岩
深成岩	斑れい岩	せん緑岩	（ ㋑ ）

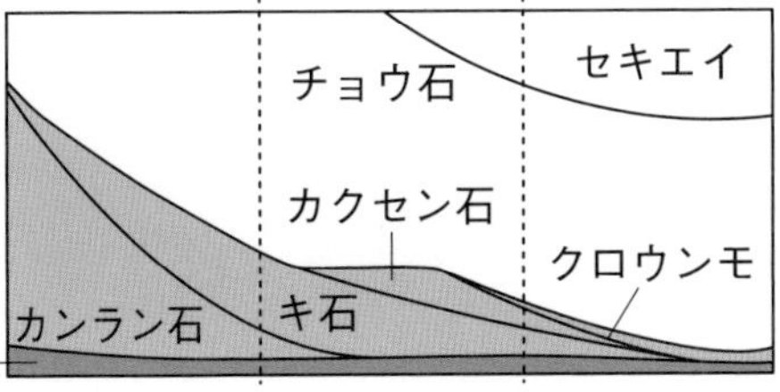

(1) 図の㋐，㋑の岩石をそれぞれ何というか。　㋐（　　　　）　㋑（　　　　）

(2) 火成岩にふくまれる鉱物の色と，火成岩の色の関係について，次の**ア**～**ウ**から正しいものを選びなさい。（　　）

ア　白色や無色の鉱物が多くふくまれる火成岩は白っぽく見える。

イ　有色の鉱物が多くふくまれる火成岩は白っぽく見える。

ウ　ふくまれる鉱物と火成岩の色には関係がない。

(3) 次の①，②の鉱物を多くふくむ火成岩を，下の**ア**～**ウ**から選びなさい。[ヒント]

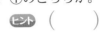

①　カンラン石，キ石　（　　）

②　チョウ石，セキエイ　（　　）

ア　玄武岩　　**イ**　せん緑岩　　**ウ**　流紋岩

4 火山の地下のようす

右の図は，日本列島のある地域の断面を南側から見たものである。これについて，次の問いに答えなさい。

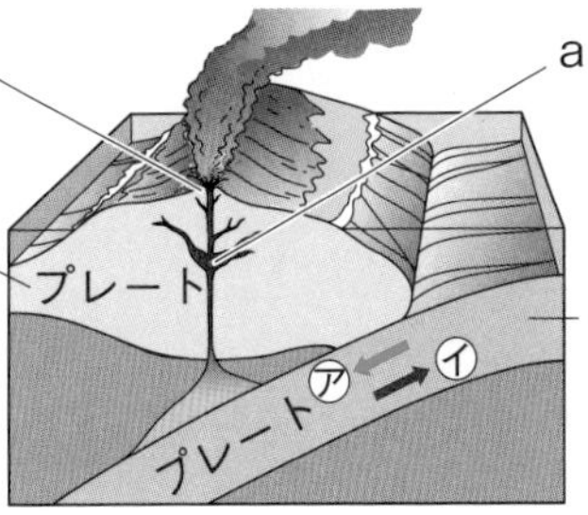

(1) 火山の地下にある，マグマが一時たくわえられるaの場所を何というか。（　　　　）

(2) 大陸プレートはb，cのどちらか。（　　）

(3) cのプレートの動く向きは，㋐，㋑のどちらか。[ヒント]（　　）

(4) 次の（　）にあてはまる言葉を答えなさい。[ヒント]

①（　　　　）　②（　　　　）　③（　　　　）

プレートが沈(しず)みこんでいる場所では，岩石の一部が（ ① ）て（ ② ）を生じる。生じた（ ② ）が上昇して地表にふき出す現象が噴火である。そのため，日本列島では火山が，プレートの境界とほぼ（ ③ ）に帯状に分布している。

ヒントの森

3(3)表から読みとる。　4(3)海洋プレートは，大陸プレートの下に沈むこむ。(4)プレートの境界には，海溝やトラフができている。

実力判定テスト　ステージ3　**3章　火をふく大地**　　30分　　/100

1 図1は，いろいろな火山の形を表したもの，図2は，日本のおもな火山の分布と，日本付近のプレートの境界を表したものである。これについて，あとの問いに答えなさい。

5点×10（50点）

図1

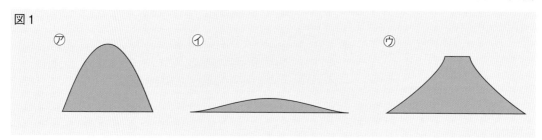

(1) 図1の㋐の火山では，火口付近にドーム状の溶岩のかたまりができることがある。これを何というか。

(2) 図1のように火山の形が異なるのは，マグマの何が異なるからか。

(3) 図1の㋐〜㋒で，火山灰や溶岩の色がもっとも黒っぽい火山はどれか。

図2

記述
(4) (3)のように，火山によって火山灰や溶岩の色が異なるのはなぜか。簡単に答えなさい。

(5) 次の①，②は，図1の㋐〜㋒のどの火山について説明したものか。

　① 溶岩を大量に，比較的おだやかにふき出す。

　② 溶岩のかたまりが盛り上がる。また，激しく爆発的に噴火することが多く，火山灰をふき上げ，火砕流を発生させることもある。

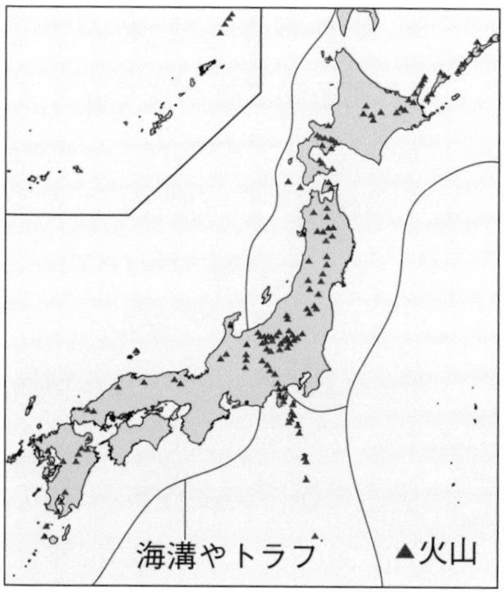

(6) 次の①〜③の火山は，図1の㋐〜㋒のどの形にもっとも近いか。

　① 昭和新山　　② マウナロア　　③桜島

記述
(7) 図2から，日本の火山の分布にはどのような特徴があるといえるか。「海溝やトラフ」という言葉を使って簡単に答えなさい。

(1)		(2)		(3)	
(4)					
(5) ①		②		(6) ①		②		③	
(7)					

2 2つの火山の近くで採取した火成岩Xと火成岩Yにふくまれている鉱物を調べた。次の図は，火成岩にふくまれるおもな鉱物の種類や割合を表したものである。これについて，あとの問いに答えなさい。　6点×3（18点）

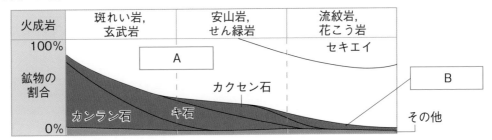

火成岩	斑れい岩，玄武岩	安山岩，せん緑岩	流紋岩，花こう岩

(1) 2つの火成岩X，Yには共通して，白色で柱状の鉱物Aがふくまれていた。この鉱物は何か。鉱物名を答えなさい。

(2) 火成岩Yには，黒色で六角形をした鉱物Bがふくまれていた。この鉱物は何か。鉱物名を答えなさい。

(3) 火成岩Xをつくる鉱物は有色のものが多く，火成岩Yをつくる鉱物は白っぽかった。このことから，火成岩Xのもととなったマグマのねばりけは，火成岩Yのもととなったマグマにくらべて，どのようであると考えられるか。

(1)		(2)	
(3)			

3 右の図は，2種類の火成岩をルーペで観察し，スケッチしたものである。これについて，次の問いに答えなさい。　4点×8（32点）

(1) 図1で見られる㋐のような，比較的大きな鉱物を何というか。

(2) 図1で，細かい粒などでできた㋑の部分を何というか。

(3) 図1の火成岩ができるとき，㋐，㋑のどちらの部分が先にできるか。

(4) 図1，2のようなつくりを，それぞれ何というか。

(5) 図1，2のようなつくりをもつ火成岩を，それぞれ何というか。

(6) 図2のつくりに，図1の㋑のようなつくりが見られないのはなぜか。「マグマ」「鉱物」という言葉を使って答えなさい。

(1)		(2)		(3)		
(4)	図1		図2		(5)	図1		図2	
(6)						

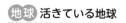

解答 ▶ p.14

4章　語る大地

> 同じ語句を何度使ってもかまいません。

教科書の 要点　（　）にあてはまる語句を，下の語群から選んで答えよう。

1 地層
教 ▶ p.102〜103

(1) 太陽の熱や水のはたらきなどで，地表で岩石が土砂に変わっていくことを（①★　　　　　　　）という。
└ ぼろぼろになってくずれる。

(2) 流水は，風化した岩石をけずりとり（（②　　　　　　）），下流へ運び（**運搬**），流れがゆるやかなところに積もらせる（**堆積**）。

(3) 1つの地層では，下のほうほど粒が大きくなる。また，地層は（③★　　　　　　　）の層ほど新しい。

> **まるごと 暗記**
> **流水のはたらき**
> ● 侵食
> ● 運搬
> ● 堆積

2 堆積岩
教 ▶ p.104〜106

(1) 堆積したものが押し固められてできた岩石を（①★　　　　　　　）という。**泥岩**，（②　　　　　　），**れき岩**は，岩石をつくる粒の大きさで分けられる。

(2) 堆積岩には，生物の遺骸などが堆積した（③　　　　　　　）や**チャート**，火山噴出物が堆積した（④　　　　　　　）もある。
└ とてもかたい。

> **ワンポイント**
> 石灰岩とチャートはどちらも，生物の遺骸などが堆積してできた岩石である。石灰岩は，うすい塩酸をかけるととけて，二酸化炭素が発生する。チャートはとてもかたく，うすい塩酸にも反応しない。

3 化石と地質年代
教 ▶ p.107〜113

(1) ある限られた環境でしか生存できない生物の化石からは，地層ができた当時の**環境を推定**することができる。このような化石を（①★　　　　　　　）という。広い地域にわたって，限られた時代にのみ生存していた生物の化石からは，地層ができた**時代が推定**できる。このような化石を（②★　　　　　　　）という。

(2) 示準化石などをもとにした時代区分を（③★　　　　　　　）といい，新しいものから順に，**新生代**，中生代，古生代である。

(3) 火山灰の層は広範囲に同時期に堆積するため，離れた地層を比べるときに利用できる。このような層を（④　　　　　　　）という。

> **まるごと 暗記**
> **示相化石**
> →地層が堆積した当時の環境を推測。
> **示準化石**
> →地層が堆積した時代を推測。

4 大地の恵みと災害
教 ▶ p.114〜119

(1) 土地は大きな力を受けて**隆起**したり，**沈降**したりすることがある。海岸で見られる階段状の地形を（①　　　　　　　）という。

(2) 地域や災害ごとに，災害の被害や避難場所などを地図にまとめたものを（②　　　　　　　）という。

語群 ❶侵食／上／風化　❷石灰岩／砂岩／凝灰岩／堆積岩
❸示相化石／地質年代／鍵層／示準化石　❹ハザードマップ／海岸段丘

😊 ★の用語は，説明できるようになろう！

教科書の[図]

（同じ語句を何度使ってもかまいません。）

□にあてはまる語句を，下の語群から選んで答えよう。

1 地層のでき方

✎①～③には流水のはたらきを書きなさい。

[教] p.102～103

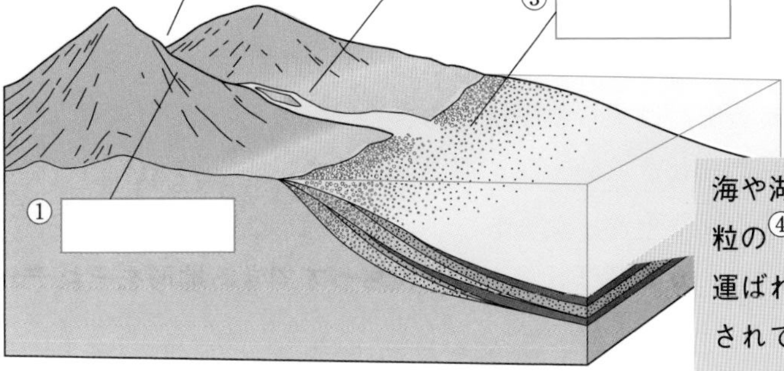

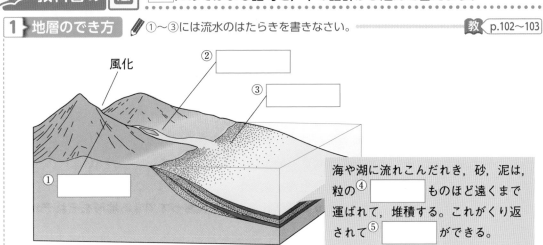

① □ ② □ ③ □

海や湖に流れこんだれき，砂，泥は，粒の④ □ ものほど遠くまで運ばれて，堆積する。これがくり返されて⑤ □ ができる。

2 化石

[教] p.107～109

●示相化石

サンゴ…あたたかく① □ 海。

カキ，シジミ…海水と川の水が混じり合うところ。

ブナ…② □ な土地。

現在の生物と比較して，環境を推定しているよ。

●示準化石

③ □ 代	⑤ □ 代	⑦ □ 代
フズリナ 	ステゴサウルス 	メタセコイア，マンモス 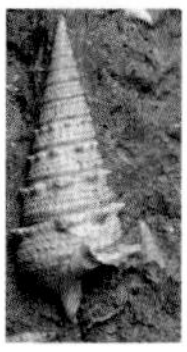
④ □	⑥ □	⑧ □

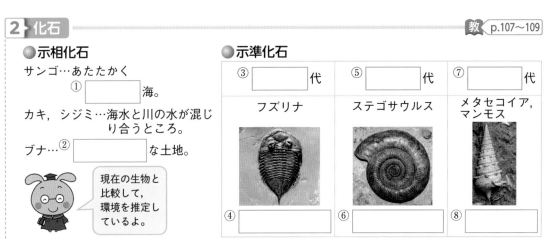

3 大地の変化

[教] p.115，118

① □

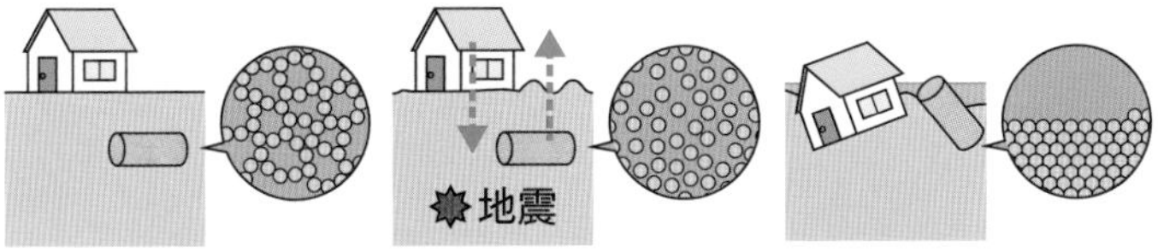

❶土の粒子のすきまに，水や空気が混じっている。

❷地震が起こると，土の粒子が水の中でばらばらになる。

❸土の粒子が下に密集し，水が地表に噴出する。地上の建物などは沈降し，地下の水道管などは浮上する。

② □

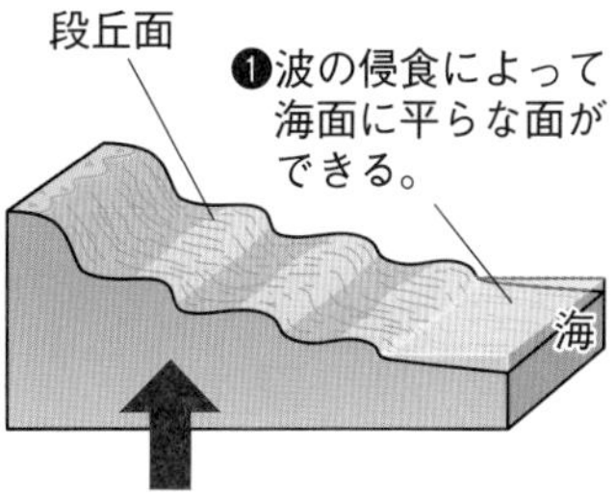

❶波の侵食によって海面に平らな面ができる。

❷隆起して，段丘面になる。

[語][群] [1]堆積／地層／侵食／小さい／運搬　[2]中生／寒冷／アンモナイト／新生／サンヨウチュウ／ビカリア／浅い／古生　[3]海岸段丘／液状化（えきじょうか）

わからない用語は，教科書の[要][点]の★で確認しよう！

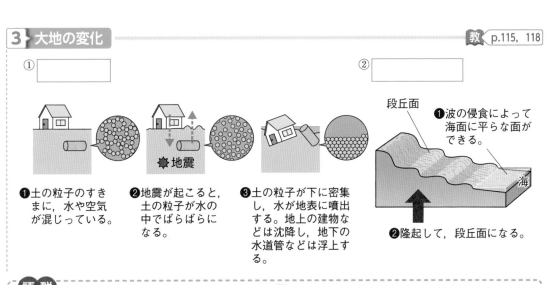

解答 p.14

定着のワーク ステージ2 4章 語る大地－①

1 流水のはたらき

流水のはたらきについて，次の問いに答えなさい。

(1) 岩石が，太陽の熱や水のはたらきによって長い間に表面からくずれて，土砂に変わっていくことを何というか。 (　　　)

(2) 流水による次の①～③のはたらきを，それぞれ何というか。

① (1)のはたらきを受けた岩石を，けずりとるはたらき。 (　　　)

② ①によってけずりとられた，れき・砂・泥を運ぶはたらき。 (　　　)

③ 運ばれた土砂を積もらせるはたらき。 (　　　)

(3) 次の①，②の場所に，流水によって運ばれた土砂が積もってできる地形をそれぞれ何というか。

① 山地から平野になるところ。 (　　　)

② 平野から河口になるところ。 (　　　)

2 地層のつくり

右の図1は，川が海に流れこんでいる場所の断面を表したものである。これについて，次の問いに答えなさい。

(1) 図2は，図1のA，B，Cの3つの地点でボーリングをして得られた試料を柱状図(ちゅうじょうず)に表したものである。A，B，Cにあてはまるのは，図2の㋐～㋒のどれか。

A(　　　) B(　　　) C(　　　)

(2) 河口から遠く離れたところまで運ばれるのは，大きな粒，細かい粒のどちらか。 (　　　)

(3) れき・砂・泥が同時に堆積するとき，はやく沈むのは，大きな粒，細かい粒のどちらか。 (　　　)

(4) 地層は，ふつう，下の層ほど新しいか，古いか。[ヒント] (　　　)

(5) 水底で堆積した地層が，陸上で見られることがある。これは，土地に何という変化が起こったからか。[ヒント] (　　　)

図1

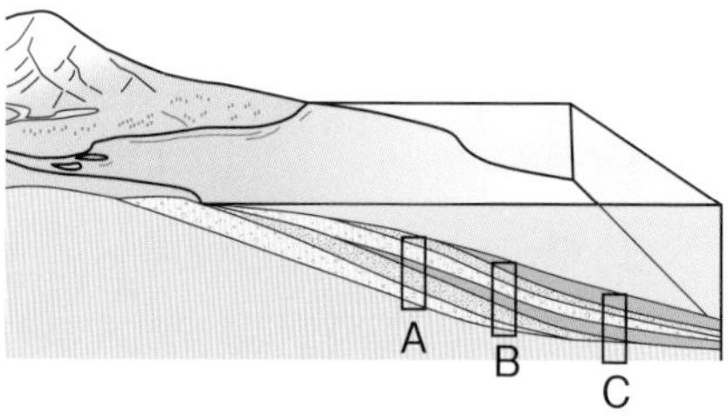
A
B
C

図2

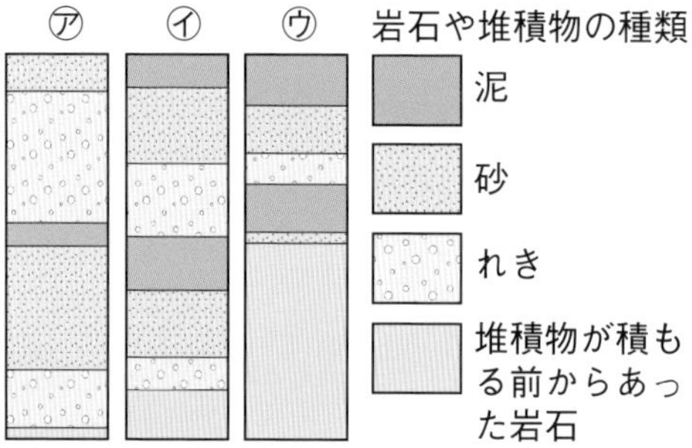
㋐
㋑
㋒
岩石や堆積物の種類
泥
砂
れき
堆積物が積もる前からあった岩石

水の底にあったものが地上に出てきたのは，どのような大地の変化があったからか，考えよう。

ヒントの森 ❷(4)水底に堆積したものの上に，新たに土砂が堆積して地層ができる。(5)土地が大きな力を受けると，もち上がったり沈んだりすることがある。

3 地層のでき方　地層のでき方を考えるために，右の図のように，れき，砂，泥を混ぜた土砂を細長いといの中に入れ，上から水を流して，れき，砂，泥の広がり方を観察した。これについて，次の問いに答えなさい。

(1) れき，砂，泥はどのように広がったか。次のア～ウから選びなさい。　　　（　　　）

ア　れき，砂，泥が混ざったまま広がった。

イ　といの出口に近いところにれきなどの大きな粒，出口から遠いところに泥などの細かい粒が積もった。

ウ　といの出口に近いところに泥などの細かい粒，出口から遠いところにれきなどの大きな粒が積もった。

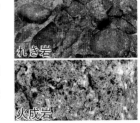

とい

水を入れたバット

地球

(2) (1)のようなれき，砂，泥の広がり方は，どのような場所での土砂の積もり方と似ているか。次のア～ウから選びなさい。　　　（　　　）

ア　流れのゆるやかな河口から海にかけての積もり方。

イ　山地から平野になるところでの積もり方。

ウ　岸から遠く離れた深い海での積もり方。

4 教 p.105 観察 2 　堆積岩の観察　いろいろな堆積岩の特徴について，次の問いに答えなさい。

(1) れき岩，砂岩，泥岩は，岩石をつくる何のちがいで区別されるか。

（　　　　　　　　　　）

(2) 石灰岩とチャートにうすい塩酸をかけると，どのようになるか。次のア～ウから選びなさい。 ヒント 　　　（　　　）

ア　石灰岩だけから気体が発生する。

イ　チャートだけから気体が発生する。

ウ　石灰岩からもチャートからも気体が発生する。

(3) (2)で発生する気体は何か。 ヒント 　　　（　　　　　　　　　　）

(4) 石灰岩とチャートの表面にくぎで傷をつけようとすると，どのようになるか。次のア～エから選びなさい。　　　（　　　）

ア　石灰岩だけ傷がつく。　　　　　イ　チャートだけ傷がつく。

ウ　石灰岩もチャートも傷がつく。　　エ　石灰岩もチャートも傷がつかない。

(5) 右の図は，れき岩と火成岩のようすを観察したものである。れき岩をつくる粒の形には，火成岩をつくる粒と比べて，どのような特徴があるか。

（　　　　　　　　　　　　）

 (6) れき岩の粒が(5)のようになっているのはなぜか。簡単に答えなさい。 ヒント

（　　　　　　　　　　　　　　）

れき岩

火成岩

 　4(2)(3)石灰岩の主成分の炭酸カルシウムは，うすい塩酸と反応して気体が発生する。
(6)れき岩は，流水によって運搬されたものが堆積してできる。

解答 p.15

定着のワーク ステージ2 4章 語る大地－②

1 化石 化石について，次の問いに答えなさい。

(1) 地層ができた時代を推定できる化石を何というか。 (　　　)

(2) どのような生物の化石が，(1)の化石となるか。次のア，イから選びなさい。 (　　　)

ア　ある限られた環境でしか生存できない生物。

イ　広い地域に，限られた時代にのみ生存していた生物。

(3) 地層ができた当時の環境を推定できる化石を何というか。 (　　　)

(4) どのような生物の化石が，(3)の化石となるか。(2)のア，イから選びなさい。 (　　　)

(5) 次のア〜オの生物の化石のうち，(3)の化石をすべて選びなさい。 (　　　)

ア　サンゴ　　イ　フズリナ

ウ　ブナ　　エ　マンモス

オ　ビカリア

㋐

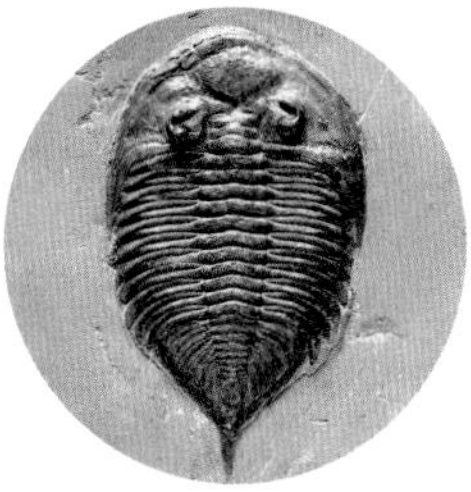

㋑

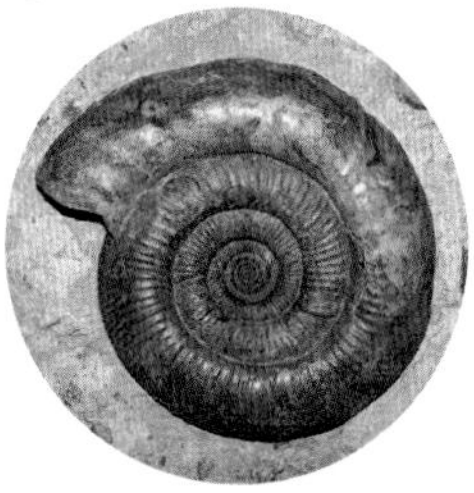

(6) 右の㋐，㋑はそれぞれ何という生物の化石か。 ㋐(　　　) ㋑(　　　)

(7) 化石などをもとにした，地球の歴史の区分を何というか。 (　　　)

(8) ㋐，㋑の生物が生存していた(7)をそれぞれ答えなさい。[ヒント] ㋐(　　　) ㋑(　　　)

2 [教] p.110 [観察3] 地層の観察 右の図は，ある道路に沿った地点A，Bの地層のようすを表したものである。a層の火山灰は同じ時期の同じ火山の噴火によるもので，この地域に地層の逆転などはなかった。これについて，次の問いに答えなさい。

図1

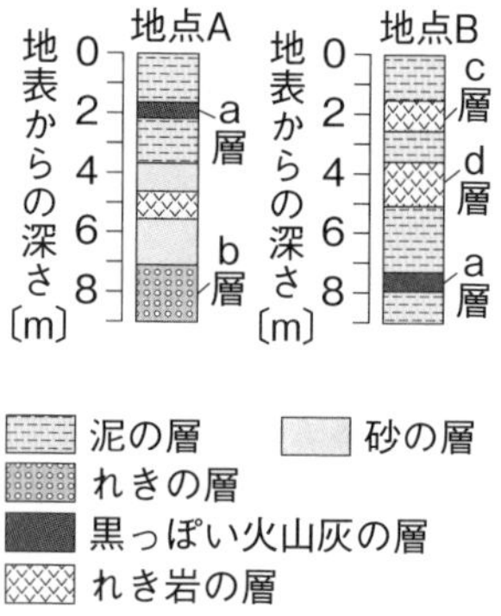

(1) 地層が地表に現れているところを何というか。 (　　　)

(2) 図のように，地層のようすを柱状に表した図を何というか。 (　　　)

(3) 図のa〜dの層を，堆積した年代が古いものから順に並べなさい。[ヒント] (　　→　　→　　→　　)

(4) 離れた地層のつながりを考えるとき，利用できる層がある。このような層を何というか。 (　　　)

[記述] (5) (4)には，火山灰の層が使われることが多い。それはなぜか。簡単に答えなさい。
(　　　　　　　　　　　　　　　　　　　　)

ヒントの森

1(8)地質年代には，新生代，中生代，古生代などがある。

2(3)下から順に堆積するので，下の層のほうが古い。

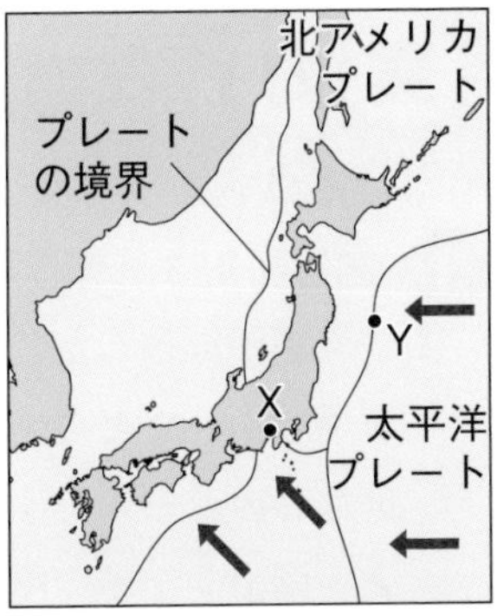
北アメリカプレート
プレートの境界
Y
X
太平洋プレート

③ 大地の変化　プレートの境界で起こる，さまざまな大地の変化について，次の問いに答えなさい。

(1) 図1のXでは，長い時間をかけて，となり合うプレートが衝(しょう)突(とつ)することで，どのような地形がつくられるか。次のア～ウから選びなさい。[ヒント]　(　　　)

ア　海溝やトラフ
イ　扇状地(せんじょうち)や三角州
ウ　巨大な山脈や山地

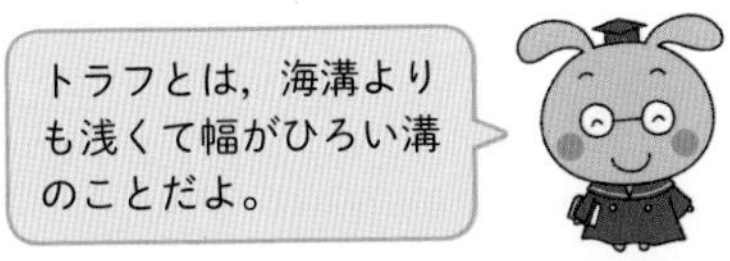
トラフとは，海溝よりも浅くて幅がひろい溝のことだよ。

(2) 図2は，図1のY付近で起こる地震前後のプレートのようすを模式的に表したものである。㋐，㋑の土地の変化をそれぞれ何というか。

㋐(　　　　)　㋑(　　　　)

図2

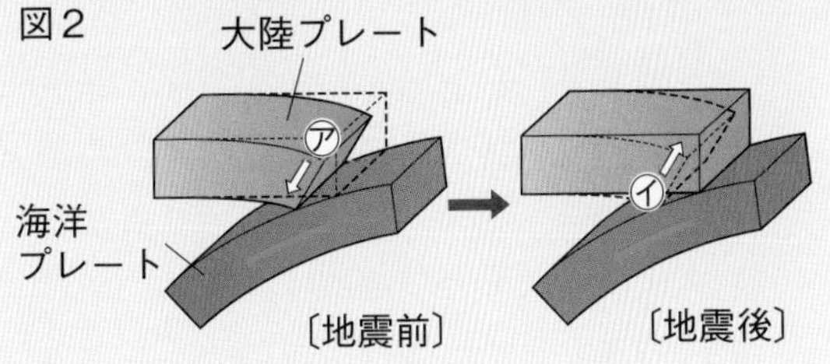
大陸プレート
㋐
㋑
海洋プレート
〔地震前〕
〔地震後〕

(3) 海岸では，階段状の地形が見られた。このような地形を何というか。　(　　　　)

④ 大地の恵みと災害　火山などは，美しい景色や温泉などの恵みのほか，発電などにも利用されている。しかし，いざ火山が噴火すると，大きな被害を受けることもある。右の図は，火山が噴火したときに，被害が出るおそれがある範囲を地図に示したものである。これについて，次の問いに答えなさい。

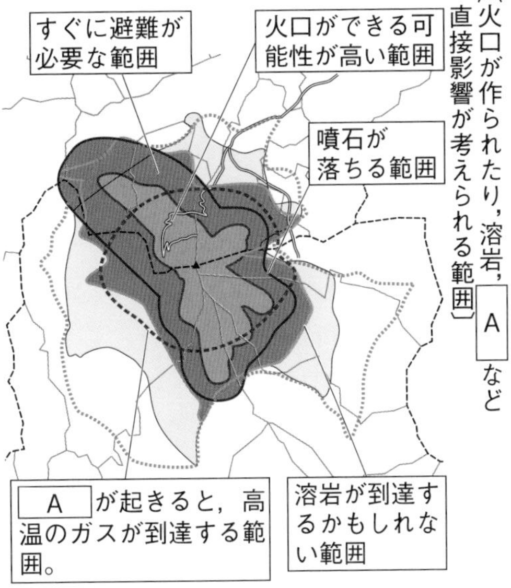
すぐに避難が必要な範囲
火口ができる可能性が高い範囲
噴石が落ちる範囲
〔火口が作られたり，溶岩，[A]など直接影響が考えられる範囲〕
[A]が起きると，高温のガスが到達する範囲。
溶岩が到達するかもしれない範囲

(1) 図のような地図を何というか。　(　　　　)

[記述] (2) (1)には，災害の予測だけでなく，避難(ひなん)所や避難ルートなどの情報もある。その理由を「被害」という語を使って答えなさい。[ヒント]

(　　　　　　　　　　　　　　　　)

(3) 右の図の[A]は，溶岩の破片や火山灰が，高温のガスとともに高速で山の斜面を流れ下る現象である。これを何というか。　(　　　　)

(4) 火山が噴火した後，火山噴出物が降り積もった場所に雨が降ったり，雪がとけたりすると，水と混ざった火山噴出物が一気に押しよせることがある。このような現象を何というか。　(　　　　)

ヒントの森

③(1)プレートが衝突することで，海底の堆積物が高く押し上げられる。
④(2)過去の災害を学び，情報を理解することが必要である。

実力判定テスト　ステージ3　**4章　語る大地**

1 右の図1は，ある場所の地層を表したものである。次の問いに答えなさい。　4点×13(52点)

(1)　A層が堆積したころ，このあたりはどのような場所であったと考えられるか。次のア〜ウから選びなさい。

　ア　陸上　　イ　岸から近い浅い海
　ウ　岸から離れた深い海

(2)　E層が堆積したころ，このあたりはどのような場所であったと考えられるか。(1)のア〜ウから選びなさい。

(3)　火山活動があった時期に堆積した層はどれか。図1のA〜Eから選びなさい。

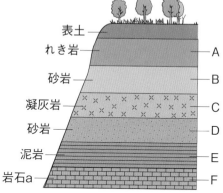

図1

表土
れき岩 ── A
砂岩 ── B
凝灰岩 ── C
砂岩 ── D
泥岩 ── E
岩石a ── F

(4)　図1の地層に見られる岩石のように，堆積した土砂などが，長い年月の間に押し固められて岩石になったものを何というか。

(5)　F層の岩石aは，生物の遺骸や水にとけていた成分が堆積して固まった岩石で，くぎで傷をつけることができた。この岩石を何というか。

(6)　(5)の岩石にうすい塩酸をかけると，どのようになるか。

(7)　(5)の岩石と同じように，生物の遺骸などが堆積してできた岩石であるが，くぎでは傷をつけられない，かたい岩石を何というか。

(8)　(7)の岩石にうすい塩酸をかけると，どのようになるか。

(9)　D層から図2のような化石が見つかった。この層が堆積したと考えられる地質年代を答えなさい。

図2

(10)　図2の生物と同じ時代に栄えた生物を，次のア〜エから選びなさい。

　ア　アンモナイト　　イ　フズリナ　　ウ　三葉虫　　エ　マンモス

(11)　地層が堆積した当時の環境を推定できる化石を何というか。

(12)　(11)の一つにサンゴの化石がある。サンゴの化石から，地層が堆積した当時の環境はどのようであったと推定できるか。

記述 (13)　(11)の化石として適しているのは，どのような生物の化石か。「生存」という言葉を使って簡単に答えなさい。

(1)		(2)		(3)		(4)		(5)	
(6)				(7)			(8)		
(9)		(10)		(11)			(12)		
(13)									

2 次の文は，岩石が変化して地層ができていくようすを説明したものである。これについて，あとの問いに答えなさい。

4点×6（24点）

㋐ 岩石が，太陽の熱や水のはたらきで，長い間に表面からくずれていく。
㋑ 土砂が，長い年月の間に押し固められて岩石になる。
㋒ 流水が，岩石や土砂をけずりとる。
㋓ れきや砂，泥が積もっていく。
㋔ 流水によって，れきや砂，泥が下流へ運ばれる。

(1) ㋐～㋔の文を，岩石が変化する順に並べなさい。ただし，㋐を最初とする。
(2) ㋐の現象を何というか。
(3) ㋒，㋔の流水のはたらきをそれぞれ何というか。
(4) 1つの地層の中の粒の大きさを調べると，ふつう，上と下のどちらのほうが粒が大きくなっているか。
[記述] (5) (4)の理由を簡単に答えなさい。

(1)	㋐ → → → →	(2)		(3)	㋒	㋔	
(4)		(5)					

3 右の図1は，ある地域の海岸段丘を，図2は，ある地層のようすを表したものである。次の問いに答えなさい。

4点×6（24点）

図1

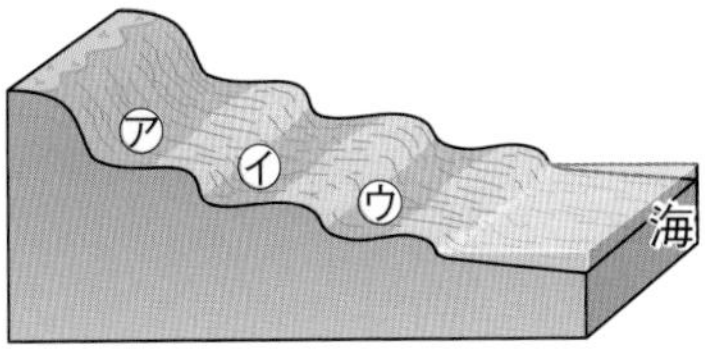

(1) 図1の段丘面㋐～㋒の中で，もっとも新しいと考えられる段丘面はどれか。
(2) 段丘面ができるときに起こった土地の変動を何というか。
(3) 図2のように曲げられた地層を何というか。
(4) 図2のA～Dの層で，もっとも古くに堆積した層はどれだと考えられるか。
(5) 図2のX－X'のずれを何というか。
(6) 地震や火山噴火などの大地の変化によって起こる災害から身を守るために，過去の災害の特徴や避難場所などをまとめた災害予測地図を何というか。

図2

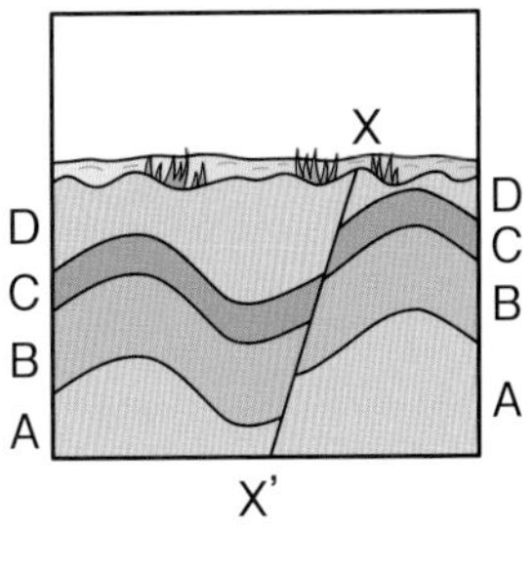

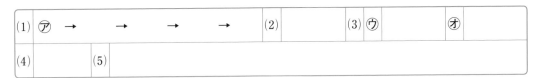

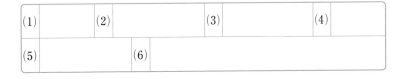

(1)		(2)		(3)		(4)	
(5)		(6)					

地球 **活きている地球**

40分 　/100

解答▶p.16

1 ある地震のゆれを，震源距離が異なるA〜Dの4地点で観測した。図1は，各地点での地震計の記録を，地震発生時から表したものである。これについて，次の問いに答えなさい。

5点×6（30点）

(1) 震源にもっとも近いのはA〜Dのどの地点か。記号で答えなさい。

(2) P波とS波の届いた時刻に差が生じているのはなぜか。その理由を次のア〜エから選びなさい。

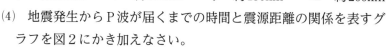

図1　　　図2

※図1のPはP波の到達時刻，SはS波の到達時刻を表す。

ア　P波が発生してからS波が発生するから。

イ　S波が発生してからP波が発生するから。

ウ　P波とS波の伝わる速さが異なるから。

エ　P波とS波の発生する場所が異なるから。

(3) 図2のグラフは，地震発生からS波が届くまでの時間と震源距離の関係を表している。地点Bの震源からの距離は何kmと考えられるか。次のア〜エから選びなさい。

ア　約50km　　イ　約100km　　ウ　約150km　　エ　約200km

(4) 地震発生からP波が届くまでの時間と震源距離の関係を表すグラフを図2にかき加えなさい。

作図

(5) 図2のグラフをもとに，S波の伝わる速さを四捨五入して小数第1位まで求めなさい。

(6) マグニチュードとは，地震そのものの何の大きさを表すものか。

1

(1)	
(2)	
(3)	
(4)	図2に記入
(5)	
(6)	

2 右の図は，2種類の火成岩のつくりをルーペで観察し，スケッチしたものである。これについて，次の問いに答えなさい。

5点×4（20点）

(1) 図のAのようなつくりを何というか。

(2) 図のBのようなつくりをしている岩石を，次のア〜エから2つ選びなさい。

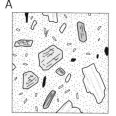 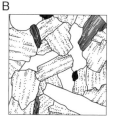

A　　　B

ア　斑れい岩　　イ　安山岩　　ウ　花こう岩　　エ　玄武岩

記述

(3) 図のBのつくりの火成岩ができる場所と，その火成岩ができるときのマグマの冷え方について，簡単に答えなさい。

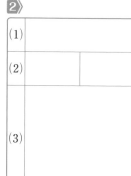

2

(1)		
(2)		
(3)		

3》右の図は，ある地域の崖に現れた地層の観察記録である。これについて，次の問いに答えなさい。

5点×4（20点）

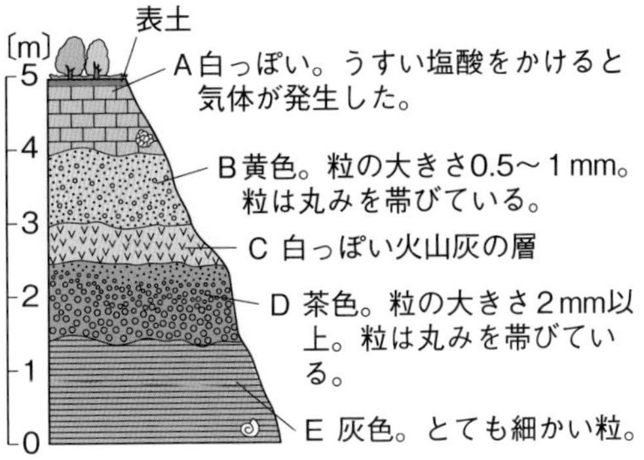

表土
A 白っぽい。うすい塩酸をかけると気体が発生した。
B 黄色。粒の大きさ0.5～1mm。粒は丸みを帯びている。
C 白っぽい火山灰の層
D 茶色。粒の大きさ2mm以上。粒は丸みを帯びている。
E 灰色。とても細かい粒。

(1)　図のA，B，D，Eのうち，砂岩の層と判定できるものはどれか。

(2)　図のEでアンモナイトの化石が見つかった。アンモナイトと同じ時代に栄えた生物を，次のア～エから選びなさい。
　　ア　サンヨウチュウ　　イ　ビカリア
　　ウ　恐竜（きょうりゅう）　　エ　アケボノゾウ

(3)　アンモナイトのように，堆積した時代を推定できる化石を何というか。

(4)　図のCの火山灰にふくまれる鉱物のほとんどがセキエイやチョウ石であった。この火山灰を噴出した火山の特徴としてもっとも適当なものを，次のア～エから選びなさい。
　　ア　マグマのねばりけが大きく，盛り上がった形をした火山。
　　イ　マグマのねばりけが大きく，傾斜がゆるやかな火山。
　　ウ　マグマのねばりけが小さく，盛り上がった形をした火山。
　　エ　マグマのねばりけが小さく，傾斜がゆるやかな火山。

3》	
(1)	
(2)	
(3)	
(4)	

4》下の図1は日本列島の地上のようす，図2は地下のようすを表したものである。これについて，次の問いに答えなさい。

5点×6（30点）

図1

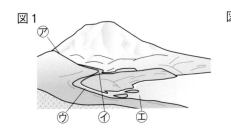

図2

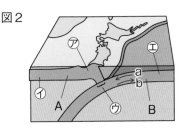

(1)　流水による侵食がもっとも大きいのは，図1の⑦～⊆のどこか。

(2)　図1の河口から離れた深い海底に堆積しやすいのは，次のア～ウのどれか。
　　ア　れき　　イ　砂　　ウ　泥

(3)　図2のA，Bのうち，大陸プレートはどちらか。また，Bのプレートはa，bのどちらの方向に動いているか。

(4)　巨大地震が起こりやすい場所は，図2の⑦～⊆のどこか。

(5)　地震のときに，地下で大規模な破壊が起こってできる大地のずれを何というか。

4》	
(1)	
(2)	
(3)	大陸プレート
	Bのプレートの動く方向
(4)	
(5)	

😊⊱終わったら後ろの，**2**，**12**，**13**をやろう。

地球

解答 p.16

確認のワーク ステージ1 サイエンス資料 1章 いろいろな物質とその性質

教科書の要点

同じ語句を何度使ってもかまいません。

(　　)にあてはまる語句を，下の語群から選んで答えよう。

1 物質の区別

教 p.141～147

(1) ものを使う目的や形で区別するときの名称を(①★　　　　)といい，ものを材料で区別するときの名称を(②★　　　　)という。

(2) **炭素をふくむ物質**を(③★　　　　)という。

(3) **有機物**(ゆうきぶつ)は，加熱すると燃えて(④　　　　)が発生する。多くの有機物は水素もふくんでいるため，燃えると水もできる。

(4) **有機物以外の物質**を(⑤★　　　　)という。

(5) アルミニウムや鉄などの物質を(⑥★　　　　)といい，次のような共通の性質がある。

- (⑦　　　　)をよく通す(電気伝導性)。
- 熱をよく伝える(熱伝導性)。
- みがくと特有の**金属光沢**(こうたく)が出る。
- たたいて**広げたり**(展性(てんせい))，**引きのばしたり**(延性(えんせい))できる。

磁石につくのは，一部の金属のみである。

(6) **金属以外**(きんぞく)の物質を(⑧★　　　　)という。

2 密度

教 p.148～153

(1) 上皿(うわざら)てんびんや電子(でんし)てんびんではかることのできる，物質そのものの量を(①★　　　　)という。単位には，gやkgが使われる。
1 kg = 1000g

(2) 物質$1\,cm^3$あたりの質量を(②★　　　　)という。

(3) 密度は，**質量**(しつりょう)と**体積**から求めることができ，単位には(③　　　　)(記号g/cm^3)を用いる。

$$物質の密度(みつど)[g/cm^3]=\frac{物質の質量[g]}{物質の体積[cm^3]}$$

(4) 物質の密度は，物質の(④　　　　)によって値が決まっていて，物質を区別する手段の1つとなっている。

(5) 物質が液体に浮くか沈むかは，その物質の密度が，液体の密度より小さいか，大きいかで決まる。

(6) 水よりも密度が(⑤　　　　)物質は水に**浮き**(う)，水よりも密度が(⑥　　　　)物質は水に**沈む**(しず)。

まるごと暗記
有機物と無機物
- 有機物
炭素をふくむ物質。
- 無機物
有機物以外の物質。

プラスα
二酸化炭素は炭素をふくむが，無機物である。

ワンポイント
物質の性質や密度のちがいを利用すると，物質を区別することができる。

まるごと暗記
密度と浮き沈み
- 物質の密度が液体の密度より小さい。
→物質は浮く。
- 物質の密度が液体の密度より大きい。
→物質は沈む。

プラスα
体積は温度によって変化するので，密度も温度によって変化する。

語群
1 電気／有機物／二酸化炭素／金属／無機物(むきぶつ)／物質／非金属／物体
2 種類／質量／大きい／小さい／密度／グラム毎立方(まいりっぽう)センチメートル

★の用語は，説明できるようになろう！

同じ語句を何度使ってもかまいません。

📖 **教科書の** 図 ☐にあてはまる語句を，下の語群から選んで答えよう。

1 いろいろな実験器具 ··· 教 p.131

① ☐ ② ☐ ③ ☐ ④ ☐

2 ガスバーナーの使い方 ································· 教 p.132〜133

A
B
コック

下から近づける。

● **火のつけ方**
- ① ☐調節ねじ(A)と② ☐調節ねじ(B)を軽くしまっている状態にしておく。
- 元栓とコックを開け，ねじBをゆるめて，火をつける。
- ねじBを回し，炎の大きさを③ ☐cmくらいにする。
  その後，ねじBを押さえながらねじAを回し，炎を④ ☐色にする。

● **火の消し方**
- 火を消すときは，つけるときと逆の順序で行う。火を完全に消して元栓を閉じた後，ねじAとねじBを少し⑤ ☐ておく。

3 物質の分類 ··· 教 p.141〜147

物　質 ┬ ① ☐（炭素をふくむ）-------------------- 木，砂糖
　　　 └ ② ☐（有機物以外）---------------------- 鉄，食塩

物　質 ┬ 金属（電気をよく通す，熱をよく伝える，金属光沢，広げたり引きのばしたりできる）----- 鉄，銅
　　　 └ ③ ☐（金属以外）-------------- ガラス，プラスチック，木

語群 1 メスシリンダー／こまごめピペット／ろうと／枝つきフラスコ
2 青／ゆるめ／ガス／空気／10　　3 無機物／非金属／有機物

😊 わからない用語は，📖 **教科書の** 要点 の★で確認しよう！

物質

解答 p.16

定着のワーク ステージ2 サイエンス資料−①
1章 いろいろな物質とその性質−①

1 実験のしかた 次の文は，実験のしかたについて説明したものである。正しいものには○，まちがっているものには×をつけなさい。[ヒント]

①(　　　)液体薬品をびんからビーカーに注ぐとき，ガラス棒を伝わらせて少しずつ入れる。
②(　　　)こまごめピペットに液体が入った状態で，液を吸う先端を上にしない。
③(　　　)薬品を細かくするとき，乳ばちに入れて，乳棒で軽くたたく。
④(　　　)薬品のにおいをかぐとき，直接鼻を近づける。
⑤(　　　)液体を加熱するとき，沸騰石を入れて，液体が急に沸騰するのを防ぐ。

2 ガスバーナーの使い方 ガスバーナーの使い方について，次の問いに答えなさい。

(1) 図1のA，Bのねじをそれぞれ何というか。
A(　　　　　　　　) B(　　　　　　　　)

(2) 図1で，A，Bのねじをゆるめる向きは，a，bのどちらか。[ヒント] (　　)

(3) ガスバーナーに火をつけるには，どのような手順で行えばよいか。次のア〜オを正しい順に並べなさい。
(　　→　　→　　→　　→　　)
ア 元栓を開ける。
イ Bのねじをゆるめる。
ウ ガスに火をつける。
エ A，Bのねじが軽くしまっている状態にする。
オ コックを開けて，ガスライター(マッチ)に火をつける。

図1

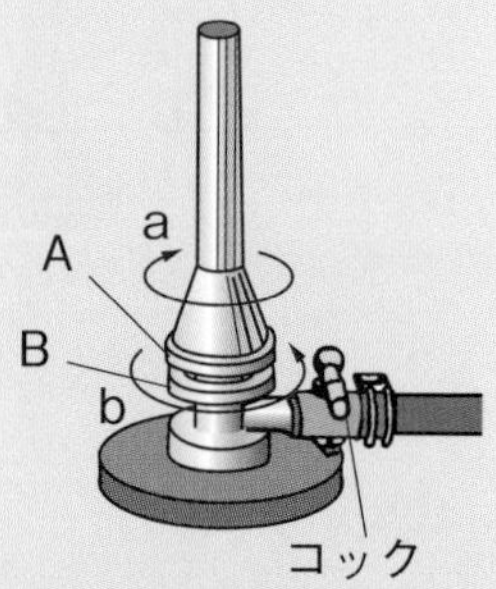
a
A
B
b
コック

(4) ガスバーナーの炎の大きさは，何cmくらいにするか。(　　　　)

(5) ガスバーナーの炎は，何色になるようにするか。(　　　　)

(6) 図2は，ガスバーナーの炎の状態を表したものである。適正な炎を㋐〜㋒から選びなさい。(　　)

(7) 図2で，空気の量が多すぎるときの炎を表したものを，㋐〜㋒から選びなさい。(　　)

(8) (7)のとき，どのねじをどのようにして適正な炎にするか。次のア〜エから選びなさい。(　　)
ア 図1のAのねじをゆるめる。
イ 図1のAのねじをしめる。
ウ 図1のBのねじをゆるめる。
エ 図1のBのねじをしめる。

図2

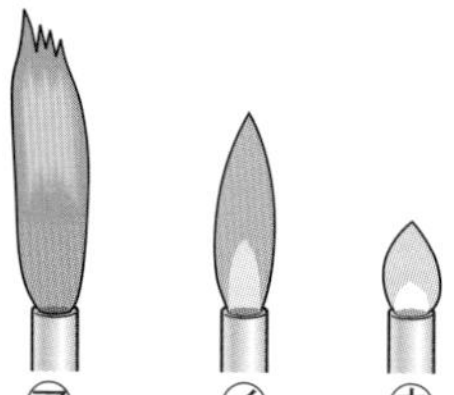
㋐
㋑
㋒

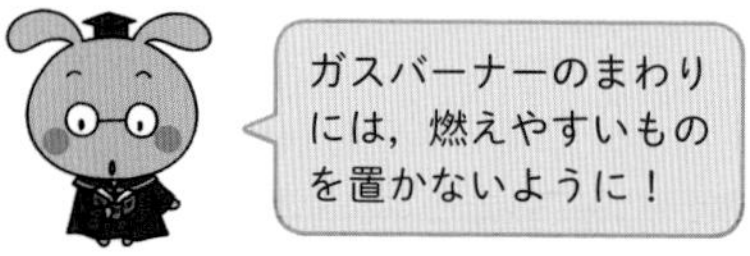
ガスバーナーのまわりには，燃えやすいものを置かないように！

ヒントの森
❶②ゴムの部分に薬品が入ると，ゴムがいたんでしまう。④薬品には有毒なものもある。
❷(2)ねじをゆるめたりしめたりする向きは，飲料用ペットボトルのふたと同じ向きである。

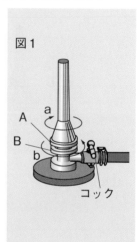

3 [教] p.143 [実験1] **謎の物質Xの正体** かたくり粉，砂糖，食塩のいずれかである白い粉Xの正体を調べるために，次のような実験を行った。これについて，あとの問いに答えなさい。

実験１　色，におい，手ざわりを調べる。
実験２　水へのとけやすさを調べる。
実験３　炎の中に入れて，燃えるかどうかを調べる。
実験４　**実験３**で火がついたら，右の図のように，石灰水の入った集気びんに入れる。火が消えたらとり出し，集気びんを振って変化を調べる。

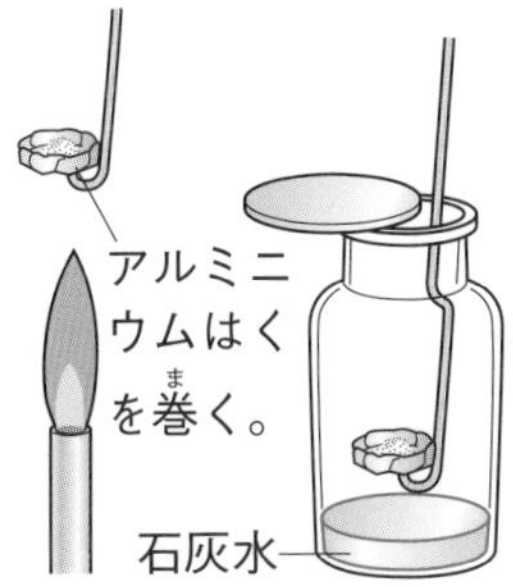

(1) かたくり粉，砂糖，食塩，白い粉Xを，**実験１～４**の方法で調べた結果を次の表にまとめた。表の㋐～㋔にあてはまる言葉を，下の**ア～ク**からそれぞれ選びなさい。

㋐(　　) ㋑(　　) ㋒(　　) ㋓(　　) ㋔(　　)

調べる方法	かたくり粉	砂　糖	食　塩	白い粉X
色	白色	白色	白色	白色
に お い	なし	ほとんどなし	㋐	なし
手ざわり	キュッと音がした	さらさら	さらさら	キュッと音がした
水へのとけやすさ	ほとんどとけ残った	㋑	少しとけ残った	ほとんどとけ残った
燃えるかどうか	㋒	燃えて炭になった	㋓	燃えて炭になった
石灰水のようす	白くにごった	㋔	ー	白くにごった

ア　あり　**イ**　なし　**ウ**　とけ残りがなかった　**エ**　とけ残った
オ　燃えなかった　**カ**　燃えて炭になった　**キ**　白くにごった
ク　変化はなかった

(2) **実験４**で，白い粉Xでは石灰水が白くにごった。このことから，白い粉Xを燃やすと何が発生することがわかるか。[ヒント]　(　　)

(3) 白い粉Xのように，燃えて(2)の気体が発生する物質を何というか。(　　)

(4) (3)の物質が燃えるとき，多くの場合，(2)の気体のほかに何という液体ができるか。[ヒント]
(　　)

(5) この実験から，白い粉Xは何であると考えられるか。(　　)

4 **物質の分類** 次のア～クの物質の分類について，あとの問いに答えなさい。

ア　銅　**イ**　食塩　**ウ**　木　**エ**　ガラス　**オ**　アルミニウム
カ　プラスチック　**キ**　ろう　**ク**　エタノール

(1) 無機物を，**ア～ク**からすべて選びなさい。[ヒント]　(　　)

(2) 非金属を，**ア～ク**からすべて選びなさい。[ヒント]　(　　)

ヒントの森
3(2)炭素をふくむ物質を燃やすと発生する気体を考える。(4)有機物の多くは，水素もふくんでいる。　**4**(1)無機物は，有機物以外の物質。(2)非金属は，金属に共通した性質をもたない物質。

解答 p.17

定着のワーク ステージ2 サイエンス資料－②
1章 いろいろな物質とその性質－②

1 物質の分類

物質の分類について，次の問いに答えなさい。ヒント

(1) 次の文の(　)にあてはまる言葉を答えなさい。

①(　　　) ②(　　　) ③(　　　)
④(　　　) ⑤(　　　)

砂糖などのように，(①)をふくみ，加熱すると燃えて(②)が発生する物質を(③)という。(③)は多くの場合，水素もふくんでいて，燃えると(④)もできる。一方，金属や食塩などのように，(③)以外の物質を(⑤)という。

(2) 次のア～キから，金属に共通する特徴をすべて選びなさい。(　　　)

ア さびない。
イ 熱をよく伝える。
ウ みがくと特有の光沢が出る。
エ 磁石につく。
オ 電気をよく通す。
カ 燃えると二酸化炭素が発生する。
キ たたいて広げたり，引きのばしたりできる。

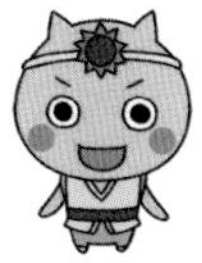
スチール缶は磁石につくけれど，アルミニウム缶はつかないよ。

(3) 金属以外の物質を何というか。(　　　)

2 電子てんびん，上皿てんびんの使い方

物質そのものの量をはかる方法について，次の問いに答えなさい。

(1) 物質そのものの量を何というか。(　　　)

(2) 電子てんびんで薬品を2.5gはかりとるには，どのような手順で行えばよいか。次のア～オを正しい順に並べなさい。(　→　→　→　→　)

ア 薬品を少しずつのせていく。
イ 表示が0.0gや0.00gであることを確認する。
ウ 電子てんびんを安定した水平な台の上に置いて，電源(でんげん)を入れる。
エ 2.5gの近くになったら，表示が落ち着くのを確認しながら，量を調節する。
オ 薬包紙をのせて質量が表示されたら，0点スイッチを押す。

(3) 右の図は，上皿てんびんである。これを使って，右ききの人が薬品を2.5gはかりとるとき，2.5gの分銅を㋐，㋑どちらの皿にのせるか。ヒント (　　　)

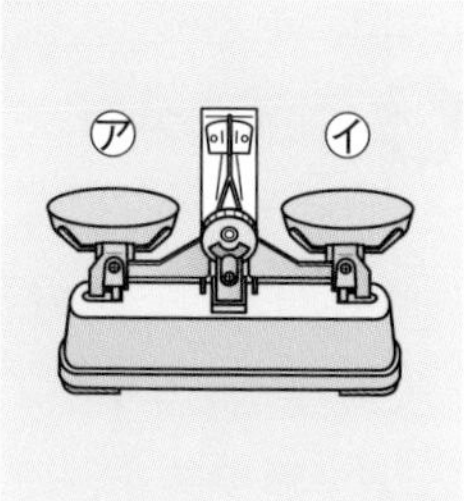
㋐
㋑

記述 (4) (3)で，2.5gをはかりとれたことは，どのようなことで確かめられるか。「指針(ししん)」という言葉を使って簡単に答えなさい。

(　　　　　　　　　　)

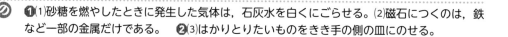

ヒントの森

1(1)砂糖を燃やしたときに発生した気体は，石灰水を白くにごらせる。(2)磁石につくのは，鉄など一部の金属だけである。 2(3)はかりとりたいものをきき手の側の皿にのせる。

3 **密度**　右の図は，２種類の物質㋐，㋑の体積と質量の関係を表したものである。これについて，次の問いに答えなさい。

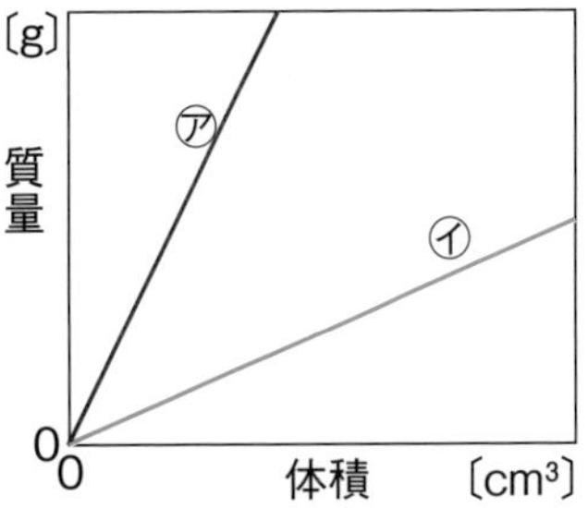

(1)　同じ体積のときの質量が大きいのは，物質㋐，㋑のどちらか。　（　　　）

(2)　同じ質量のときの体積が大きいのは，物質㋐，㋑のどちらか。　（　　　）

(3)　物質 $1\,cm^3$ あたりの質量を何というか。（　　　）

(4)　(3)が大きいのは，物質㋐，㋑のどちらか。　（　　　）

4 [教] p.151 [実験] 2 **密度による物質の区別**　種類のわからない物質Ａ～Ｃの密度を調べるために，それぞれの質量と体積を測定した。下の表は，その結果をまとめたものである。これについて，あとの問いに答えなさい。

手順１　物質Ａ～Ｃの質量を電子てんびんではかる。
手順２　図１の器具に水を入れ，ａ目盛(めも)りを読む。
手順３　図１の器具の中にＡを入れ，ｂ目盛りを読む。
手順４　Ｂ，Ｃについても，手順２，３を行う。

図１

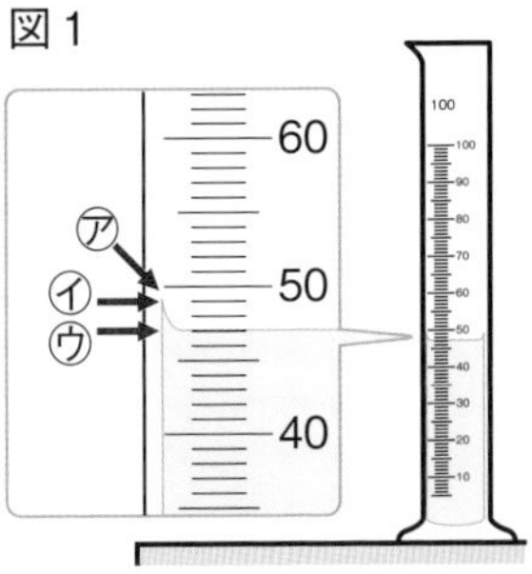

物　　質	A	B	C
質　　量	40.9g	67.7g	50.8g
ａの目盛り	47.0cm³	46.5cm³	46.4cm³
ｂの目盛り	52.2cm³	52.5cm³	52.1cm³

(1)　図１の器具を何というか。　（　　　）

(2)　図１で，目盛りの読み方として正しいのは，㋐～㋒のどれか。　（　　　）

(3)　下線部ａの目盛りと下線部ｂの目盛りの差は，何を表しているか。[ヒント]　（　　　）

(4)　物質Ａ～Ｃの密度は何 g/cm^3 か。四捨五入して小数第１位まで求めなさい。[ヒント]
Ａ（　　　）
Ｂ（　　　）
Ｃ（　　　）

(5)　(4)の密度と右の表から，物質Ａ～Ｃはそれぞれ何であると考えられるか。
Ａ（　　　）
Ｂ（　　　）
Ｃ（　　　）

いろいろな物質の密度

物　質	密度〔g/cm³〕
金	19.3
水銀	13.5
鉛(なまり)	11.3
銅	8.96
鉄	7.87
アルミニウム	2.70
エタノール	0.79

※20℃の値

(6)　質量63.2gのエタノールの体積を求めなさい。[ヒント]　（　　　）

(7)　エタノールの中に物質Ｄを入れたら，物質Ｄがエタノールに沈んだ。エタノールと物質Ｄでは，どちらの密度が大きいと考えられるか。[ヒント]　（　　　）

ヒントの森
4(3)物質を水に入れる前後の体積の差を表している。(4)密度は $1\,cm^3$ あたりの質量である。(6)体積は，質量÷密度で求める。(7)水銀の中へ鉄球を入れると，鉄球は浮く。

物質

解答▶p.17

実力判定テスト　ステージ 3　サイエンス資料
1章　いろいろな物質とその性質

30分　　/100

1 ガスバーナーの使い方について，次の問いに答えなさい。

4点×6（24点）

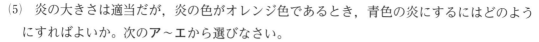

(1) 右の図のねじA，Bをそれぞれ何というか。

(2) ねじをしめるとき，図のa，bのどちら向きに回せばよいか。

(3) ガス調節ねじをゆるめるのは，ガスライターに火をつける前か，火をつけたあとか。

(4) 火のついたガスライターは，どの向きからガスバーナーに近づけるか。次のア〜ウから選びなさい。

　ア　真上　　イ　ななめ上　　ウ　ななめ下

(5) 炎の大きさは適当だが，炎の色がオレンジ色であるとき，青色の炎にするにはどのようにすればよいか。次のア〜エから選びなさい。

　ア　Aを押さえ，Bをaの向きに回す。　　イ　Aを押さえ，Bをbの向きに回す。

　ウ　Bを押さえ，Aをaの向きに回す。　　エ　Bを押さえ，Aをbの向きに回す。

(1)	A		B		(2)	
(3)			(4)		(5)	

2 砂糖，食塩，スチールウール（鉄）を，右の図のように加熱した。火がついたら石灰水の入った集気びんの中に入れ，火が消えたらとり出した。これについて，次の問いに答えなさい。

4点×6（24点）

石灰水

記述 (1) 砂糖を加熱すると，どのようになるか。

記述 (2) 食塩を加熱すると，どのようになるか。

(3) 火のついた砂糖を入れた集気びんでは，ふたをしてよく振ると，石灰水が白くにごった。このことから，何という気体が発生したことがわかるか。

(4) (3)の物質が発生するのは，砂糖に何がふくまれているためか。

(5) (4)をふくんでいる物質をまとめて何というか。

(6) 火のついたスチールウール（鉄）を入れた集気びんでは，ふたをしてよく振ると，石灰水はどのようになるか。

(1)		(2)			
(3)		(4)		(5)		(6)	

3 物質1cm³あたりの物質そのものの量について，次の問いに答えなさい。　4点×7（28点）

(1)　てんびんではかる，物質そのものの量を何というか。

(2)　物質 $1\,cm^3$ あたりの(1)の量を何というか。

(3)　右の表の固体の中で，同じ体積での(1)の量がもっとも大きくなる物質はどれか。

(4)　右の表の固体の中で，同じ(1)の量での体積がもっとも大きくなる物質はどれか。

物質の(2)の値〔g/cm^3〕（水以外は20℃のときの値）

固体	(2)の値	液体	(2)の値
鉄	7.87	水（4℃）	1.00
アルミニウム	2.70	エタノール	0.79
銅	8.96	水銀	13.5

(5)　$40cm^3$ のエタノールの(1)の量はいくらか。

(6)　体積が $15cm^3$ で(1)の量が118gの小球がある。この小球は何でできているか。右の表から選びなさい。

(7)　水銀に鉄の球を入れた。鉄の球は水銀に浮くか，沈むか。

(1)		(2)		(3)		(4)	
(5)		(6)		(7)			

4 下の図1のような身のまわりの物質について，あとの問いに答えなさい。　6点×4（24点）

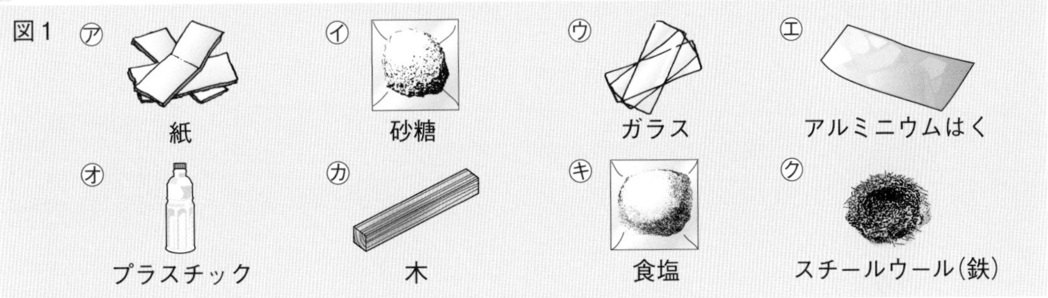
図1
㋐
紙
㋑
砂糖
㋒
ガラス
㋓
アルミニウムはく
㋔
プラスチック
㋕
木
㋖
食塩
㋗
スチールウール（鉄）

(1)　次の①～③にあてはまる物質を，図1の㋐～㋗からすべて選びなさい。

①　有機物

②　無機物

③　金属

[記述] (2)　図2は，ペットボトルの本体とキャップを水に沈めたときのようすである。このようすからわかることを，「水の密度」という言葉を使って簡単に答えなさい。

図2

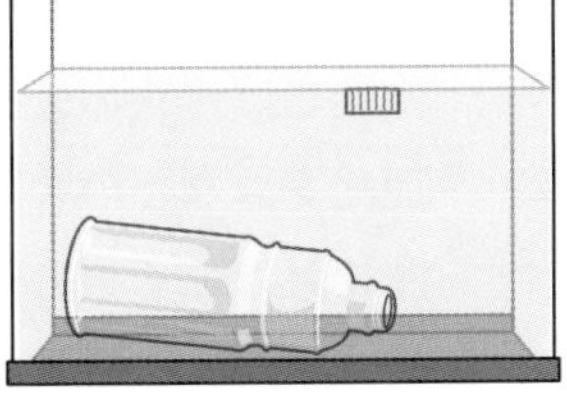

(1)	①		②		③	
(2)						

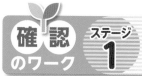

解答 p.18

確認のワーク ステージ1 2章 いろいろな気体とその性質

教科書の要点

同じ語句を何度使ってもかまいません。

（　）にあてはまる語句を，下の語群から選んで答えよう。

1 酸素と二酸化炭素

教 p.155〜158

(1) 酸素には，次のような特徴がある。
- **二酸化マンガン**にうすい（①　　　）を加えると発生する。
- 水にとけにくいので，（②★　　　）置換法で集める。
- **ものを燃やすはたらき**があり，火のついた線香を入れると，線香が激しく燃える。（酸素自体は燃えない。）
- 色やにおいはない。

(2) 二酸化炭素には，次のような特徴がある。
- **石灰石**にうすい（③　　　）を加えると発生する。
- 空気より密度が大きいので，（④★　　　）置換法で集める。水に少しとけるだけなので，★**水上置換法**でも集められる。
- （⑤　　　）を白くにごらせる性質がある。
- 水に少しとけ，水溶液は（⑥　　　）性を示す。（炭酸水ができる。）
- ものを燃やす性質はない。
- 色やにおいはない。ドライアイスは固体の二酸化炭素である。

2 アンモニア，水素，窒素

教 p.159〜161

(1) アンモニアには，次のような特徴がある。
- アンモニア水を加熱したり，（①　　　）と水酸化カルシウムの混合物を加熱したりすると発生する。
- 水に非常にとけやすく，空気より密度が小さいので，（②★　　　）置換法で集める。水溶液は（③　　　）性で，（④　　　）溶液を加えると赤色に変化する。
- 色はないが，**特有の刺激臭**がある。（有毒である。）

(2) 水素には，次のような特徴がある。
- 亜鉛や鉄などの金属にうすい（⑤　　　）を加えると発生する。
- 水にとけにくいので，（⑥★　　　）置換法で集める。
- **非常に軽く**，物質の中で（⑦　　　）がいちばん小さい。
- 火を近づけると音を立てて燃えて（⑧　　　）ができる。
- 色やにおいはない。

(3) 窒素は，空気中に体積で約78%ふくまれる。

まるごと暗記

気体の集め方
- 水上置換法：水に**とけにくい**気体を集める。
- 上方置換法：水に**とけやすく**，密度が空気よりも**小さい**（空気より軽い）気体を集める。
- 下方置換法：水に**とけやすく**，密度が空気よりも**大きい**（空気より重い）気体を集める。

ワンポイント

気体を集めるときは，気体の性質に合った集め方で集める。

プラスα

空気中にふくまれる気体の体積の割合は，窒素がもっとも多く約**78%**，次に多いのは酸素で，約**21%**である。二酸化炭素は約**0.04%**である。

語群
1 酸／塩酸／水上／下方／過酸化水素水／石灰水
2 水／密度／塩酸／塩化アンモニウム／フェノールフタレイン／アルカリ／水上／上方

★の用語は，説明できるようになろう！

(同じ語句を何度使ってもかまいません。)

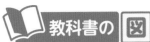

教科書の [図]　□にあてはまる語句を，下の語群から選んで答えよう。

1 気体の集め方

[教] p.156

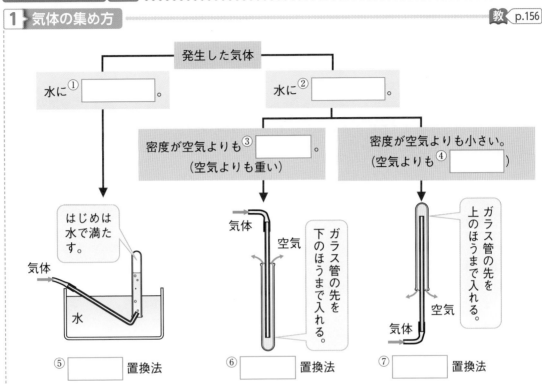

発生した気体

- 水に① □。
- 水に② □。
  - 密度が空気よりも③ □。（空気よりも重い）
  - 密度が空気よりも小さい。（空気よりも④ □）

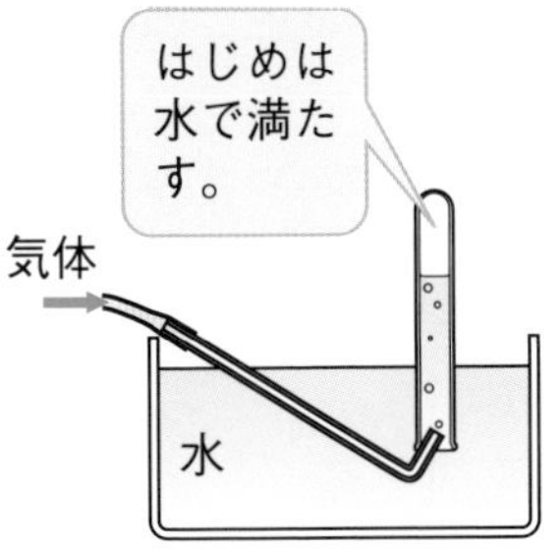
はじめは水で満たす。
気体
水

⑤ □ 置換法

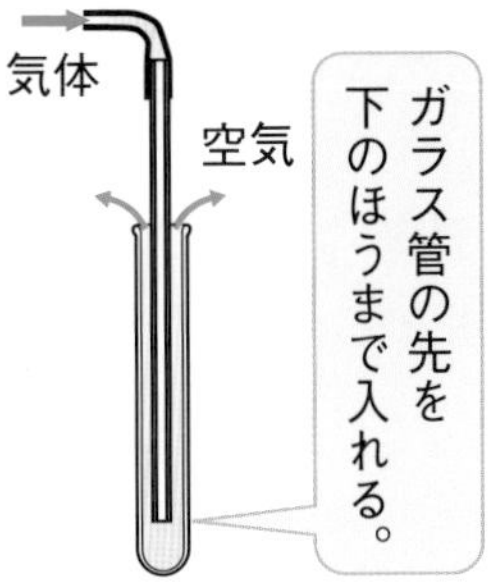
気体
空気
ガラス管の先を下のほうまで入れる。

⑥ □ 置換法

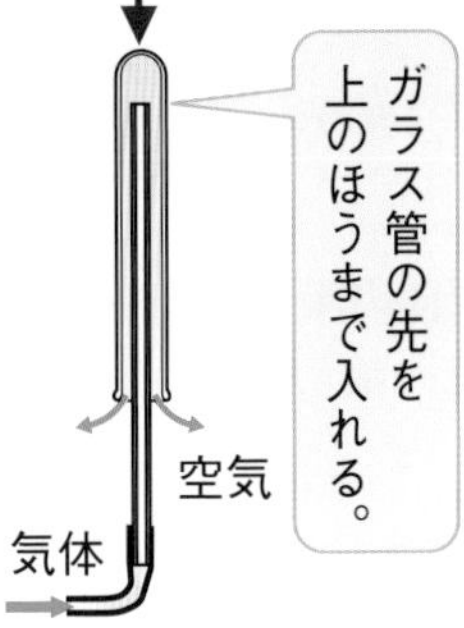
ガラス管の先を上のほうまで入れる。
空気
気体

⑦ □ 置換法

2 気体の発生方法

[教] p.157〜160

酸素

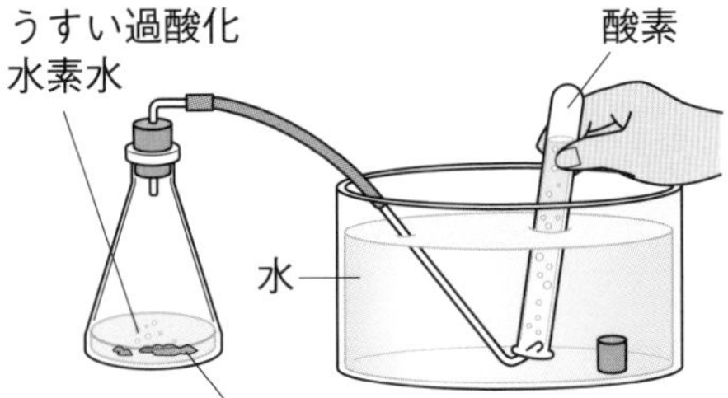
うすい過酸化水素水
酸素
水

① □

二酸化炭素

② □

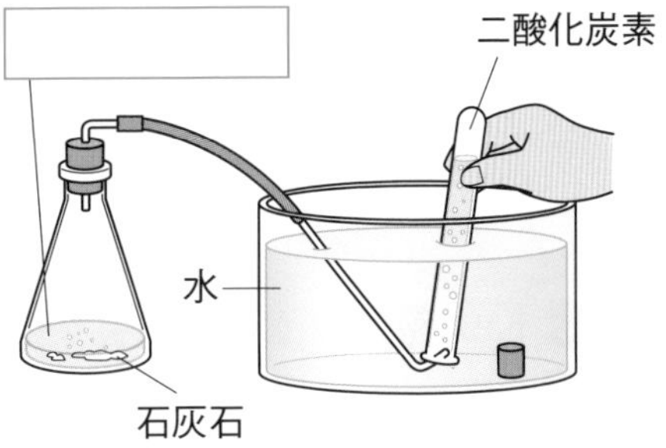
二酸化炭素
水
石灰石

水素

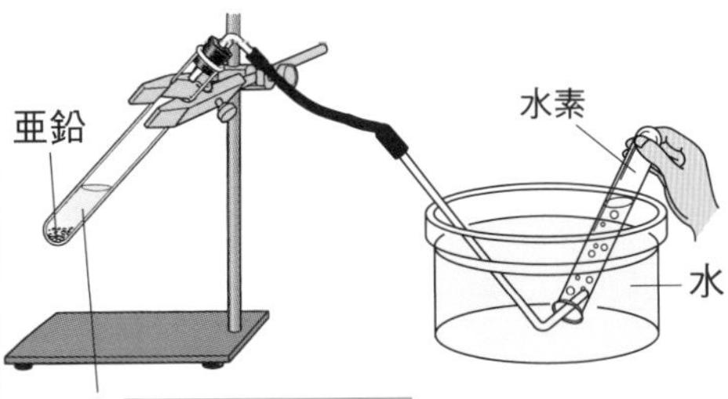
亜鉛
水素
水

③ □

アンモニア

塩化アンモニウムと

④ □

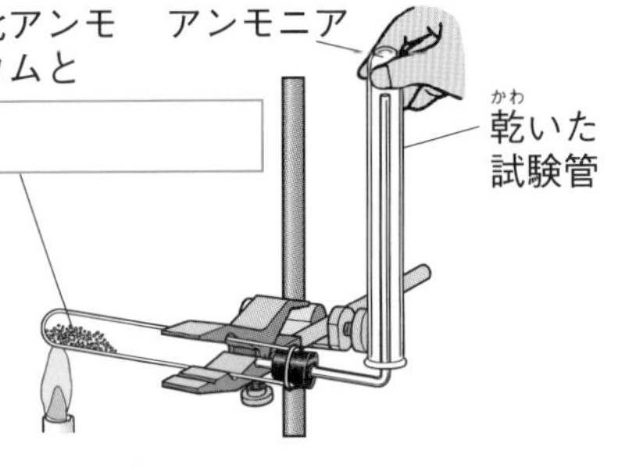
アンモニア
乾（かわ）いた試験管

[語群] [1]下方／水上／上方／軽い／大きい／とけやすい／とけにくい
[2]水酸化カルシウム／うすい塩酸／二酸化マンガン

わからない用語は，教科書の[要][点]の★で確認しよう！

物質

解答 p.18

定着のワーク ステージ2　2章　いろいろな気体とその性質－①

1 空気にふくまれる気体　右の図は，空気にふくまれる気体の体積の割合を表したものである。これについて，次の問いに答えなさい。

(1)　A，Bの気体はそれぞれ何か。　A(　　　　　　　　)
B(　　　　　　　　)

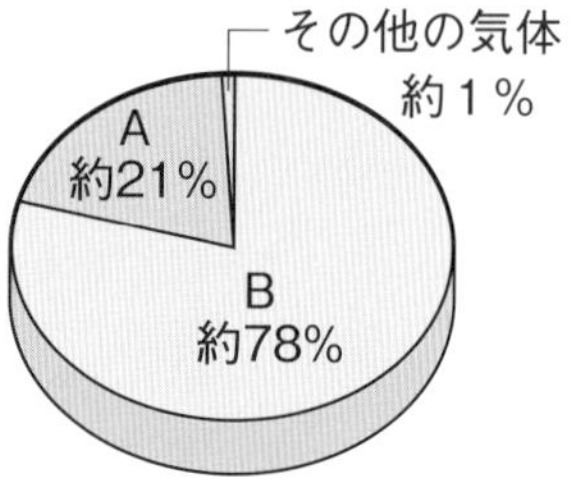
その他の気体
約１％
A
約21％
B
約78％

(2)　その他の気体には，石灰水を白くにごらせる気体がふくまれている。この気体は何か。　(　　　　　　　　)

(3)　(2)の気体は，空気中に約何％ふくまれているか。次のア～エから選びなさい。　(　　　)

ア　約0.9％　　イ　約0.4％　　ウ　約0.04％　　エ　約0.002％

2 気体の集め方　気体の集め方について，次の問いに答えなさい。[ヒント]

(1)　右の図の㋐～㋒のような気体の集め方をそれぞれ何というか。

㋐(　　　　　　　　)
㋑(　　　　　　　　)
㋒(　　　　　　　　)

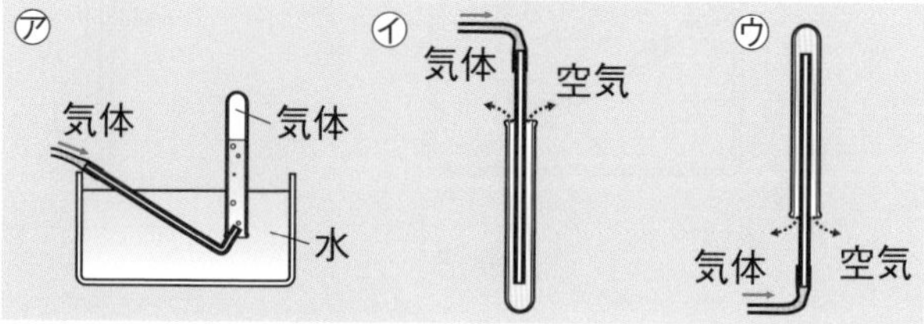
㋐
気体
気体
水
㋑
気体
空気
㋒
気体
空気

(2)　㋐の集め方で集めるのは，どのような性質をもった気体か。
(　　　　　　　　　　　　　　　　)

[記述] (3)　㋑，㋒の集め方で集めるのは，どのような性質をもった気体か。「水」，「空気」という言葉を使ってそれぞれ簡単に答えなさい。

㋑(　　　　　　　　　　　　　　　　)
㋒(　　　　　　　　　　　　　　　　)

3 [教] p.157 [実験3] 酸素の発生とその性質　右の図のような装置で，酸素を発生させた。これについて，次の問いに答えなさい。

(1)　酸素を発生させるのに用いた，黒い固体㋐と液体㋑はそれぞれ何か。

㋐(　　　　　　　　)
㋑(　　　　　　　　)

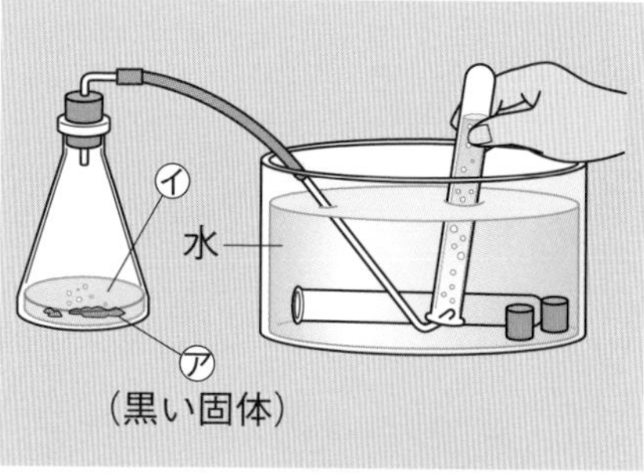
㋑
水
㋐
(黒い固体)

(2)　酸素は，水にとけやすいか，とけにくいか。
(　　　　　　　　)

[記述] (3)　はじめに試験管の中を水で満たしておくのはなぜか。簡単に答えなさい。[ヒント]
(　　　　　　　　　　　　　　　　)

ヒントの森
❷水へのとけやすさや，空気と比べた密度の大きさで集め方を決める。
❸(3)水上置換法では，水のかわりに発生した気体が集まっていく。

4 [教] p.157 [実験3] **酸素の発生とその性質** 右の図のような方法で酸素を発生させて試験管に集め，その性質を調べた。これについて，次の問いに答えなさい。

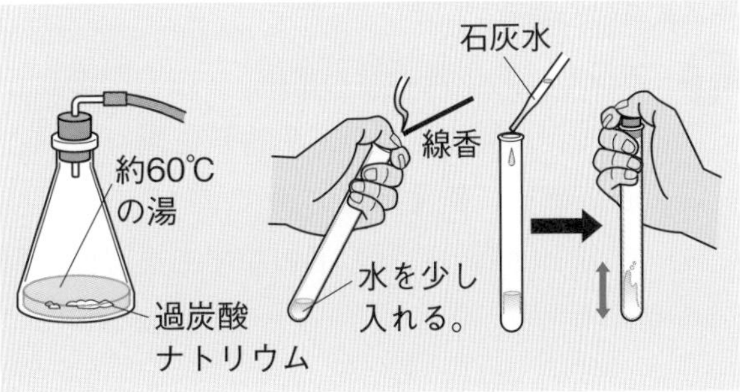

(1) 発生した酸素には，色やにおいがあるか。 色(　　　) におい(　　　)

(2) 酸素を集めた試験管の中に火のついた線香を入れると，どのようになるか。(　　　)

(3) (2)のことから，酸素にはどのようなはたらきがあることがわかるか。[ヒント] (　　　)

(4) 酸素を集めた試験管の中に石灰水を入れ，ゴム栓をしてよく振ると，石灰水はどのようになるか。(　　　)

5 [教] p.157 [実験3] **二酸化炭素の発生とその性質** 下の図のような装置で二酸化炭素を発生させ，その性質を調べた。これについて，あとの問いに答えなさい。

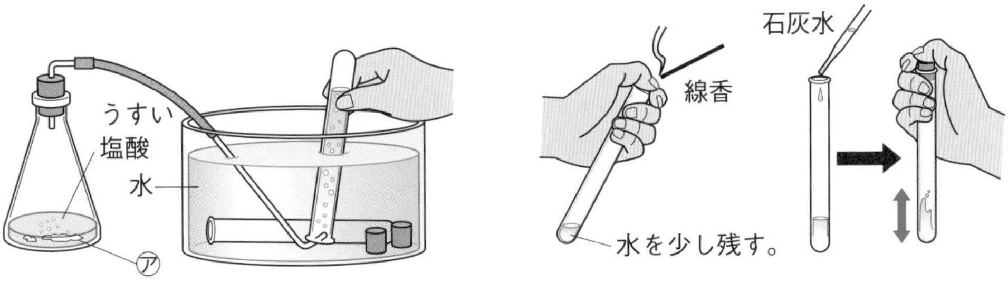

(1) 二酸化炭素を発生させるのに用いた，固体㋐は何か。(　　　)

(2) 発生した二酸化炭素には，色やにおいがあるか。 色(　　　) におい(　　　)

(3) 二酸化炭素を図の方法で集めることができるのは，二酸化炭素にどのような性質があるからか。(　　　)

(4) 二酸化炭素を集めた試験管の中に火のついた線香を入れると，どのようになるか。[ヒント] (　　　)

(5) (4)のことから，二酸化炭素にはものを燃やすはたらきがあるといえるか。[ヒント] (　　　)

(6) 二酸化炭素を集めた試験管の中に石灰水を入れ，ゴム栓をしてよく振ると，石灰水はどのようになるか。(　　　)

(7) 二酸化炭素がとけた水溶液は，酸性，中性，アルカリ性のどの性質を示すか。(　　　)

(8) 二酸化炭素の固体を何というか。[ヒント] (　　　)

ヒントの森
4(3)空気中でものが燃えるのは，酸素のはたらきによる。
5(4)(5)二酸化炭素は，消火剤(しょうかざい)にも利用されている。(8)冷却剤(れいきゃくざい)などに利用されている。

解答 p.19

定着のワーク ステージ2　2章　いろいろな気体とその性質－②

1 アンモニアの集め方と性質

右の図のような装置でアンモニアを発生させ，その性質を調べた。これについて，次の問いに答えなさい。

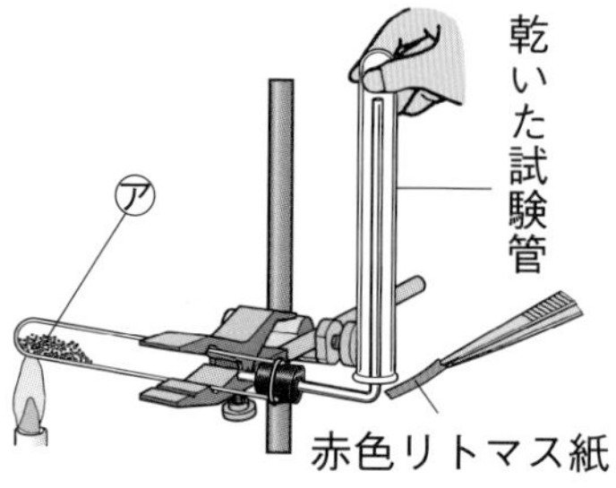

(1)　㋐は２種類の物質の混合物である。何と何の混合物か。　（　　　　）（　　　　）

(2)　図のような気体の集め方を何というか。　（　　　　）

[記述] (3)　アンモニアを図の方法で集めるのは，アンモニアにどのような性質があるからか。
（　　　　）

[記述] (4)　㋐を入れた試験管の口を少し下げて加熱するのはなぜか。簡単に答えなさい。[ヒント]
（　　　　）

(5)　水でぬらした赤色リトマス紙を試験管の口に近づけると，何色になるか。[ヒント]　（　　　　）

(6)　発生したアンモニアには，色やにおいがあるか。　色（　　　　）　におい（　　　　）

2 アンモニアの性質

乾いた丸底フラスコにアンモニアを満たして，右の図のような装置をつくった。水を入れたスポイトのゴム球を押して，フラスコ内に水を入れると，ビーカーの水が吸い上げられて，噴水（ふんすい）が上がった。これについて，次の問いに答えなさい。

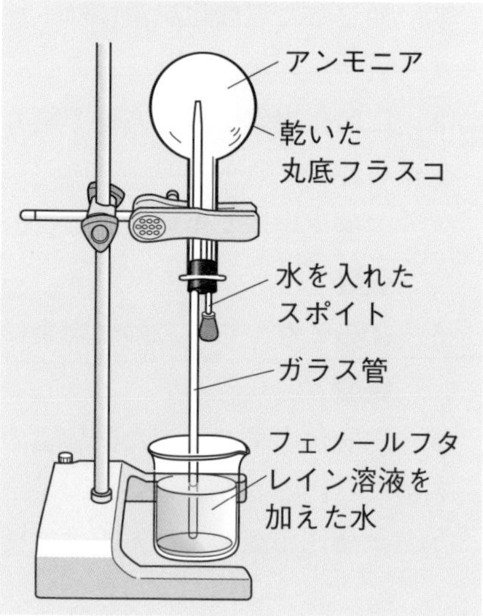

(1)　水を入れたスポイトのゴム球を押して，フラスコ内に水を入れると，アンモニアは水にとけるか。　（　　　　）

[レベルUP] (2)　(1)の結果，フラスコ内のアンモニアの体積がどのようになることで，ビーカーの水がフラスコ内に吸い上げられるか。　（　　　　）

(3)　フラスコ内の噴水の色は何色か。[ヒント]　（　　　　）

(4)　(3)のことから，フラスコ内の液体は何性であることがわかるか。[ヒント]　（　　　　）

[記述] (5)　ビーカー内で無色だった液体が，フラスコ内では(3)の色に変化したのはなぜか。
（　　　　）

ヒントの森　❶(4)㋐の混合物を加熱すると水が発生する。(5)アンモニアが水にとけると水溶液はアルカリ性を示す。　❷(3)(4)フェノールフタレイン溶液はアルカリ性の水溶液に加えると色が変化する。

❸ 水素の集め方と性質　右の図のような装置で水素を発生させ，その性質を調べた。これについて，次の問いに答えなさい。

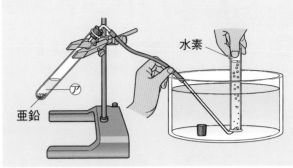

(1) 水素を発生させるために，亜鉛に加えた液体⑦は何か。

（　　　　　　　　　　）

(2) 水素を図のような方法で集めるのは，水素にどのような性質があるからか。 ヒント

（　　　　　　　　　　）

 (3) 水素を集めた試験管の口に火を近づけると，どのようになるか。

（　　　　　　　　　　　　　　　　　　　　　　　　　　　）

(4) 発生した水素には，色やにおいがあるか。

色（　　　　　　　）

におい（　　　　　　　）

❹ 窒素　窒素についてあてはまるものを，次のア～サからすべて選びなさい。 ヒント

（　　　　　　　　　　　　　　　　　）

ア　空気中に体積で約21％ふくまれる。

イ　空気中に体積で約78％ふくまれる。

ウ　色がない。　　エ　黄緑色をしている。

オ　刺激臭がする。　　カ　においがない。

キ　水にとけやすい。　　ク　水にとけにくい。

ケ　ものを燃やすはたらきがある。

コ　ふつうの温度でほかの物質と結びつきやすい。

サ　ふつうの温度でほかの物質と結びつきにくい。

窒素は，食品の袋に入っていることがあるね。

❺ 教 p.163 実験4 身のまわりのものから発生する気体　次の①～⑦にあてはまる気体を，それぞれ下のア～クからすべて選びなさい。

① 空気よりも密度が小さい。 （　　）（　　）（　　）（　　）

② 刺激臭をもつ。 （　　）（　　）（　　）

③ 黄緑色をしている。 （　　）

④ 発泡入浴剤に約60℃の湯を加えると発生する。 ヒント （　　）

⑤ 風呂がま洗浄剤に約60℃の湯を加えると発生する。 ヒント （　　）

⑥ 卵の殻に食酢を加えると発生する。 ヒント （　　）

⑦ ダイコンおろしにオキシドールを加えると発生する。 ヒント （　　）

> ア　酸素　　イ　二酸化炭素　　ウ　窒素　　エ　塩化水素　　オ　メタン
> カ　塩素　　キ　アンモニア　　ク　水素

❸(2)水にとけにくい気体は水上置換法で集められる。　❹窒素は性質が安定している。
❺④～⑦どのような方法で発生させても，同じ気体であれば同じ性質をもつ。

解答 ▶ p.19

実力判定テスト　ステージ3

2章　いろいろな気体とその性質

30分　/100

1 酸素と二酸化炭素を発生させて，性質を調べた。次の問いに答えなさい。　5点×6（30点）

(1)　図1のようにして，酸素を発生させた。液体㋐と黒い固体㋑はそれぞれ何か。

図1

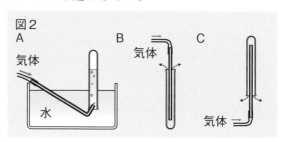

(2)　発生した酸素を集める方法として適切なものを，図2のA〜Cから選びなさい。

(3)　別の装置を使って二酸化炭素を発生させた。二酸化炭素を集める方法としてふさわしくないものを，図2のA〜Cから選びなさい。

(4)　酸素と二酸化炭素を集めた試験管にそれぞれ火のついた線香を入れた。線香が激しく燃えたのは，どちらを集めた試験管か。

(5)　(4)で線香が激しく燃えた気体には，どのようなはたらきがあることがわかるか。

(1) ㋐		㋑			(2)
(3)		(4)		(5)	

2 塩化アンモニウムと水酸化カルシウムの混合物を加熱して発生した気体を丸底フラスコに集め，右の図のような装置をつくった。次の問いに答えなさい。

4点×5（20点）

(1)　フラスコに集めた気体は何か。

(2)　水を入れたスポイトを押して，水をフラスコ内に入れると，どのような現象が見られるか。

(3)　(2)のような現象が見られるのは，フラスコ内の気体にどのような性質があるからか。

(4)　フラスコ内の水は何色に変わるか。

(5)　(4)の色になるのは，フラスコ内の気体にどのような性質があるからか。

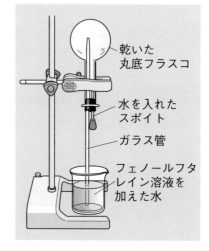

乾いた丸底フラスコ

水を入れたスポイト

ガラス管

フェノールフタレイン溶液を加えた水

(1)		(2)	
(3)			(4)
(5)			

3 右の図のようにして，水素を発生させ，その性質を調べた。図の□内には，発生した水素を試験管に集める装置があるものとする。次の問いに答えなさい。　4点×5（20点）

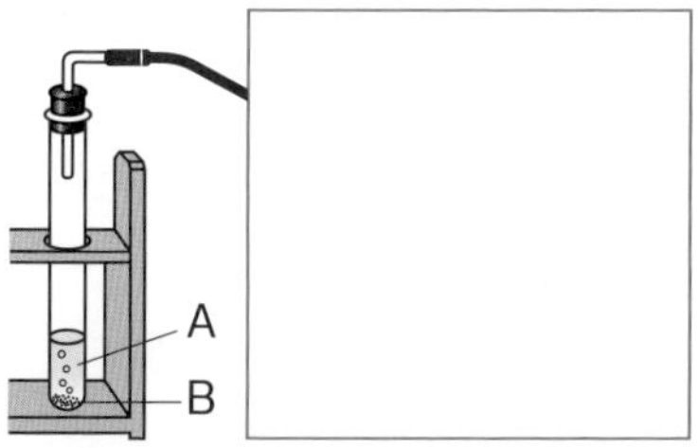

(1) 水素を発生させるために実験器具の中に入れた液体Aと固体Bを，次のア～カからそれぞれ選びなさい。

ア　石灰石　　イ　鉄
ウ　二酸化マンガン　　エ　うすい過酸化水素水
オ　うすい塩酸　　カ　水酸化カルシウム

[作図] (2) 水上置換法によって水素を試験管に集めるための装置を，□内に簡単にかきなさい。ただし，はじめに水を満たしておかなければならない部分を斜線で示すこと。

[記述] (3) 実験では，はじめに出てくる気体は集めず，気体が発生してしばらくしてから，気体を試験管に集めた。その理由を答えなさい。

(4) 次のア～カから，水素の性質について正しいものをすべて選びなさい。

ア　火をつけると燃える。　　イ　燃えると二酸化炭素が発生する。
ウ　色はないが，においはある。　　エ　ものを燃やすはたらきがある。
オ　物質の中で密度がもっとも小さい。　　カ　空気よりも密度が大きい。

(1)	A		B		(2)	図に記入
(3)						
(4)						

4 試験管に集めた気体を区別する方法と結果について，あとの問いに答えなさい。

5点×6（30点）

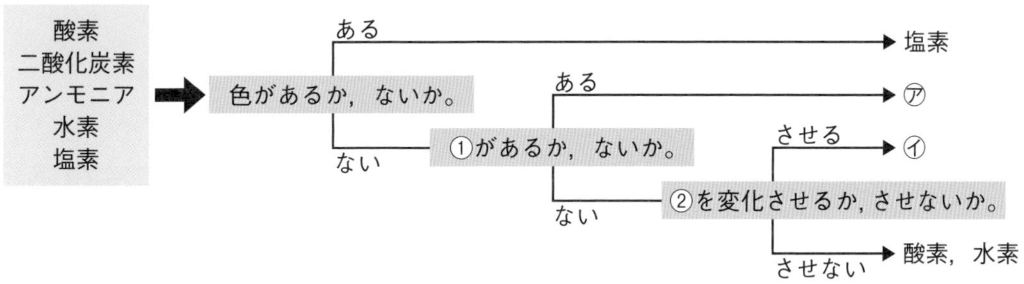

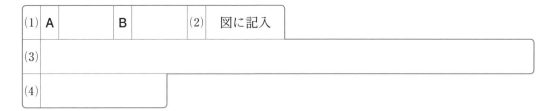

(1) ①，②にあてはまる言葉をそれぞれ答えなさい。

(2) ㋐，㋑の気体はそれぞれ何か。

[記述] (3) 集めた気体が酸素であることを確認する方法とその結果を，それぞれ簡単に答えなさい。

(1)	①		②		(2)	㋐		㋑	
(3)	方法		結果					

物質

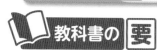

解答 p.20

確認のワーク　ステージ1

3章　水溶液の性質

教科書の要点

同じ語句を何度使ってもかまいません。

（　　）にあてはまる語句を，下の語群から選んで答えよう。

1 物質のとけ方

[教] p.165～168

(1) 塩化ナトリウムを水にとかしたとき，塩化ナトリウムのように，水にとけている物質を（①★　　　　）［気体や液体の場合もある。］，水のように溶質をとかしている液体を（②★　　　　）という。

(2) 溶質が溶媒にとけたものを（③★　　　　）といい，溶媒が水の溶液を（④★　　　　）という。［溶媒がエタノールの場合，エタノール溶液という。］

(3) 水溶液の濃さは（⑤　　　　）で，液は透明である。［色には関係ない。］

(4) 水に物質をとかす前後で全体の質量は変化しない。

2 濃さの表し方

[教] p.169～170

(1) 溶液の濃さは，（①　　　　）の質量に対する（②　　　　）の質量の割合を百分率［パーセントのこと。］で表し，これを（③★　　　　）という。

$$質量パーセント濃度[\%]=\frac{(④\qquad)の質量[g]}{溶液の質量[g]}\times 100$$

$$=\frac{溶質の質量[g]}{溶媒の質量[g]+溶質の質量[g]}\times 100$$

3 溶質のとり出し方

[教] p.171～176

(1) ある溶液が限度までとけている状態を（①★　　　　）しているといい，その水溶液を（②★　　　　）という。

(2) 水100gに物質をとかして飽和水溶液にしたとき，とけた物質の質量[g]の値を，その物質の（③★　　　　）という。

(3) 溶解度と温度との関係を表したグラフを（④★　　　　）という。

(4) 純粋な物質で，**規則正しい形**をした固体を（⑤★　　　　）［その物質が何かを知る手がかりになる。］という。

(5) とかした物質を再び結晶としてとり出す操作を（⑥★　　　　）［物質をより純粋にすることができる。］という。

(6) 複数の物質が混ざり合ったものを**混合物**，1種類の物質でできているものを（⑦★　　　　）(純粋な物質)という。

まるごと暗記

溶質，溶媒，溶液

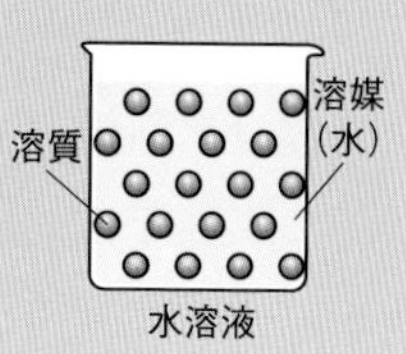

ワンポイント

溶液の濃さは，質量パーセント濃度によって表すことができる。

プラスα

一定量の水にとける物質の質量は，物質の種類と温度によって決まっている。

まるごと暗記

混合物

複数の物質が混ざり合ったもの。空気，ろう，10円硬貨など。

純物質

1種類の物質でできているもの。酸素，水，塩化ナトリウム，銅など。

語群

1 水溶液／均一／溶液／溶媒／溶質　2 質量パーセント濃度／溶質／溶液
3 純物質／飽和水溶液／飽和／結晶／溶解度曲線／再結晶／溶解度

★の用語は，説明できるようになろう！

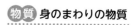

教科書の 図 □にあてはまる語句を，下の語群から選んで答えよう。

同じ語句を何度使ってもかまいません。

1 水溶液の性質 教 p.166〜168

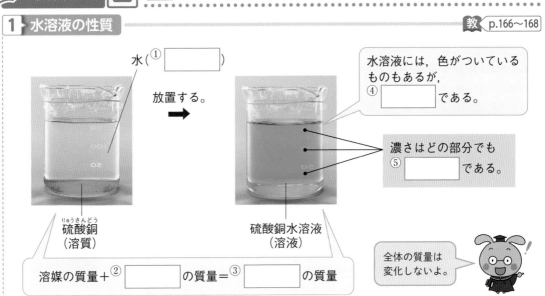

水（① □ ）

放置する。 ➡

硫酸銅
（溶質）

硫酸銅水溶液
（溶液）

水溶液には，色がついている
ものもあるが，
④ □ である。

濃さはどの部分でも
⑤ □ である。

溶媒の質量＋② □ の質量＝③ □ の質量

全体の質量は
変化しないよ。

物質

2 水溶液から結晶をとり出す 教 p.174

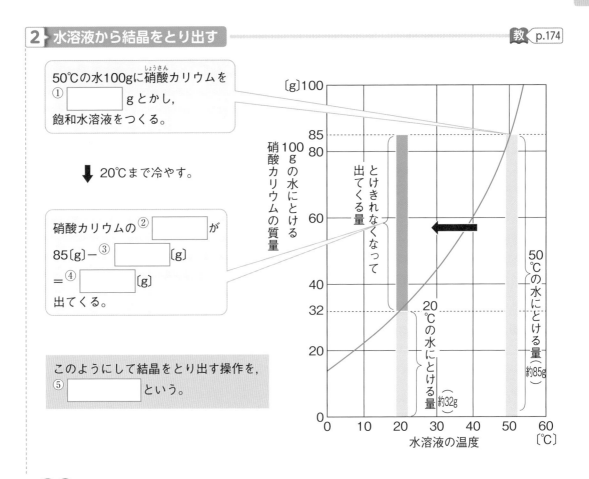

50℃の水100gに硝酸カリウムを
① □ gとかし，
飽和水溶液をつくる。

⬇ 20℃まで冷やす。

硝酸カリウムの② □ が
85〔g〕−③ □ 〔g〕
＝④ □ 〔g〕
出てくる。

このようにして結晶をとり出す操作を，
⑤ □ という。

〔g〕100 85 80 60 40 32 20 0

100gの水にとける硝酸カリウムの質量

とけきれなくなって出てくる量

20℃の水にとける量（約32g）

50℃の水にとける量（約85g）

0 10 20 30 40 50 60 〔℃〕
水溶液の温度

語群 1 透明／均一／溶液／溶媒／溶質　2 再結晶／結晶／32／85／53

わからない用語は，教科書の要点の★で確認しよう！

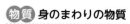

解答 p.20

定着のワーク ステージ2　3章　水溶液の性質－①

1 水溶液　物質をとかした液について，次の問いに答えなさい。

(1)　水に塩化ナトリウムをとかしたとき，塩化ナトリウムのように，水にとけている物質を何というか。（　　　）

(2)　(1)のときの水のように，物質をとかしている液体を何というか。（　　　）

(3)　(1)が(2)にとけた液を何というか。（　　　）

(4)　(3)の中で，水に物質がとけたものを何というか。（　　　）

(5)　炭酸水は，水に何がとけたものか。[ヒント]（　　　）

(6)　塩酸は，水に何がとけたものか。[ヒント]（　　　）

2 水溶液の性質　下の図1のように，硫酸銅を水にとかし，そのようすを観察した。これについて，あとの問いに答えなさい。

図1

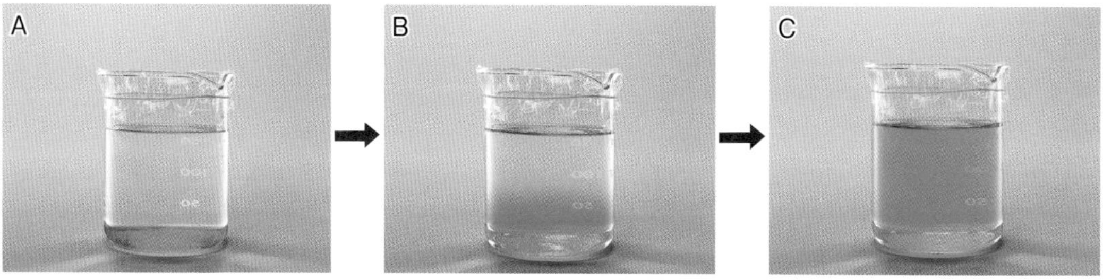

(1)　図2は，硫酸銅が水にとけるようすを粒子のモデルで表したものである。図1のA～Cのときのようすを表しているものを，図2の㋐～㋒からそれぞれ選びなさい。[ヒント]

A（　　）
B（　　）
C（　　）

図2

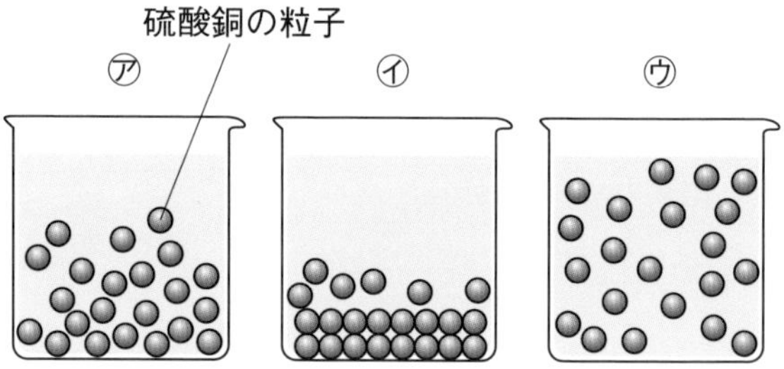

(2)　図1のCのとき，水溶液は透明であるといえるか。（　　　）

(3)　図1のCのとき，水溶液の濃さはどのようになっているか。

（　　　　　　　　）

(4)　硫酸銅が完全にとけたとき，硫酸銅の粒子は水溶液中にあるか。（　　　）

(5)　とかす前の硫酸銅と水の質量と，とけた後の水溶液の質量の関係として正しいものはどれか。次のア，イから選びなさい。（　　）

ア　水の質量＝水溶液の質量

イ　水の質量＋硫酸銅の質量＝水溶液の質量

ヒントの森　❶(5)(6)炭酸水も塩酸も気体のとけた水溶液である。　❷(1)硫酸銅を水に入れると，硫酸銅の粒子と粒子の間に水が入りこみ，硫酸銅の粒子がばらばらになる。

3 質量パーセント濃度 質量パーセント濃度について，次の問いに答えなさい。

(1) 次の式は，質量パーセント濃度を求める式である。（　）にあてはまる言葉を答えなさい。

ヒント　　①（　　　　　）　②（　　　　　）　③（　　　　　）　④（　　　　　）

$$質量パーセント濃度[\%] = \frac{（①　）の質量[g]}{（②　）の質量[g] + （①　）の質量[g]} \times 100$$

$$= \frac{（③　）の質量[g]}{（④　）の質量[g]} \times 100$$

(2) 水80gに砂糖120gをすべてとかしたとき，できた水溶液の質量パーセント濃度は何%か。

（　　　　　　　）

(3) 12%の硝酸カリウム水溶液200g中に硝酸カリウムは何gとけているか。（　　　　　）

(4) 20%の塩化ナトリウム水溶液を300gつくるためには，水と塩化ナトリウムをそれぞれ何g用意すればよいか。　　　　　　　　　　　　　　　　水（　　　　　）

塩化ナトリウム（　　　　　）

4 水溶液の濃さ 水に硫酸銅をとかしたところ，右の図1のA，Bのように色の濃さにちがいがあった。図2のように，水の量を変えたそれぞれのビーカーに塩化ナトリウムを20gずつ入れたところ，㋐，㋑，㋒のどの水の量でも塩化ナトリウムはすべてとけた。これについて，次の問いに答えなさい。

(1) 硫酸銅水溶液の色は何色か。 ヒント （　　　　　）

(2) 図1で，A，Bどちらの水溶液の濃度のほうがうすいと考えられるか。（　　　　　）

(3) 図2で，㋐の水溶液の質量パーセント濃度は何%か。

（　　　　　）

(4) 図2で，㋐〜㋒の水溶液で，濃度がもっとも濃いものはどれか。（　　　　　）

(5) 図2の㋒の水溶液に，水をさらに50g加えた。水溶液全体の質量は何gになるか。（　　　　　）

(6) (5)の水溶液の質量パーセント濃度は何%になるか。四捨五入して，小数第1位まで求めなさい。

（　　　　　）

(7) (5)の水溶液をしばらく放置した。このとき，ビーカーの上のほうと，底のほうの質量パーセント濃度は，(6)の値と比べてどのようになっているか。次のア〜ウからそれぞれ選びなさい。 ヒント 　　　　　　上（　　　）

底（　　　）

ア　大きい。　　イ　小さい。　　ウ　等しい。

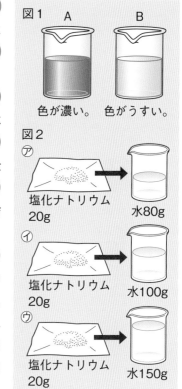

図1　A　　B

色が濃い。　色がうすい。

図2

㋐　塩化ナトリウム20g　→　水80g

㋑　塩化ナトリウム20g　→　水100g

㋒　塩化ナトリウム20g　→　水150g

❸(1)質量パーセント濃度は，溶液の質量に対する溶質の質量の割合である。　❹(1)硫酸銅水溶液の色は，硫酸銅の色である。(7)水溶液の濃さはどこも均一で，時間をおいても変化しない。

解答 p.21

定着のワーク ステージ2 3章 水溶液の性質－②

1 溶解度と温度 物質の溶解度について，次の問いに答えなさい。

(1) 図１のように，20℃の水50gに塩化ナトリウムを20g入れたところ，とけ残りが生じた。このように，ある物質が限度までとけている状態を何というか。
（　　　　　　）

(2) (1)の状態になった水溶液を何というか。
（　　　　　　）

(3) 図２のグラフは，100gの水にとける物質の質量と温度の関係を表している。100gの水にとける物質の質量の値を，その物質の何というか。（　　　　　　）

(4) 図２のグラフで示されている３つの物質の中で，次の①～③にあてはまる物質を答えなさい。[ヒント]

① 10℃の水100gにとける量がいちばん多い物質。
（　　　　　　）

② 40℃の水100gにとける量がいちばん多い物質。
（　　　　　　）

③ (3)の量が，水の温度によってあまり変わらない物質。
（　　　　　　）

図１

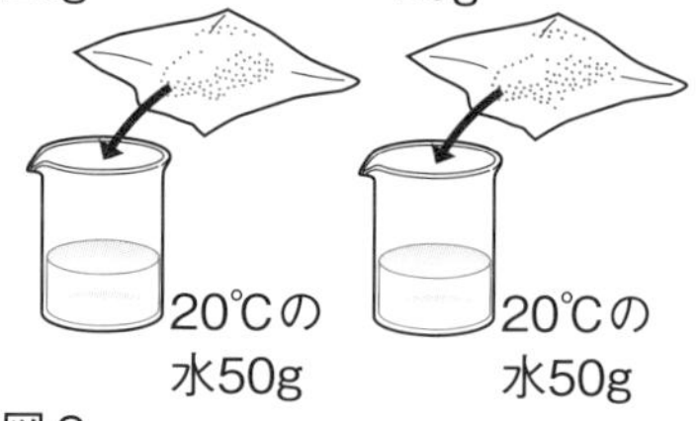

図２

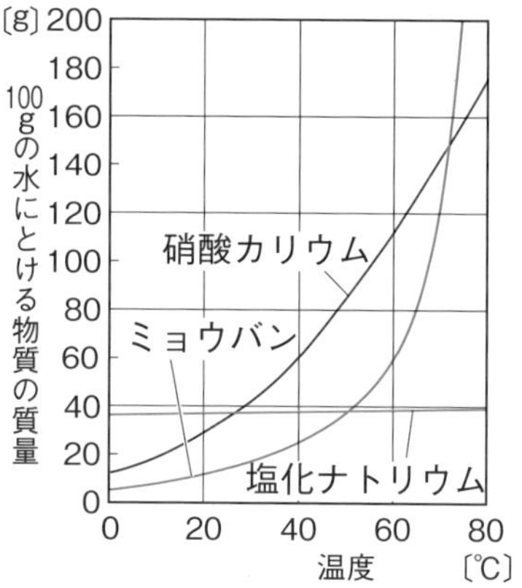

[記述] (5) 図１で，20℃の水50gにミョウバン20gを入れると，とけ残りが生じた。水の量を変えずに，とけ残りをとかすにはどのようにしたらよいか。[ヒント]
（　　　　　　　　　　　　　　　　　　　　）

(6) 図１で生じたミョウバンのとけ残りを，ろ紙を使って水溶液と分けた。このときの方法として適切なものを，図３の㋐～㋓から選びなさい。

図３

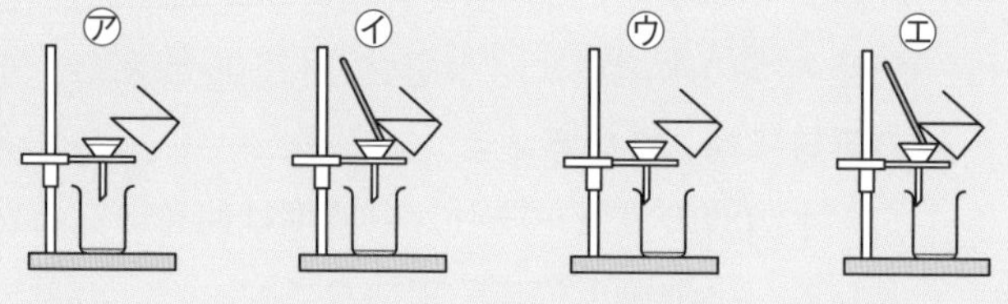

（　　　）

(7) (6)の操作を何というか。（　　　　　）

(8) 50℃の水100gに塩化ナトリウム30gを入れたところ，塩化ナトリウムはすべてとけた。この水溶液の温度を20℃に下げると，塩化ナトリウムをとり出すことはできるか。[ヒント]
（　　　　　　）

[記述] (9) (8)で，水溶液中の塩化ナトリウムをとり出すにはどのようにすればよいか。
（　　　　　　　　　　　　　　　　　　　　）

ヒントの森
1 (4)溶解度が大きいほど，とける量は多くなる。(5)ミョウバンは，温度によって溶解度が大きく変化する。(8)塩化ナトリウムは温度によって溶解度がほとんど変化しない。

2 教 p.173 実験5 **水にとけた物質のとり出し** 次のような手順で実験を行った。これについて，あとの問いに答えなさい。ただし，水1cm³の質量は1gとする。

> **手順1** 試験管A，Bに水を5cm³ずつとり，塩化ナトリウム，硝酸カリウムをそれぞれ3gずつ入れる。
> **手順2** 2本の試験管を加熱し，温度を50℃まで上げる。
> **手順3** 試験管を水で冷やす。（とけ残りのあるものは，上澄み液を冷やす。）

図1

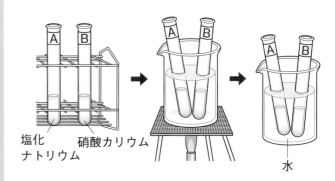

塩化ナトリウム　硝酸カリウム　水

(1) 手順2で，すべてとけたのは，A，Bのどれか。**1**の図2を参考にして答えなさい。
（　　　）

(2) 手順3で，水温を20℃にしたとき，物質が出てきたのはA，Bのどちらか。ヒント
（　　　）

(3) A，Bの水溶液の水を蒸発させ，出てきた物質を顕微鏡で観察した。Aの試験管から出てきた物質は，図2の⑦〜⑨のどれか。

図2

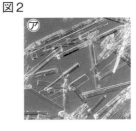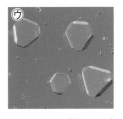

⑦　　　　　　　　　⑦　　　　　　　　　⑨

（　　　）

(4) 図2のような，純粋な物質の規則正しい形をした固体を何というか。（　　　）

(5) この実験のように，物質をいったん水などにとかし，再び(4)としてとり出す操作を何というか。ヒント
（　　　）

(6) (5)の操作を行うことで，物質をどのようにすることができるか。簡単に答えなさい。
（　　　）

3 **混合物と純粋な物質** 物質の分類について，次の問いに答えなさい。

(1) 複数の物質が混ざり合ったものを何というか。（　　　）

(2) (1)の物質を，次のア〜コからすべて選びなさい。（　　　）

ア 酸素　イ 水　ウ 二酸化炭素　エ 炭酸水　オ 塩化ナトリウム
カ ろう　キ 銅　ク エタノール　ケ 石油　コ 塩化ナトリウム水溶液

(3) 1種類の物質でできているものを何というか。ヒント（　　　）

(4) (3)の物質を，(2)のア〜コからすべて選びなさい。（　　　）

ヒントの森 **2**(1)(2)溶解度をこえた分はとけずに出てくる。(5)再結晶で出てくる結晶は純物質である。
3(3)水溶液は溶媒と溶質の混合物である。

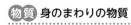

 ステージ3 **3章　水溶液の性質**  30分 /100

1 右の図は，塩化ナトリウムの結晶を水の中に入れた直後のようすを，粒子のモデルで表したものである。これについて，次の問いに答えなさい。 5点×2（10点）

 作図

(1) 図のビーカーを，そのまま4〜5日静かに置いておいた。このときのビーカーの中の塩化ナトリウムのようすを，粒子のモデルを用いて，図にかき入れなさい。

ビーカー

(2) 水溶液の性質について，次のア〜オから正しいものをすべて選びなさい。

ア　水に液体がとけたものは水溶液とはいわない。

イ　すべて透明である。

ウ　時間がたつと，下のほうが濃くなる。

エ　気体がとけた水溶液もある。

オ　色のついたものと色のついていないものがある。

(1)	図に記入	(2)	

2 物質を水にとかすことについて，次の問いに答えなさい。 5点×7（35点）

(1) 次の（　）にあてはまる言葉を答えなさい。

　　物質がとけている液を（　①　）といい，とけている物質を（　②　），（　②　）をとかしている液体を（　③　）という。また，物質が限度までとけている状態を（　④　）しているといい，その水溶液を（　⑤　）という。

 記述

(2) 塩化ナトリウムを水にとかすと，目に見えなくなる。このとき，塩化ナトリウムの粒子はどのようになっているか。「水」，「塩化ナトリウムの粒子」という言葉を使って簡単に答えなさい。

(3) 下の図のように，塩化ナトリウムを水にとかす前の全体の質量と，塩化ナトリウムを水にとかした後の全体の質量を比べると，どのようになっているか。

水　塩化ナトリウム

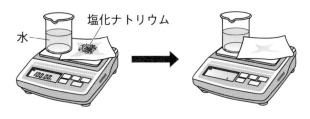

(1)	①		②		③		④		⑤		
(2)											
(3)											

❸ 右の図のようにして，40℃の水100gにミョウバン10gを加えたところ，ミョウバンはすべてとけた。これについて，次の問いに答えなさい。

5点×6（30点）

(1) このミョウバンの水溶液の質量パーセント濃度は何％か。四捨五入して，小数第1位まで求めなさい。

(2) 40℃の水100gに10gのミョウバンがとけた水溶液には，あとおよそ何gのミョウバンをとかすことができるか。❹のグラフを参考にして，整数で答えなさい。

(3) さらにミョウバンを加えたところ，とけずに残ったミョウバンが底に沈んだ。この液をろ過して得られたろ液からミョウバンをとり出す方法を2つ答えなさい。

(4) (3)で得られたミョウバンのように，規則正しい形をした固体を何というか。

(5) 再結晶という操作を行う利点は何か。簡単に答えなさい。

(1)		(2)	
(3)			
(4)		(5)	

❹ 100gの水に，硝酸カリウムと塩化ナトリウムがそれぞれどれだけとけるか調べた。右のグラフは，とける量と温度の関係を表したものである。次の問いに答えなさい。5点×5（25点）

(1) 60℃の水100gにミョウバンを100g入れると，とけ残りはできるか。

(2) 60℃の水100gに硝酸カリウムを100g入れた後，水溶液を40℃まで冷やすと，ビーカーにはどのような変化が見られるか。

(3) (2)の後，水溶液をろ過すると，ろ紙には約何gの硝酸カリウムが残るか。整数で答えなさい。

(4) 80℃の水100gに塩化ナトリウムを30g入れたところ，すべてとけた。この水溶液から塩化ナトリウムの結晶をとり出す方法を，次のア〜ウから選びなさい。また，その方法を選んだ理由を，簡単に答えなさい。

ア 水溶液の温度を上げる。

イ 水溶液の温度を下げる。

ウ 水を蒸発させる。

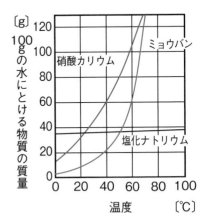

(1)		(2)		(3)	
(4)	記号		理由		

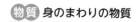

解答 ▶ p.22

 ステージ 1　**4章　物質のすがたとその変化**

📖 教科書の 要点 （　）にあてはまる語句を，下の語群から選んで答えよう。

> 同じ語句を何度使ってもかまいません。

1 物質のすがたの変化
教 ▶ p.177〜183

(1) 物質は，固体，液体，気体と状態を変化させる。このことを
（① ★ 　　　　　　）という。

(2) ふつう，液体が気体になると体積が（② 　　　　　）なり，液体
が固体になると体積が**小さくなる**。
└ 水は例外。┘

(3) 状態変化では，体積は変化しても質量は（③ 　　　　　　）。

(4) 液体が固体に変わるとき，物質をつくる粒子がすきまなく並ぶた
め体積は小さくなるが，**粒子の数は変わらないため質量は**
（④ 　　　　　　）。

(5) ふつう，物質が固体から液体，気体へと状態変化するにしたがっ
て密度は（⑤ 　　　　　）なり，気体から液体，固体へと状態変
化するにしたがって密度は（⑥ 　　　　　　）なる。

> **まるごと暗記**
> 状態変化
> ● 加熱
> 固体→液体→気体
> ● 冷却
> 固体←液体←気体

> **プラスα**
> 水は，氷になると体積が
> およそ**1.1倍**になる。

2 状態変化と温度
教 ▶ p.184〜188

(1) 液体が沸騰して**気体に変化する**ときの温度を（① ★ 　　　　　）と
いう。
└ 水では 100℃。┘

(2) 液体の純物質が沸騰している間は，加熱し続けても温度は
（② 　　　　　）である。

(3) 固体がとけて**液体に変化する**ときの温度を（③ ★ 　　　　　）とい
い，物質の種類によって決まっている。
└ 水では 0℃。┘

(4) 固体の純物質が液体に変化している間は，加熱し続けても温度は
（④ 　　　　　）である。

(5) 物質の融点や沸点は，物質の種類によって（⑤ 　　　　　）
ので，物質を区別するときの手がかりとなる。

> **ワンポイント**
> 沸点や融点のちがいを利
> 用して，物質を区別した
> り分離したりすることが
> できる。

> **まるごと暗記**
> 沸点と融点
> ● 沸点
> 液体が沸騰して気体に
> 変化するときの温度。
> ● 融点
> 固体がとけて液体に変
> 化するときの温度。

3 混合物の分け方
教 ▶ p.189〜193

(1) 混合物の沸点や融点は，決まった温度には（① 　　　　　　）。

(2) 液体を加熱して沸騰させ，出てくる蒸気である気体を冷やして再
び液体にして集める方法を（② ★ 　　　　　）という。

(3) 蒸留を利用すると，混合物中の物質の（③ 　　　　　）のちがい
により，目的の物質を分離することがきる。

> ガソリンや灯油は
> 石油を蒸留してと
> り出してるよ。

語群 ❶小さく／大きく／変化しない／状態変化　❷決まっている／一定／融点／沸点
❸沸点／蒸留／ならない

😊 ★の用語は，説明できるようになろう！

教科書の 図 　　にあてはまる語句を，下の語群から選んで答えよう。

同じ語句を何度使ってもかまいません。

1 粒子のモデルで考える状態変化　　教 p.183

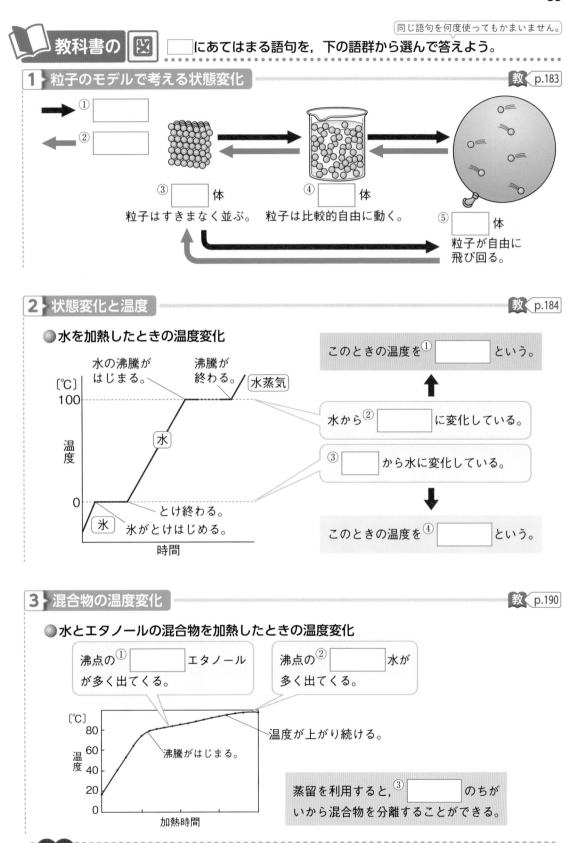

① 　　　　
② 　　　　

③ 　　　体
粒子はすきまなく並ぶ。

④ 　　　体
粒子は比較的自由に動く。

⑤ 　　　体
粒子が自由に
飛び回る。

2 状態変化と温度　　教 p.184

●水を加熱したときの温度変化

水の沸騰が
はじまる。

沸騰が
終わる。

水蒸気

〔℃〕
100

温度

0

水

氷

氷がとけはじめる。
とけ終わる。

時間

このときの温度を① 　　　　という。

水から② 　　　　に変化している。

③ 　　　　から水に変化している。

このときの温度を④ 　　　　という。

3 混合物の温度変化　　教 p.190

●水とエタノールの混合物を加熱したときの温度変化

沸点の① 　　　　エタノール
が多く出てくる。

沸点の② 　　　　水が
多く出てくる。

〔℃〕
80
60
温度 40
20
0

沸騰がはじまる。

温度が上がり続ける。

加熱時間

蒸留を利用すると，③ 　　　　のちが
いから混合物を分離することができる。

語群
1 液／気／固／加熱／冷却　　2 氷／水蒸気／融点／沸点　　3 沸点／高い／低い

わからない用語は，教科書の 要点 の★で確認しよう！

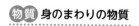

定着のワーク ステージ2　4章　物質のすがたとその変化－①

1　物質のすがたの変化　物質のすがたの変化について，次の問いに答えなさい。

(1) 次の①〜③について，それぞれの物質はどのようなすがたに変化するか。

① 液体のブタンを入れた試験管を指であたためる。（　　　）

② 固体の塩化ナトリウムをガスバーナーで加熱する。（　　　）

③ 液体のエタノールをポリエチレンの袋に入れて熱湯をかける。（　　　）

(2) (1)のように，物質がすがたを変えることを何というか。（　　　）

(3) 右の図のように，液体のろうをビーカーに入れ，質量を測定した。しばらく放置して固体に変化させた後，再び質量を測定した。ろうが液体から固体に変化するとき，質量はどのようになるか。

ヒント（　　　）

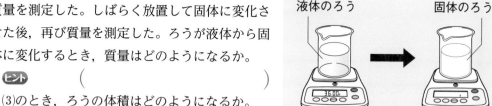

液体のろう　　固体のろう

(4) (3)のとき，ろうの体積はどのようになるか。

ヒント（　　　）

(5) 物質の状態を粒子のモデルで考えるとき，次の①〜③は，それぞれ固体，液体，気体のどの状態でのようすを表しているか。

① 粒子と粒子の間隔が広く，粒子が自由に飛び回っている。（　　　）

② 粒子がすきまなく規則正しく並んでいる。（　　　）

③ 粒子は規則正しく並ばず，比較的自由に動くことができる。（　　　）

(6) 次の文の（　）にあてはまる言葉を答えなさい。　①（　　　）

②（　　　）

　ふつう，固体が液体になったり，液体が気体になったりすると，体積は（ ① ）なるが，質量は（ ② ）。

2　水の状態変化　右の図は，水の状態変化を表したものである。これについて，次の問いに答えなさい。

(1) 図で，加熱を表している矢印を，⑦〜⼯からすべて選びなさい。（　　　）

(2) 状態変化によって，物質はほかの物質に変化するか。（　　　）

(3) 状態変化において，温度が変わって物質の状態が変化した後，再びもとの温度にもどすと，その物質はもとの状態にもどるか。（　　　）

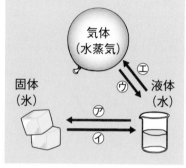

気体（水蒸気）

固体（水）　⑦ ⑦ ⑦ ⑦　液体（水）

(4) 氷が水に変化するとき，体積はどのようになるか。ヒント（　　　）

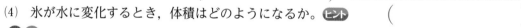
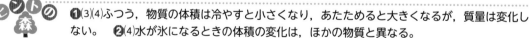

ヒントの森　❶(3)(4)ふつう，物質の体積は冷やすと小さくなり，あたためると大きくなるが，質量は変化しない。　❷(4)水が氷になるときの体積の変化は，ほかの物質と異なる。

❸ 水の状態変化 右の図は，水が状態変化するときの温度の変化を表したものである。これについて，次の問いに答えなさい。

(1) 図の㋐〜㋔では，水はどのような状態にあるか。次のア〜オからそれぞれ選びなさい。

㋐（　　　） ㋑（　　　） ㋒（　　　）
㋓（　　　） ㋔（　　　）

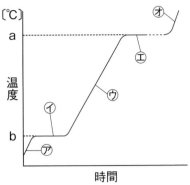

ア　水のみ。
イ　氷のみ。
ウ　水蒸気のみ。
エ　氷と水が混ざっている。
オ　水と水蒸気が混ざっている。

(2) 氷がとけはじめる温度は何℃か。（　　　　　）

(3) 水の沸騰がはじまる温度は何℃か。（　　　　　）

(4) 図のa，bの温度をそれぞれ何というか。
a（　　　　　）
b（　　　　　）

(5) 水の量が変化すると，aやbの温度は変化するか。 **ヒント** （　　　　　）

物質

❹ 教 p.185 実験6 エタノールが沸騰する温度 図1のような装置で，エタノールの沸騰する温度を調べた。これについて，次の問いに答えなさい。

図1

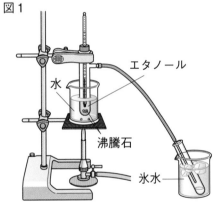

エタノール
水
沸騰石
氷水

(1) 図1のように，液体を加熱するときに，沸騰石を入れるのは，どうなることを防ぐためか。 **ヒント**
（　　　　　　　　　　　　）

(2) 図2は，エタノールの温度変化をグラフに表したものである。エタノールが沸騰しはじめたのは，a〜eのどこか。（　　　）

(3) エタノールの沸点は決まっているか。
ヒント （　　　　　）

(4) エタノールが沸騰している間の温度は，どのようになっているか。（　　　　　）

記述

(5) 火を消す前に，氷水の中の試験管に入れたガラス管の先が，液体につかっていないことを確認するのはなぜか。簡単に答えなさい。
（　　　　　　　　　　　　）

(6) エタノールの量を減らして同じ実験を行うと，de間の示す温度はどのようになるか。
（　　　　　　　　）

図2

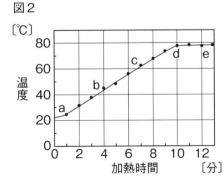

❸(5)純物質の沸点と融点は物質の種類によって決まっていて，物質の量には関係しない。
❹(1)液体を加熱すると，急に沸騰することがある。(3)エタノールは純物質である。

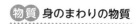

解答▶ p.23

4章　物質のすがたとその変化−②

1 **物質の融点**　固体のパルミチン酸を加熱したところ，右の図のような温度変化を示した。これについて，次の問いに答えなさい。

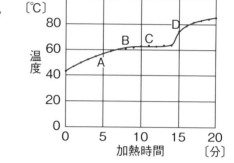

(1) パルミチン酸のような純物質を加熱したとき，固体から液体に変化する間の温度はどのようになっているか。

（　　　　　　　　　　　）

(2) パルミチン酸がとけはじめたのは，**A〜D**のどのときか。（　　　　）

(3) **D**でのパルミチン酸は，固体，液体，気体のどの状態か。ヒント （　　　　）

(4) 固体がとけて液体に変化するときの温度を何というか。（　　　　　）

(5) グラフから，パルミチン酸の(4)は約何℃であると考えられるか。次の**ア〜エ**から選びなさい。（　　　）

　ア 36℃　　**イ** 45℃　　**ウ** 63℃　　**エ** 90℃

(6) パルミチン酸が液体から固体に変化するときの温度は，(5)の温度と同じか，異なるか。

（　　　　　　　　　　　）

2 **物質の区別**　右の図1のような装置を用いて，次の手順で固体が何であるか調べた。これについて，あとの問いに答えなさい。

図1

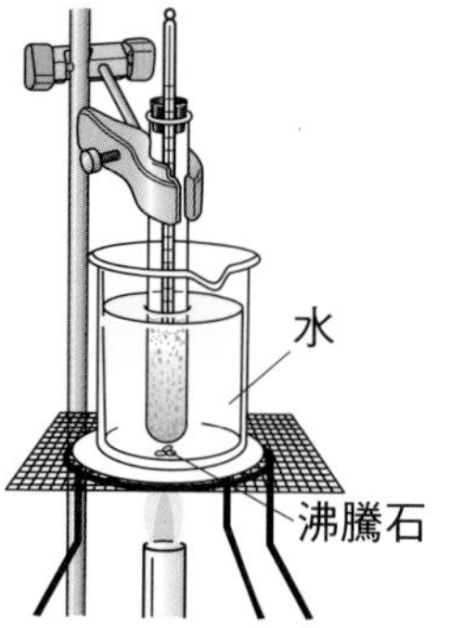

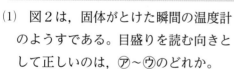

> **手順1**　固体を試験管に入れる。
> **手順2**　試験管に温度計をとりつけ，水の入ったビーカーに入れる。
> **手順3**　ビーカーを加熱し，固体がとける瞬間の温度を読みとる。

水

沸騰石

(1) 図2は，固体がとけた瞬間の温度計のようすである。目盛りを読む向きとして正しいのは，㋐〜㋒のどれか。

（　　　）

(2) 固体がとけた温度は何℃か。

（　　　　　　）

(3) (2)と表から，固体は何であると考えられるか。ヒント （　　　　）

図2

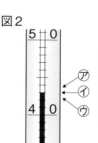

表

物質	融点〔℃〕	沸点〔℃〕
メントール	43	217
パルミチン酸	63	360
塩化ナトリウム	801	1485

1(3)物質は，融点，沸点を境に状態が変化する。　**2**(3)固体がとけて液体になる温度は融点である。融点や沸点は物質の種類によって決まっている。

③ 混合物の融点と沸点　下の図は，ろうを加熱したときと，水とエタノールの混合物を加熱したときの温度変化を調べた結果をグラフにまとめたものである。これについて，あとの問いに答えなさい。ヒント

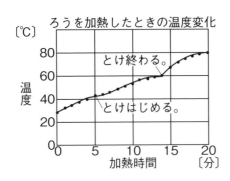

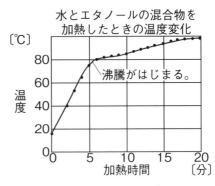

(1) ろうは，純物質，混合物のどちらか。（　　　　　　　）

記述 (2) ろうを加熱したとき，ろうがとけはじめてからとけ終わるまでの温度変化には，どのような特徴があるか。（　　　　　　　　　　）

(3) ろうの融点は一定であるといえるか。（　　　　　　　）

記述 (4) 水とエタノールの混合物を加熱したとき，沸騰がはじまってからの温度変化には，どのような特徴があるか。（　　　　　　　　　　）

(5) 水とエタノールの混合物の沸点は一定であるといえるか。（　　　　　　　）

(6) 水とエタノールの混合物の全体の量は変えず，混合する割合だけを変えて加熱したとき，温度変化のようすは，変わるか，変わらないか。（　　　　　　　）

物質

④ 教 p.191 実験7 水とエタノールの混合物の加熱　水20cm³とエタノール5cm³の混合物を図のように加熱し，出てきた液体を順に試験管A〜Cに集めた。次の問いに答えなさい。

(1) 試験管Aに集めた液体は，どのようなにおいがしたか。次のア〜ウから選びなさい。ヒント（　　　）
　ア　においはない。　イ　エタノールのにおい。
　ウ　エタノールとはちがうにおい。

(2) 試験管A〜Cにたまった液体を蒸発皿に移し，マッチの火を近づけた。もっともよく燃えたのは，どの試験管の液体か。（　　　）

(3) 試験管Aにたまった液体には，水とエタノールのどちらが多くふくまれているか。（　　　　）

(4) 水とエタノールで，沸点が低いのはどちらか。（　　　　　）

(5) この実験のように，液体を加熱して沸騰させ，出てきた気体を冷やして再び液体にして集める方法を何というか。（　　　　　　　）

温度計

水とエタノールの混合物

沸騰石

氷水

③ どちらのグラフでも，温度が一定になっている部分はなく，上昇を続けている。
④(1)混合物を加熱すると，沸点の低い物質を多くふくむ気体が先に出てくる。

解答 ▶ p.23

実力判定テスト　ステージ3　**4章　物質のすがたとその変化**　30分　/100

1 右の図は，液体のろうをビーカーに入れたときのようすを表したものである。ビーカーを冷やして，ろうを固体にした。これについて，次の問いに答えなさい。　　4点×7（28点）

(1) ろうの液体が固体に変化するように，物質の状態が変化することを何というか。

(2) ろうが液体から固体に変化するとき，質量はどのようになるか。次のア〜ウから選びなさい。

ア ふえる。　　イ 減る。

ウ 変わらない。

記述 (3) (2)のようになる理由を，「ろうをつくる粒子」という言葉を使って簡単に答えなさい。

(4) ろうが液体から固体に変化するとき，体積はどのようになるか。(2)のア〜ウから選びなさい。

記述 (5) (4)のようになる理由を，「ろうをつくる粒子」という言葉を使って簡単に答えなさい。

(6) 水が氷になるときは，質量と体積はそれぞれどのようになるか。

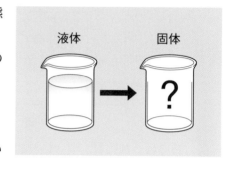

液体　　固体

(1)		(2)		(3)	
(4)		(5)			
(6)	質量			体積	

2 右の表は，いろいろな物質の状態が変化するときの温度A，Bをまとめたものである。これについて，次の問いに答えなさい。　　4点×7（28点）

(1) 表で，液体が沸騰して気体に変化するときの温度を表しているのは，A，Bのどちらか。

(2) 表のA，Bの温度をそれぞれ何というか。

(3) 表のAやBの温度は，物質の種類，物質の量のどちらによって決まっているか。

(4) 次の①〜③にあてはまる物質を，それぞれ表の㋐〜㋕からすべて選びなさい。

① 60℃で液体である物質

② 150℃で気体である物質

③ 60℃で固体である物質

	A〔℃〕	B〔℃〕
㋐	−98	65
㋑	0	100
㋒	50	344
㋓	63	360
㋔	801	1485

(1)		(2)	A		B		(3)	
(4)	①			②			③	

3 下の図1のような装置で，ある固体を加熱したところ，図2のような温度変化を示した。これについて，あとの問いに答えなさい。

4点×5（20点）

図1

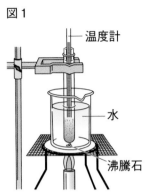

図2

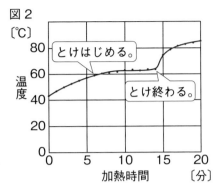

物質	融点〔℃〕	沸点〔℃〕
酸素	−218	−183
ブタン	−138	−0.5
エタノール	−115	78
メントール	43	217
パルミチン酸	63	360
塩化ナトリウム	801	1485

（1） 図1のように，水に沸騰石を入れて液体を加熱するのはなぜか。

（2） 実験に用いた物質は，純物質と混合物のどちらであると考えられるか。

（3） (2)のように考えた理由を簡単に答えなさい。

（4） 表にある融点とはどのような温度のことをいうか。簡単に答えなさい。

（5） 実験で用いた物質は何か。表の物質から選びなさい。

(1)		(2)	
(3)			
(4)		(5)	

4 水とエタノールの混合物を加熱したときの，加熱時間と温度の関係について，次の問いに答えなさい。 4点×6（24点）

（1） 混合物が沸騰をはじめたのは，加熱をはじめてからおよそ何分後か。表にある数字で答えなさい。

（2） 点A付近で出てくる気体を氷水で冷やした試験管に集めると，水とエタノールのどちらを多くふくんでいるか。

（3） (2)のように考えた理由を簡単に答えなさい。

（4） 点A以降で，出てくる気体にふくまれる(2)の割合は高くなるか，低くなるか。

（5） 混合物を沸騰させ，出てくる気体を冷やして再び液体にして集める方法を何というか。

（6） この実験では，(5)を利用し，物質の何のちがいによって物質を分離しているか。

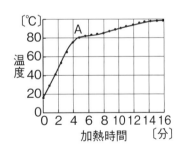

(1)		(2)			
(3)					
(4)		(5)		(6)	

単元末 総合問題 **物質** 身のまわりの物質

解答 ▶ p.24

40分 /100

1 ガラス，アルミニウム，紙，プラスチック，塩化ナトリウム，スチールウール(鉄)，砂糖を下の図のA，Bの方法で調べて分類した。あとの問いに答えなさい。 5点×6(30点)

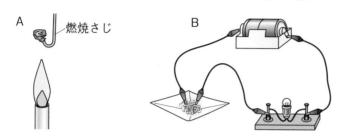

(1) Aで炎の中に入れたとき，燃えて二酸化炭素を発生する物質はどれか。すべて答えなさい。

(2) (1)のような物質を何というか。

(3) (2)以外の物質を何というか。

(4) Bの方法で分類したとき，電気を通した物質はどれか。すべて答えなさい。

(5) (4)はみがくと光沢が出る。(4)のような物質を何というか。

(6) アルミニウム12cm³の質量を測定したら32.4gだった。アルミニウムの密度を求めなさい。

1

(1)	
(2)	
(3)	
(4)	
(5)	
(6)	

2 気体の性質を調べるため，下の図1の装置で二酸化炭素を，図2の装置でアンモニアを集めた。あとの問いに答えなさい。 5点×5(25点)

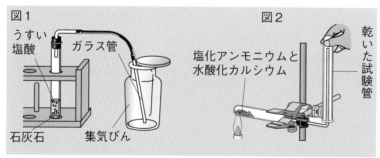

(1) 図1で，二酸化炭素を集めた集気びんに石灰水を入れてよく振ると，石灰水はどのようになるか。

(2) 図1で，二酸化炭素は下方置換法のほかに，何という方法で集めることができるか。

記述 (3) 図2で，アンモニアを上方置換法で集めるのは，アンモニアにどのような性質があるからか。

(4) 二酸化炭素の水溶液は，何性を示すか。

(5) アンモニアの水溶液は，何性を示すか。

2

(1)	
(2)	
(3)	
(4)	
(5)	

目標 物質の性質による分類，気体の性質と発生方法，密度や水溶液の濃度の計算，再結晶や蒸留のしくみを理解しよう。

3 60℃の水100gを入れた3つのビーカーのそれぞれに，塩化ナトリウム，硝酸カリウム，ミョウバンを入れて，3種類の飽和水溶液をつくった。右の図は，それぞれの物質の溶解度曲線である。　5点×4（20点）

(1) 20℃の硝酸カリウムの飽和水溶液の質量パーセント濃度を，四捨五入して小数第1位まで求めなさい。

(2) 60℃の3種類の飽和水溶液をそれぞれ20℃まで冷却した。次の①〜③に答えなさい。

　① もっとも多く結晶をとり出すことができたのはどの水溶液か。

　② ①で多くの結晶をとり出せる理由を，次のア〜エから選びなさい。

　　ア 20℃で，溶解度がもっとも小さいから。

　　イ 20℃で，溶解度がもっとも大きいから。

　　ウ 60℃と20℃での溶解度の差がもっとも小さいから。

　　エ 60℃と20℃での溶解度の差がもっとも大きいから。

記述 ③ これらの飽和水溶液の中で，ほとんど結晶をとり出せないものがあった。この水溶液から多くの結晶をとり出すには，どのような操作をすればよいか。簡単に答えなさい。

3		
(1)		
(2)	①	
	②	
	③	

4 右の図は，ビーカーの中の氷を加熱したときの温度変化を表したものである。次の問いに答えなさい。

5点×5（25点）

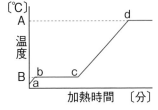

(1) 水のように，1種類の物質からできているものを何というか。

(2) Aの温度のことを何というか。

(3) Bの温度は何℃か。

(4) bc間では，ビーカーの中はどのようになっているか。次のア〜エから選びなさい。

　ア 氷だけが入っている。

　イ 水だけが入っている。

　ウ 水の表面から水蒸気がさかんに出ている。

　エ 氷と水が混ざっている。

記述 (5) 水とエタノールを入れた試験管を，水を入れたビーカーに入れて加熱し，温度変化を調べた。このときの温度変化のグラフの形は，図のグラフとどのようにちがうか。

4	
(1)	
(2)	
(3)	
(4)	
(5)	

物質

😊 終わったら後ろの，3，4，5，14をやろう。

解答 p.25

確認のワーク ステージ1 1章 光による現象(1)

教科書の要点

(　　)にあてはまる語句を，下の語群から選んで答えよう。 同じ語句を何度使ってもかまいません。

1 光の進み方

教 p.207〜212

(1) 部屋の照明器具など，みずから光を発するものを(①★　　　　)という。 ―太陽，灯台の明かりなど。

(2) 光源から出た光は，あらゆる方向に広がりながら，とぎれることなく(②★　　　　)する。

(3) 太陽からの光は，すべて**平行に進んでいる**と考えてよい。

(4) 光が鏡などに当たってはね返ることを，光の(③★　　　　)といい，鏡に入ってくる光を**入射光**（にゅうしゃこう），反射して出ていく光を**反射光**（はんしゃこう）という。

(5) 鏡の面に垂直な直線と入射光の角度を**入射角**（にゅうしゃかく），反射光の間の角度を**反射角**（はんしゃかく）という。

(6) 光が反射するとき，入射角と反射角はいつも(④　　　　)。これを光の(⑤★　　　　)という。 ―入射角＝反射角

(7) 物体が鏡のおくにあるように見えるとき，これを物体の(⑥★　　　　)という。 ―物体と像は，鏡に対して線対称の位置になる。

(8) 物体の表面のわずかなでこぼこのために，光がいろいろな方向に反射することを(⑦★　　　　)という。 ―反射の法則が成り立つ。

2 光が通りぬけるときのようす

教 p.213〜219

(1) 光が異なる物質に進むとき，境界の面で折れ曲がる現象を，光の(①★　　　　)といい，屈折して進む光を**屈折光**（くっせつこう）という。

(2) 境界の面に垂直な直線と屈折光の間の角度を**屈折角**（くっせつかく）という。
- 空気から，水やガラスへ進む光…入射角(②　　　　)屈折角
- 水やガラスから，空気へ進む光…入射角(③　　　　)屈折角

(3) 光が水やガラスから空気へ進むとき，入射角をしだいに大きくして屈折角が90°に近づくと，やがて，**すべての光が反射**するようになる。このことを(④★　　　　)という。

(4) 太陽や白熱電球から出た光はいろいろな色の光が混ざっていて，**白色光**（はくしょくこう）とよばれる。 ―プリズムに当てると，色ごとに分かれる。

(5) 白色光が空気と水などの境界を進むとき，それぞれの色の光が異なる角度で(⑤　　　　)し，色の帯が見られる。

まるごと暗記
入射角，反射角，屈折角

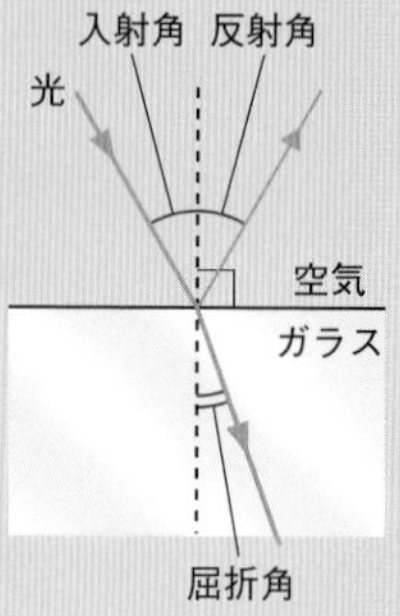

ワンポイント
ものが見えるのは，物体で反射した光が目に届くからである。

まるごと暗記
入射角と屈折角
- 空気からガラスへ進む光…入射角>屈折角
- ガラスから空気へ進む光…入射角<屈折角

プラスα
青色の光が目に届くと，青色だと感じる。

語群
1 等しい／直進／反射の法則／像／光源／乱反射／反射　2 全反射／屈折／<／>

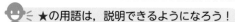

★の用語は，説明できるようになろう！

教科書の 図

同じ語句を何度使ってもかまいません。

□にあてはまる語句を，下の語群から選んで答えよう。

1 光の進み方

教 p.210〜211

●光の反射

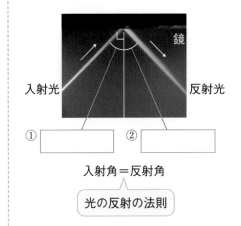

鏡

入射光　　　　反射光

①□　　②□

入射角＝反射角

光の反射の法則

●像の見かけの位置

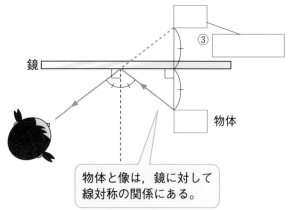

③□

鏡

物体

物体と像は，鏡に対して
線対称の関係にある。

2 空気からガラスへ，ガラスから空気へ進む光

教 p.216〜217

エネルギー

●空気からガラスへ進む光

入射角＞屈折角

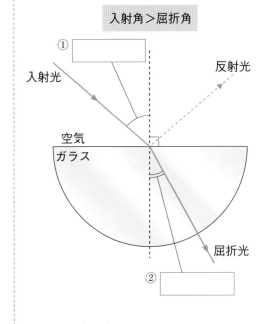

①□

入射光

反射光

空気
ガラス

屈折光

②□

入射光の一部は，
境界面で反射し
ているよ。

●ガラスから空気へ進む光

入射角＜屈折角

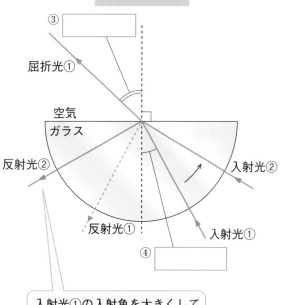

③□

屈折光①

空気
ガラス

反射光②　　　　　　　　入射光②

反射光①　　　　入射光①

④□

入射光①の入射角を大きくして
入射光②のようにすると，光は
⑤□する。

語群
1 像／反射角／入射角　　2 屈折角／入射角／全反射

 わからない用語は，教科書の 要点 の★で確認しよう！

解答 ▶ p.25

定着のワーク ステージ 2

1章　光による現象(1)

1 教 ▶p.209 実験 1 **光が鏡ではね返るときの進み方**　鏡に光を当てたときの反射のしかたについて調べた。これについて，次の問いに答えなさい。

(1) 右の図のa，bの角度をそれぞれ何というか。

a （　　　　　）
b （　　　　　）

(2) aとbの大きさの関係はどのようになっているか。 ヒント （　　　　　　）

(3) (2)のようになることを何というか。

（　　　　　　）

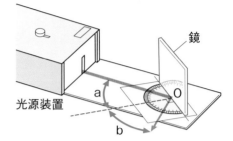

(4) 下の図の①〜⑥で，反射光はそれぞれ⑦〜⑨のどれか。　①（　　）②（　　）③（　　）④（　　）⑤（　　）⑥（　　）

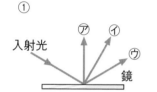

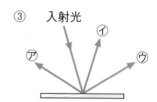

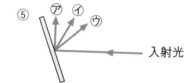

2 **光の進み方**　鏡に当たった光の進み方と物体の見え方について，次の問いに答えなさい。

(1) 蛍光灯などのように，みずから光を発するものを何というか。　（　　　　　　）

(2) 光がまっすぐ進むことを何というか。
ヒント　　　　　　　　（　　　　　　）

(3) 光が鏡などに当たってはね返ることを何というか。
ヒント　　　　　　　　（　　　　　　）

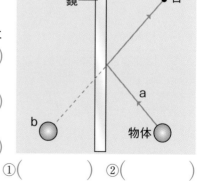

(4) 次の（　）にあてはまる言葉を答えなさい。　①（　　　　）②（　　　　）

　　右の図で，物体から出た光aが鏡で（　①　）し，その光が目に届くため，物体がbの位置にあるように見える。このとき，bを物体の（　②　）という。

 ヒントの森 **1**(2)光が鏡ではね返るとき，入射角と反射角はいつも等しくなる。
2(2)(3)光は何もなければまっすぐ進み，物体に当たるとはね返る。

3 **空気と水の間での光の進み方** 右の図のように，空気から水へ，水から空気へと光を進め，その道すじを調べた。これについて，次の問いに答えなさい。

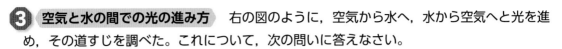

(1) 図のように，光が異なる物質へ進むとき，境界の面で曲がることを何というか。
（　　　　　　　　）

(2) 図の㋐〜㋓の角度を，それぞれ何というか。
㋐（　　　　　　）
㋑（　　　　　　）
㋒（　　　　　　）
㋓（　　　　　　）

(3) ㋐と㋑では，どちらの角度のほうが大きいか。 ヒント
（　　　　　）

(4) ㋒と㋓では，どちらの角度のほうが大きいか。 ヒント
（　　　　　）

4 **光の屈折** 右の図は，茶わんにコインだけを入れたときと，その茶わんに水を注いだときのようすを表したものである。これについて，次の問いに答えなさい。ただし，㋐と㋑で，目の高さは同じである。

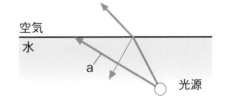

(1) 図の㋐でコインは見えるか。
（　　　　　　　　　）

 (2) ㋑では，コインはaの位置にあるように見えた。bからの光が目に届くまでの道すじを図にかき入れなさい。 ヒント

(3) bから目まで光が進むとき，水面で起こる現象を何というか。 ヒント（　　　　　　　）

5 **光の進み方** 右の図について，次の問いに答えなさい。

(1) 図1について，次の（　）にあてはまる言葉を答えなさい。
①（　　　　）②（　　　　）③（　　　　）
水から空気へ光が進むとき，（　①　）角がある大きさをこえると，光はすべて（　②　）するようになる。このことを光の（　③　）という。

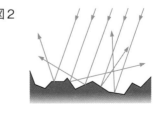

図1

 (2) 図1で，aの光は(1)の③の現象が起こっている。aの光の道すじを図1にかき入れなさい。 ヒント

(3) 図2は，でこぼこした面に光が当たって，いろいろな方向に光が反射しているようすである。このような反射を何というか。
（　　　　　　　）

(4) (3)のとき，それぞれの光で反射の法則は成り立っているか。
（　　　　　　　）

図2

 3(3)(4)空気と水の境界で光が屈折するとき，空気側の角度のほうが大きくなる。
4(2)(3)光は水面で折れ曲がる。 **5**(2)反射の法則は成り立つことに注意する。

エネルギー

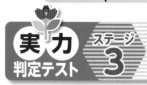

解答 p.25

実力判定テスト ステージ3 1章 光による現象(1)

30分 /100

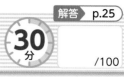

[作図] **1** 下の図の①，②について，反射した後の光の道すじをそれぞれ作図しなさい。また，③～⑤について，光の進み方としてもっとも適切なものをそれぞれ㋐～㋒から選びなさい。

6点×5（30点）

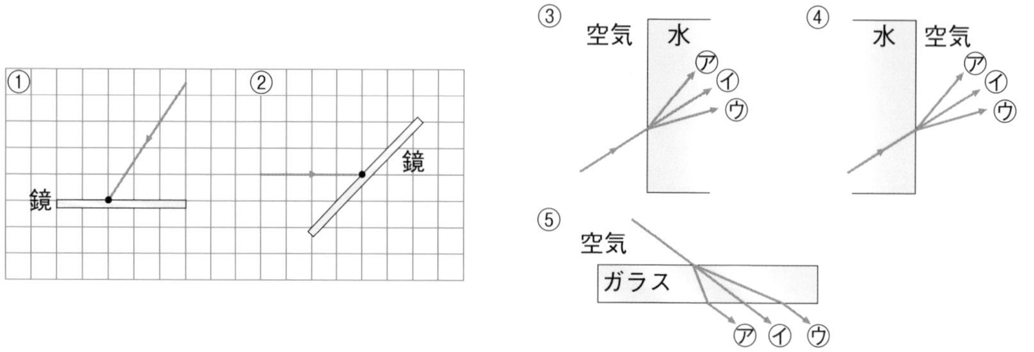

①	図に記入	②	図に記入	③		④		⑤	

2 右の図のように，点Aから，点B～Fの位置に置かれた物体が鏡を通して見えるかどうか調べた。これについて，次の問いに答えなさい。 5点×5（25点）

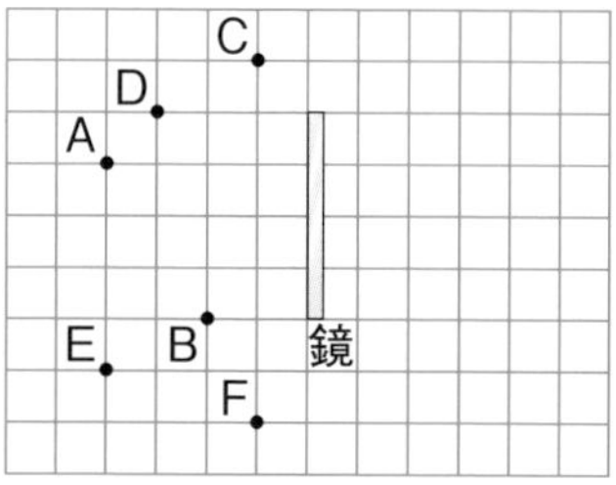

[作図] (1) 点Bから出た光が点Aに届く道すじを作図しなさい。

(2) 点C～Fについて，点Aから鏡を通して見えるものには○，見えないものには×をつけなさい。

(1)	図に記入	(2)	C		D		E		F	

3 右の図のように，水中の光源AからBの方向に出た光はすべて反射した。これについて，次の問いに答えなさい。 5点×3（15点）

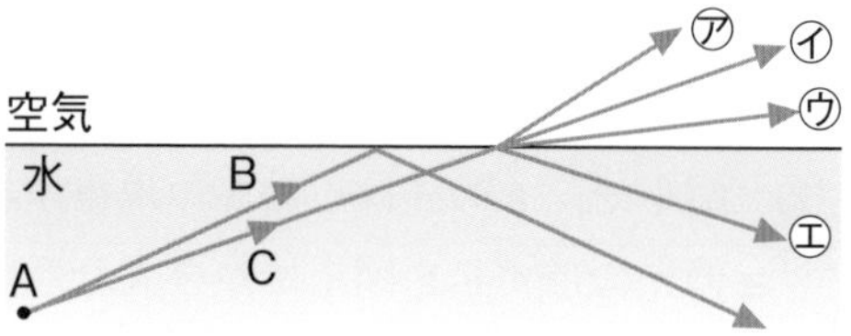

(1) 光源Aから出た光がすべて反射する現象を何というか。

(2) 同じ光源AからCの方向へ光を出すと，光は㋐～㋓のどの方向へ進むか。

[記述] (3) 白い紙の上に置いたコインの上に透明なコップを置き，中に水を注いだところ，コインが見えなくなった。右の図を参考に，その理由を答えなさい。

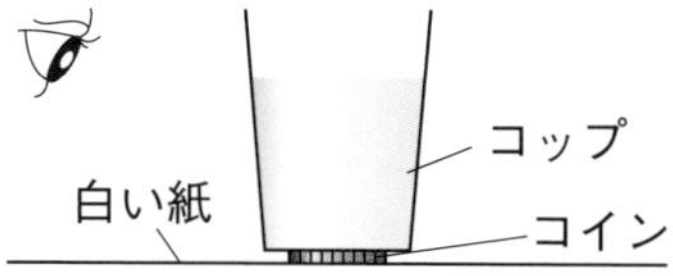

(1)		(2)		(3)	

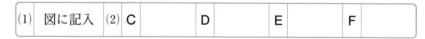

レベルUP **4** 右の図のように，透明な直方体の厚いガラスを通してチョークがどのように見えるかを調べた。これについて，次の問いに答えなさい。 5点×2（10点）

<真上から見た配置>

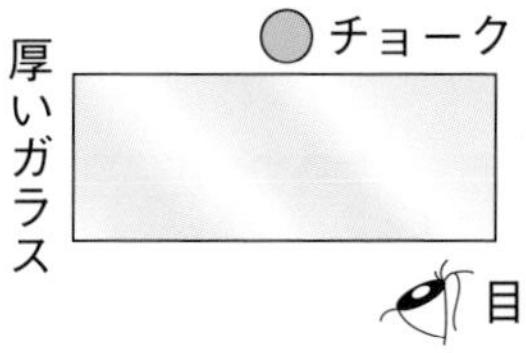

(1) このとき，チョークはどのように見えるか。次の㋐～㋓から選びなさい。

㋐

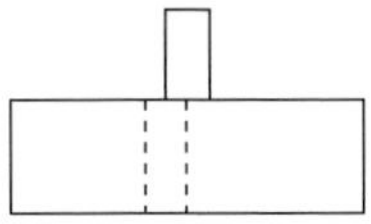

㋑

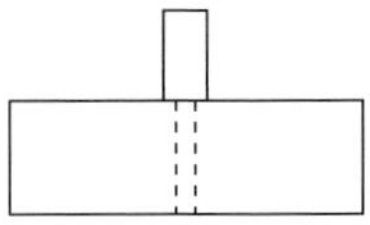

㋒

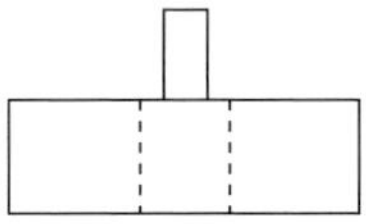

㋓

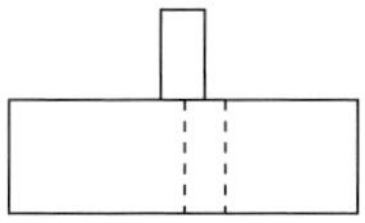

(2) (1)のように見えるのは，光が異なる物質の境界で折れ曲がり，光の進む向きが変わるからである。このような現象を何というか。

(1)		(2)	

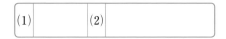

5 小型光学用水そうを使って，物質の境界での光の進み方を調べた。これについて，次の問いに答えなさい。 5点×4（20点）

図１

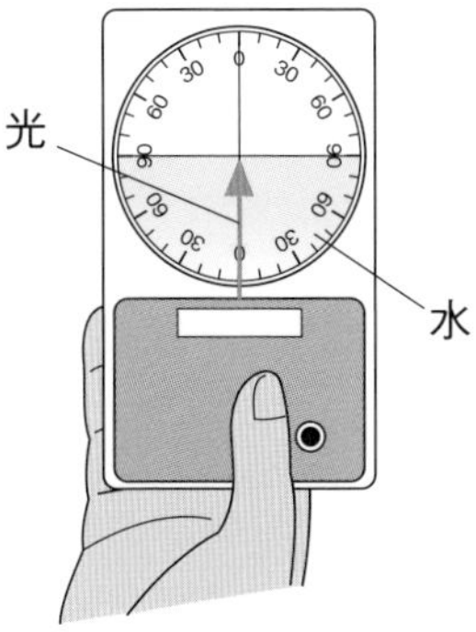

図２

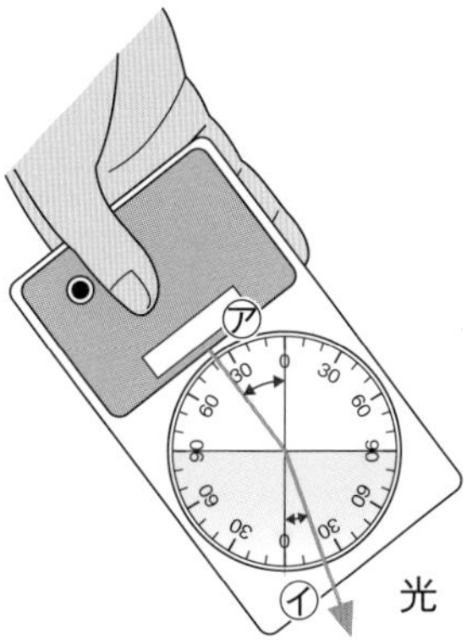

図３

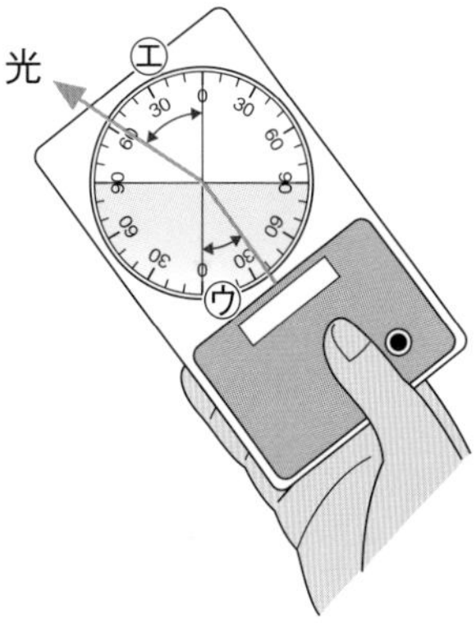

(1) 図１のように，光が水面に垂直に当たるようにしたとき，水面に達した光はどのように進むか。

(2) 図２のように空気から水へ光が進むようにした。角㋐と角㋑では，どちらの角度のほうが大きいか。

(3) 図３のように，水から空気へ光が進むようにした。角㋒と角㋓では，どちらの角度のほうが大きいか。

(4) 小型光学用水そうを傾けて，光の入射角を大きくしていくと，ある角度からは光がすべて反射した。このような現象が観察できたのは，図２，図３のどちらか。

(1)		(2)		(3)		(4)	

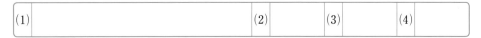

解答 p.26

確認のワーク ステージ1

1章 光による現象(2)

教科書の要点 （ ）にあてはまる語句を，下の語群から選んで答えよう。

同じ語句を何度使ってもかまいません。

1 レンズを通る光の進み方

教 p.220〜222

(1) ふちよりも中心部が厚いレンズを(①)という。

(2) 凸（とつ）レンズの真正面から平行な光を当てると，光は屈折して1点に集まる。この点を凸レンズの(②★)という。

(3) 凸レンズの中心から焦点（しょうてん）までの距離（きょり）を(③★)という。

(4) ふくらみの大きい凸レンズほど，屈折のしかたが大きくなる。そのため，焦点距離は(④)くなる。

(5) ふくらみの小さい凸レンズほど，屈折のしかたが小さくなる。そのため，焦点距離は(⑤)くなる。

(6) 焦点は凸レンズの両側にあり，焦点距離は両側で(⑥)である。

(7) 光軸（こうじく）に平行に凸レンズに入った光は，屈折した後，反対側の(⑦)を通る。

(8) 凸レンズの中心を通った光は，そのまま(⑧)する。

(9) 物体側の焦点を通って凸レンズに入った光は，屈折した後，(⑨)に平行に進む。
└凸レンズの中心を通り，レンズの中心の表面に垂直な直線。

まるごと暗記

凸レンズを通る光
- 光軸に平行な光 →**焦点**を通る。
- 凸レンズの中心を通る光 →**直進**する。
- 焦点を通る光 →光軸に**平行**に進む。

ワンポイント

凸レンズによってできる像は，物体の位置によって，大きさや向きがちがう。

2 凸レンズと像

教 p.223〜227

(1) 物体が凸レンズの**焦点の外側**にあるとき，**上下・左右が逆向き**の像がスクリーンに映る。これを(①★)という。

(2) 物体が**焦点の位置**にあるとき，スクリーンをどの位置に置いても，像を映すことは(②)。これは，凸レンズで屈折した光が1点に集まらないためである。平行な光になるため。

(3) 物体が**焦点の内側**にあるときも，スクリーン上の1点に光が集まらないため，実像はできない。しかし，凸レンズを通して，物体と**同じ向き**で物体より**大きな**像が見える。これを(③★)という。

(4) 虚像（きょぞう）は，実際に光が集まってできているわけではなく，凸レンズで屈折した光が目に入って見える(④)の像である。

(5) 鏡に映った像や虫眼鏡で見る像は，(⑤)である。

まるごと暗記

実像と虚像
- 光が実際に集まってできる像→実像
- 光が集まらずに，鏡や凸レンズを通して見える像→虚像

プラスα

虫眼鏡を半分かくすと，像はできるが，入る光の量が減るので，像は**暗く**なる。

語群
[1]長／短／直進／光軸／焦点／焦点距離／凸レンズ／同じ
[2]虚像／実像（じつぞう）／見かけ／できない

★の用語は，説明できるようになろう！

教科書の 図 ☐ にあてはまる語句を，下の語群から選んで答えよう。

同じ語句を何度使ってもかまいません。

1 レンズを通る光の進み方

教 p.222

●凸レンズを通る光

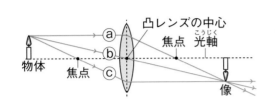

この本では，光をレンズの中央で1回屈折させてかく。

ⓐ光軸に平行な光は，① ☐ を通る。

ⓑ凸レンズの中心を通った光は，② ☐ する。

ⓒ焦点を通った光は，光軸に③ ☐ に進む。

2 凸レンズによってできる像

教 p.224

●物体が焦点距離の2倍よりも遠い位置

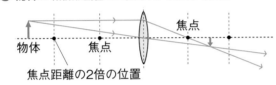

物体より① ☐ 実像ができる。

●物体が焦点距離の2倍の位置

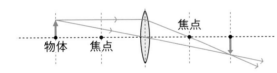

物体と② ☐ 大きさの実像ができる。

●物体が焦点距離の2倍の位置と焦点の間

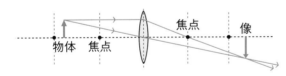

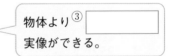

物体より③ ☐ 実像ができる。

●物体が焦点の位置

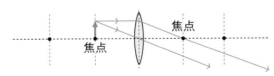

像はできない。

●物体が焦点よりも凸レンズに近い位置

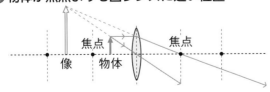

物体より大きな④ ☐ ができる。

語群 1 平行／直進／焦点　　2 虚像／大きな／小さな／同じ

エネルギー

😊〜 わからない用語は，📖教科書の要点の★で確認しよう！

解答 p.26

定着のワーク ステージ2　1章　光による現象(2)

1 凸レンズと光の進み方　右の図は，凸レンズの真正面から平行な光を当てたときのようすである。これについて，次の問いに答えなさい。

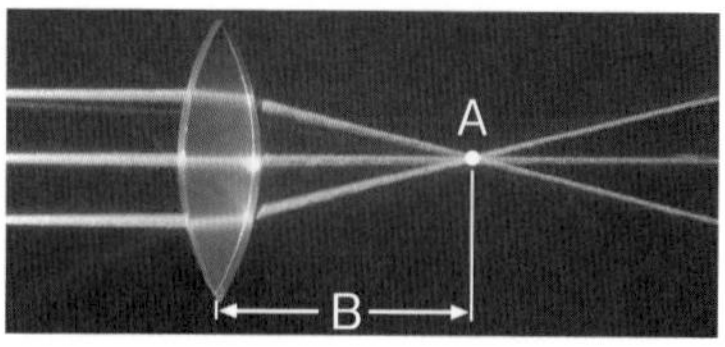
A
B

(1)　光が集まる点Aを何というか。　(　　　　)

(2)　凸レンズの中心から点Aまでの距離Bを何というか。　(　　　　)

(3)　次の(　)にあてはまる言葉を答えなさい。[ヒント]　①(　　　　)　②(　　　　)

凸レンズのふくらみを大きくすると，光の(①)のしかたが大きくなるので，図の距離Bは(②)なる。

2 [教] p.223 [実験]3 **凸レンズによってできる像**　下の図のような装置を使って，スクリーンに映る像について調べた。これについて，あとの問いに答えなさい。[ヒント]

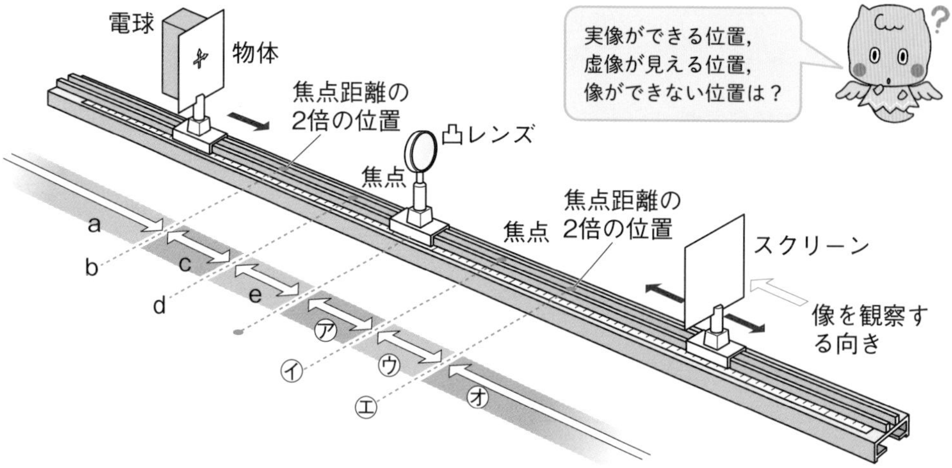
電球
物体
焦点距離の
2倍の位置
凸レンズ
焦点
焦点距離の
2倍の位置
焦点
スクリーン
像を観察する向き
a
b
c
d
e
㋐
㋑
㋒
㋓
㋔
実像ができる位置，
虚像が見える位置，
像ができない位置は？

(1)　物体をa〜eの位置に置いたときに像が映るスクリーンの位置を，それぞれ㋐〜㋔から選びなさい。ただし，スクリーンに像が映らないときは×と答えなさい。

a(　　)　b(　　)　c(　　)　d(　　)　e(　　)

(2)　実像や虚像の大きさが物体より，①大きくなる，②小さくなる，③同じになるのは，物体をどの位置に置いたときか。それぞれ，a〜eからすべて選びなさい。

①(　　　　)
②(　　　　)
③(　　　　)

(3)　実像や虚像の向きが物体と，①同じ向き，②逆向きになるのは，物体をどの位置に置いたときか。それぞれ，a〜eからすべて選びなさい。

①(　　　　)
②(　　　　)

ヒントの森

❶(3)凸レンズのふくらみが変わると，屈折のようすが変化する。　❷焦点距離の2倍の位置に物体を置いたときを境に，物体とできる像の大小関係が変化する。

❸ **凸レンズによる像** あとの(1)〜(5)の位置に物体があるとき，どのような像ができるか。物体と比べたときの像の大きさや向き，像の種類について，それぞれ簡単に答えなさい。

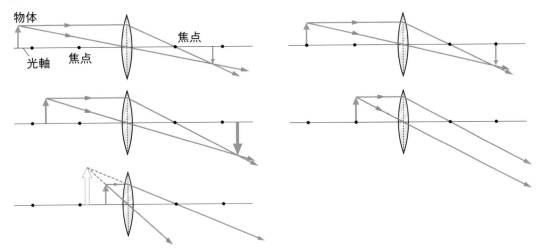

(1) 物体が焦点距離の2倍の位置よりも遠い位置にあるとき。
　（　　　　　　　　　　　　　　　　　　　　　　　　　　　　　　）

(2) 物体が焦点距離の2倍の位置にあるとき。
　（　　　　　　　　　　　　　　　　　　　　　　　　　　　　　　）

(3) 物体が焦点距離の2倍の位置と焦点の間にあるとき。
　（　　　　　　　　　　　　　　　　　　　　　　　　　　　　　　）

(4) 物体が焦点にあるとき。
　（　　　　　　　　　　　　　　　　　　　　　　　　　　　　　　）

(5) 物体が焦点よりも凸レンズに近い位置にあるとき。
　（　　　　　　　　　　　　　　　　　　　　　　　　　　　　　　）

❹ **凸レンズによる像の作図** 凸レンズによる像について，次の問いに答えなさい。

(1) 次の図で，凸レンズによってできる物体の像を作図しなさい。

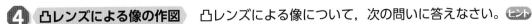
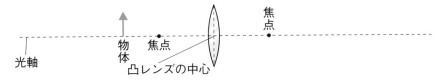

(2) 次の図の位置に像ができるときの物体の位置を作図しなさい。

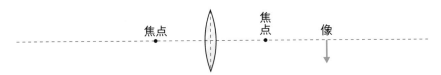

❹「光軸に平行に入った光は，屈折して焦点を通る」，「中心を通る光はそのまま直進する」，「焦点を通って入った光は，屈折して光軸に平行に進む」を利用して作図する。

解答 p.27

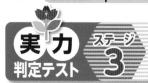

実力判定テスト ステージ3　1章　光による現象(2)

30分　/100

よく出る **1** 右の図のように，光学台に凸レンズ，スクリーン，電球をとりつけた物体を置き，凸レンズは固定して，物体とスクリーンを動かし，スクリーンに映る像について調べた。これについて，次の問いに答えなさい。 5点×7（35点）

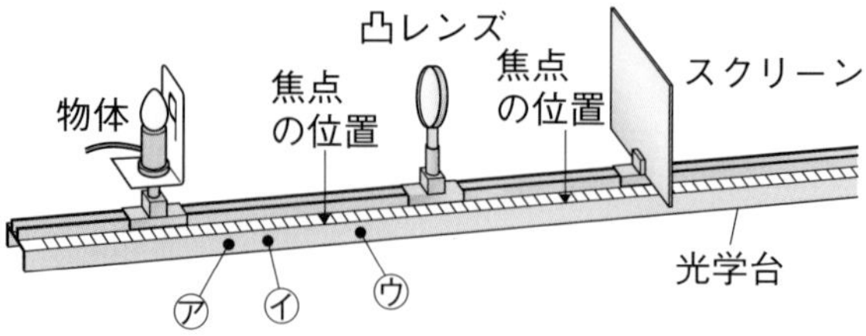

(1) スクリーンに映る像を何というか。

(2) 物体を㋐の位置に置いた。このとき，スクリーンに映る像の大きさや上下・左右の向きは，物体と比べてどのようになっているか。

(3) 物体を㋑の位置に置いた。このとき，スクリーンに映る像の大きさは，物体が㋐の位置にあるときと比べてどのようになっているか。

[記述] (4) スクリーンに映る像が物体と同じ大きさになるのは，物体と凸レンズの距離がどのようなときか。

(5) 物体が㋒の位置にあるとき，スクリーンに像は映らないが，凸レンズを通して像を見ることができる。このような像を何というか。

(6) 物体が㋐の位置にあるとき，凸レンズの下半分を布でかくした。このとき，スクリーンに映る像はどうなるか。次のア〜エから選びなさい。

ア 下半分が消える。　イ 上半分が消える。
ウ 全体が消える。　エ 全体が暗く見える。

(1)		(2)	大きさ		向き		(3)	
(4)					(5)		(6)	

よく出る **2** 右の図は，物体と凸レンズの位置を示したものである。これについて，次の問いに答えなさい。 5点×3（15点）

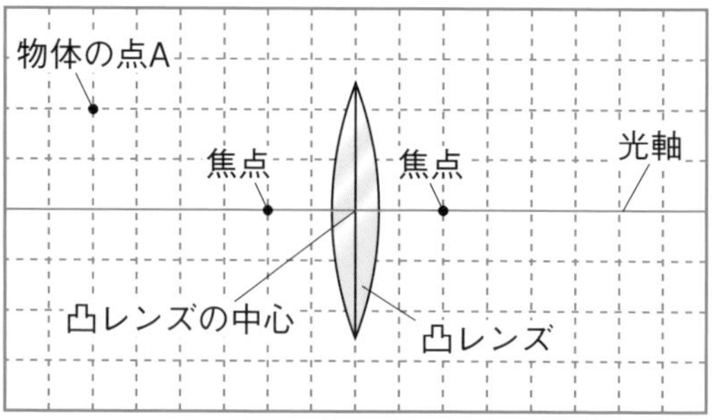

[作図] (1) ①物体の点Aから光軸に平行に凸レンズに入った光と，②物体の点Aから焦点を通って凸レンズに入った光の道すじを，それぞれ作図しなさい。

(2) (1)で作図した結果から，凸レンズと，像を映すためのスクリーンの間の距離は何cmになるとわかるか。光は凸レンズの中央で屈折するものとし，方眼1目盛りは3cmとする。

(1)	①	図に記入	②	図に記入	(2)	

3 凸レンズにいろいろな方向から光を当て，光の進み方を調べた。これについて，次の問いに答えなさい。ただし，図の・は凸レンズの焦点を表し，光は凸レンズの中央で屈折するものとする。

6点×5（30点）

[作図] (1) 下の図の①〜③の方向から凸レンズに光を当てた。このとき，凸レンズを通った後の光はどのように進むか。その道すじをそれぞれ作図しなさい。

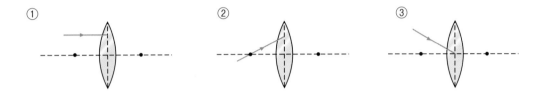

[レベルUP] (2) 下の図の①，②の方向から凸レンズに光を当てた。このとき，凸レンズを通った後の光の進み方としてもっとも適切なものを，それぞれ㋐〜㋒から選びなさい。

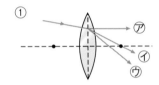

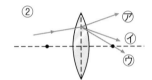

(1)	①〜③	図に記入	(2)	①		②	

4 右の図は，凸レンズによってできた物体の像をスクリーン上に映したときの位置関係を表したものである。これについて，次の問いに答えなさい。ただし，矢印は，光の道すじを表している。

5点×4（20点）

(1) この凸レンズの焦点距離は何cmか。

(2) スクリーン上に映った像を何というか。

(3) 図の状態から，物体を左側へ動かした。このとき，像が映るスクリーンの位置はどのように変化するか。

(4) (3)のとき，スクリーンに映る像の大きさはどのように変化するか。

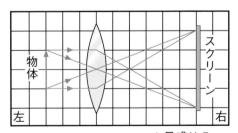

1目盛り5cm

(1)		(2)		(3)		(4)	

解答 ▶ p.28

2章　音による現象

📖 教科書の **要点**

同じ語句を何度使ってもかまいません。

（　）にあてはまる語句を，下の語群から選んで答えよう。

1 音の伝わり方

教 p.229〜232

(1) 音が出ているとき，物体は（① 　　　　）している。

(2) 音を発生しているものを（②★ 　　　　）（**発音体**(はつおんたい)）という。

(3) ブザーを入れた容器内の空気をぬいていくと，音が小さくなることから，（③ 　　　　）が音を伝えているとわかる。

(4) 音が空気を伝わるとき，空気の（④ 　　　　）が次々と伝わるのであり，空気そのものは移動していない。このように，振動(しんどう)が次々と伝わる現象を（⑤★ 　　　　）という。

(5) 音が聞こえるのは，空気の振動が耳の中にある（⑥ 　　　　）を振動させ，その振動をわたしたちが感じているからである。

(6) 音は空気などの気体だけでなく，水などの（⑦ 　　　　）や金属などの固体の中も波として，**あらゆる方向**に伝わる。

(7) 空気中を伝わる音の速さは，約（⑧ 　　　　）メートル毎秒(m/s)である。
└ 気温が約15℃のとき。

$$音の速さ[m/s] = \frac{音が伝わる距離[m]}{音が伝わる（⑨ 　　　）[s]}$$

2 音の大小と高低

教 p.233〜236

(1) 音の振動のようすは，モノコードやオシロスコープで調べることができる。
└ ことじを動かして，弦の長さを変えることができる。

(2) 弦をはじいたときの弦の振動の振れ幅を（①★ 　　　　）といい，弦が1秒間に**振動する回数**を（②★ 　　　　）という。
振動数は**ヘルツ**（記号**Hz**）という単位で表す（1秒間に1回振動するときの振動数が1Hz）。

(3) **振幅**(しんぷく)が大きいほど，音は（③ 　　　　）なる。

(4) 音の大きさを（④ 　　　　）するには，弦を強くはじくとよい。

(5) **振動数**(しんどうすう)が多いほど，音は（⑤ 　　　　）なる。

(6) 音を高くする方法は，次の通りである。
　・弦の長さを（⑥ 　　　　）する。
　・弦の太さを（⑦ 　　　　）する。
　・弦を（⑧ 　　　　）はる。

まるごと暗記

音の発生と伝わり方
● 音源（発音体）
音を発生しているもの。
● 波
振動が次々と伝わる現象。

ワンポイント

音は，物体が振動することで発生し，振動は波として伝わっていく。

まるごと暗記

振幅と振動数
● 振幅
振幅が大きいほど，音が大きい。
● 振動数
振動数が多いほど，音が高い。

オシロスコープは，振動のようすを波の形で表す装置だよ。

語群 ❶空気／波／340／振動／音源／液体／鼓膜(こまく)／時間
❷大きく／高く／強く／短く／細く／振動数／振幅

😊 ★の用語は，説明できるようになろう！

教科書の 図 □にあてはまる語句を，下の語群から選んで答えよう。

同じ語句を何度使ってもかまいません。

1 モノコードの弦の振動と音

教 p.236

●振幅と音の大きさ

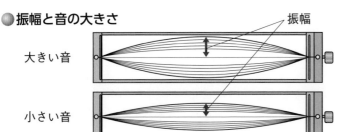

振幅

大きい音

小さい音

弦を強くはじく。
振幅が大きい。

弦を弱くはじく。
振幅が ① □ 。

●振動数と音の高さ

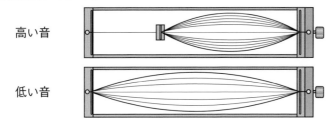

高い音

低い音

弦の長さが短い。
振動数が多い。

弦の長さが長い。
振動数が ② □ 。

2 オシロスコープの表示と音

教 p.236

●オシロスコープの波形

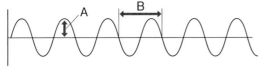

Aは ① □ を表す。
Bは振動1回の
② □ を表す。

大きい音   小さい音

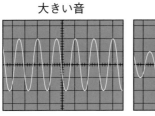 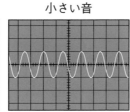

音の大小は ③ □ のちがい
により生じる。
大きい音は，小さい音より振幅が
④ □ 。

高い音   低い音

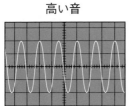 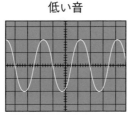

音の高低は ⑤ □ のちがい
により生じる。
高い音は，低い音より振動数が
⑥ □ 。

語群
1 少ない／小さい
2 振動数／振幅／多い／大きい／時間

わからない用語は，📖 教科書の 要点 の★で確認しよう！

エネルギー

解答▶p.28

定着のワーク　ステージ2　2章　音による現象

1 音の発生と伝わり方　右の図のように，同じ高さの音を出す音さA，Bを向かい合わせに置いた。次の問いに答えなさい。

(1) 音さのように，音を発生しているものを何というか。（　　　　　）

(2) 音を発生している音さは，どのようになっているか。
（　　　　　　　　）

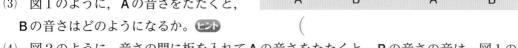

図1　　　図2

(3) 図1のように，Aの音さをたたくと，Bの音さはどのようになるか。 ヒント （　　　　　　　　　　）

(4) 図2のように，音さの間に板を入れてAの音さをたたくと，Bの音さの音は，図1のときと比べてどのようになるか。（　　　　　　　）

(5) Aの音さの振動をBの音さに伝えているものは何だとわかるか。（　　　　　　　）

2 音を伝えるもの　下の図のように，乾電池つきブザーを入れた容器に簡易真空ポンプをつないだ装置を用意した。これについて，あとの問いに答えなさい。

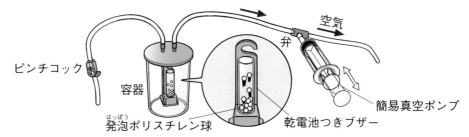

ピンチコック
容器
発泡ポリスチレン球
乾電池つきブザー
弁
空気
簡易真空ポンプ

記述

(1) 空気をぬいていくと，ブザーの音はどのようになるか。（　　　　　　　）

(2) 発泡ポリスチレン球は，何のために入れてあるか。簡単に答えなさい。 ヒント
（　　　　　　　　　　　　　　　　）

(3) 容器内に空気を入れていくと，ブザーの音はどのようになるか。（　　　　　　　）

(4) (1)，(3)のことから，音を伝えているのは何だとわかるか。（　　　　　　　）

3 音の速さ　打ち上げ花火が光ってから，850m離れた地点に音が聞こえるまでに2.5秒かかった。これについて，次の問いに答えなさい。ただし，光の速さは非常に速く，花火が光るのと同時に見えるものとする。

(1) 花火の音が伝わる速さは，何m/sか。（　　　　　　　）

(2) 固体や液体を音は伝わるか。　固体（　　　　　）液体（　　　　　）

(3) 音のように，振動が次々と伝わっていく現象を何というか。（　　　　　　　）

4 **音の大小と高低**　モノコードを使って，いろいろな音を出した。これについて，次の問いに答えなさい。

⑴　大きい音を出すためには，弦の振幅をどのようにすればよいか。　（　　　　　　）

⑵　大きい音を出すためには，弦をどのようにはじけばよいか。　（　　　　　　）

⑶　高い音を出すためには，弦の振動数をどのようにすればよいか。　（　　　　　　）

⑷　高い音を出すためには，弦の長さをどのようにすればよいか。　（　　　　　　）

⑸　高い音を出すためには，弦のはる強さをどのようにすればよいか。　（　　　　　　）

⑹　高い音を出すためには，弦の太さをどのようにすればよいか。　（　　　　　　）

⑺　振動数とは，何の数のことを表しているか。　（　　　　　　）

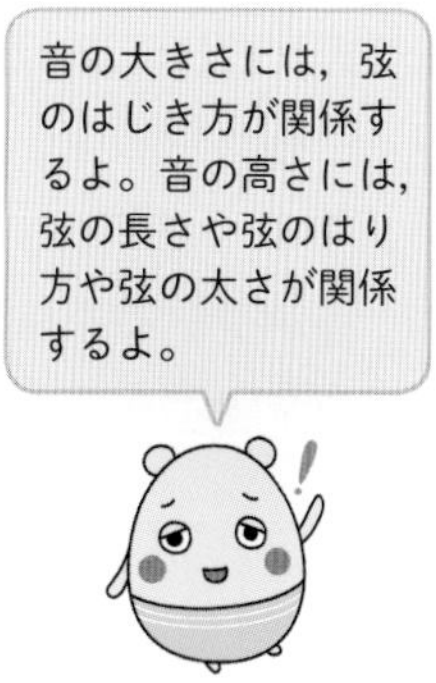
音の大きさには，弦のはじき方が関係するよ。音の高さには，弦の長さや弦のはり方や弦の太さが関係するよ。

エネルギー

5 [教] p.234 [実験4] **音のちがいと振動のようすの関係**　ある音を基準に，いろいろな音のようすをオシロスコープで調べた。下の図は，そのときの波形を表したものである。これについて，あとの問いに答えなさい。[ヒント]

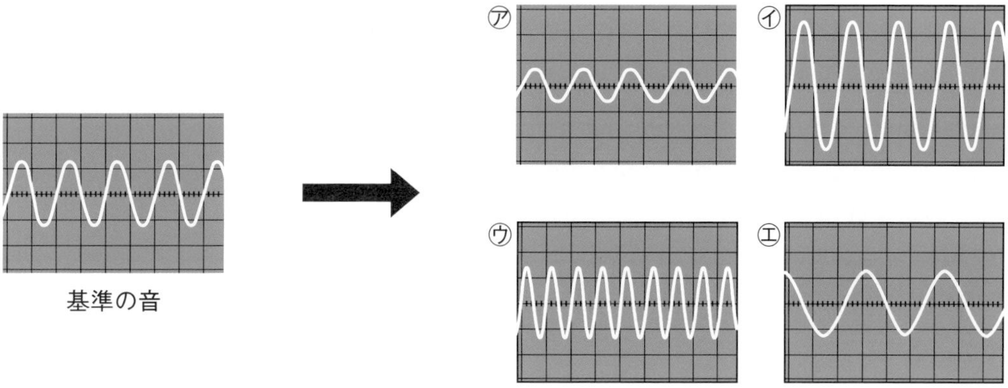
㋐
㋑
㋒
㋓
基準の音

⑴　基準の音よりも大きい音のようすを表しているものを，図の㋐～㋓から選びなさい。　（　　）

⑵　基準の音よりも高い音のようすを表しているものを，図の㋐～㋓から選びなさい。　（　　）

⑶　弦をはじいたときの音の大小や高低は，それぞれ弦の振動の何によって決まるか。

音の大小（　　　　　　）

音の高低（　　　　　　）

ヒントの森

5オシロスコープの波形で，縦軸は振動の振れ幅を表している。また，横軸の１目盛りの時間が同じとき，画面内の波の数が多いほど，音の振動する回数が多い。

実力判定テスト ステージ3　　　**2章　音による現象**　　　解答 ▶ p.28　30分　　/100

1 音の性質について，次の問いに答えなさい。　　　　　　　　　　5点×4（20点）

(1) 音を発生しているものを何というか。

(2) 音は，(1)がどのようになることで発生するか。

(3) 音が空気中を伝わるとき，空気は移動しているか。

(4) 音が聞こえるとき，空気の振動は耳の何というつくりを振動させるか。

(1)		(2)	
(3)		(4)	

2 右の図1のように，密閉容器の中に音を出している乾電池つきブザーを入れ，図2のように，簡易真空ポンプで中の空気をぬいていった。これについて，次の問いに答えなさい。

4点×5（20点）

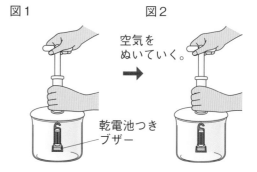

図1　　　図2　　　空気をぬいていく。　　　乾電池つきブザー

(1) 図1のとき，ブザーの音は聞こえるか。

(2) 容器内の空気を少しずつぬいていくと，ブザーの音の聞こえ方はどのようになるか。

(3) 容器内の空気を完全にぬいたとすると，ブザーの音の聞こえ方はどのようになると考えられるか。

(4) (3)の後，容器内に空気を入れていくと，ブザーの音の聞こえ方はどのようになるか。

(5) この実験から，どのようなことがわかるか。

(1)		(2)		(3)	
(4)		(5)			

3 右の図のように，発泡ポリスチレンの小球を浮かべた水面に，振動している音さをつけた。これについて，次の問いに答えなさい。　　　　　　　　　　　4点×3（12点）

(1) 水面の波紋はどのようになっていくか。

(2) 発泡ポリスチレンの小球は移動するか。

(3) 振動が次々と伝わっていく現象を何というか。

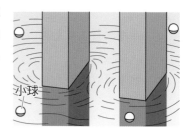

小球

(1)		(2)		(3)	

4 音の速さと性質について，次の問いに答えなさい。

5点×4（20点）

[記述]
(1) 雷(かみなり)の稲妻(いなづま)が見えてから音が聞こえるまでに，少し時間がかかるのはなぜか。

(2) 850m離れた山に向かって，ヤッホーと大声を出したら，5秒後にやまびこが返ってきた。このときの音の速さは何m/sか。

(3) 屋上で花火を見ていたところ，花火が見えてから2.2秒後に花火の音が聞こえた。花火を見ていた位置から花火までの距離は何mか。ただし，音の速さは(2)の値を用いること。

(4) 船の底から音を出すと，音は海底で反射して，2.4秒後に返ってきた。このとき船の底から海底までの距離は何mか。ただし，海水中での音の速さは1500m/sとする。

(1)		(2)		(3)		(4)	

[よく出る]

5 モノコードの弦をはじいたり，音さをたたいたりして，音の性質を調べた。これについて，次の問いに答えなさい。

4点×7（28点）

[レベルUP]
(1) 同じモノコードを使い，弦の長さとはり方を右の表のように変えてはじいた。もっとも高い音ともっとも低い音が出る弦を，㋐～㋓からそれぞれ選びなさい。

	㋐	㋑	㋒	㋓
弦の長さ	長い	長い	短い	短い
弦のはり方	弱い	強い	弱い	強い

(2) 図1は，モノコードをはじいたときの弦のようすである。図の矢印は何を表しているか。

(3) 図1で，音が大きいのはa，bのどちらか。

図1

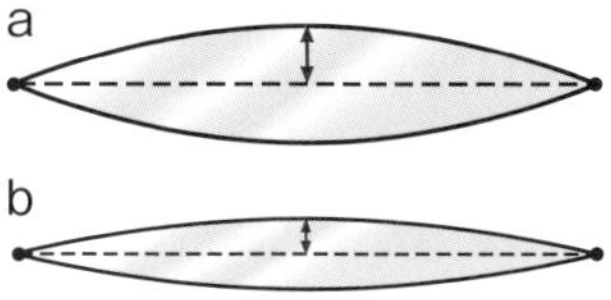

(4) 図2は，基準になる音さをたたいて，音の波形をオシロスコープで表示させたものである。オシロスコープで，次の㋐～㋒のように表示された音のうち，図2の音さと同じ音さをたたいて出した音の波形はどれか。

図2

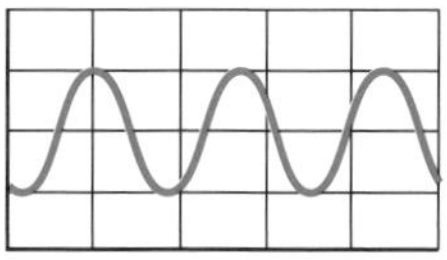

㋐

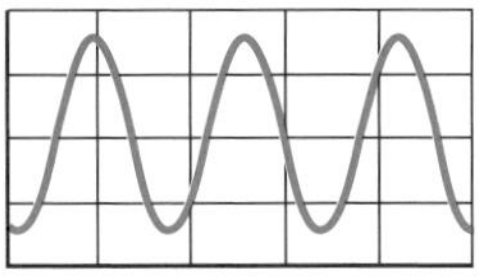

㋑

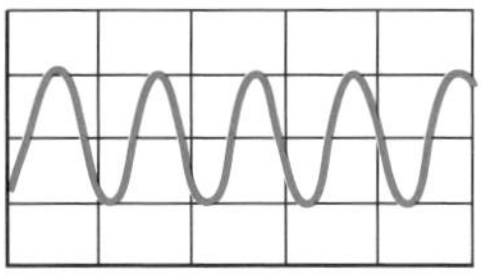

㋒

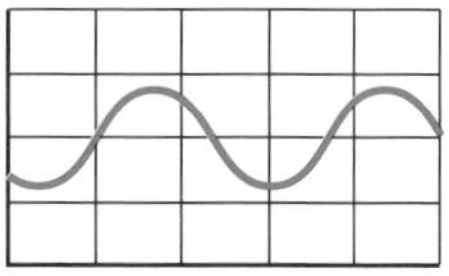

[作図]
(5) 図2のように表示された音と比べて，小さくて高い音の波形を，図3にかき入れなさい。

[作図]
(6) 図2のように表示された音と比べて，同じ大きさで低い音の波形を，図4にかき入れなさい。

図3

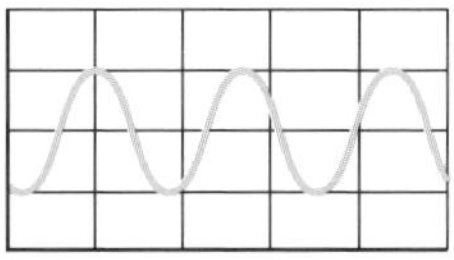

図4

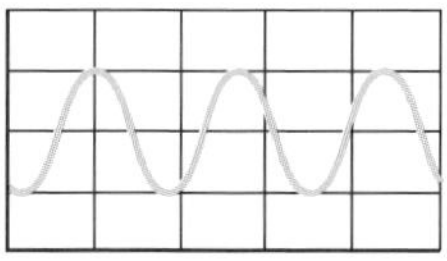

(1)	高い音		低い音		(2)		(3)		(4)	
(5)	図3に記入		(6)	図4に記入						

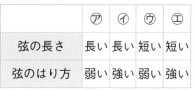

解答 p.29

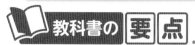

確認のワーク ステージ1

3章　力による現象(1)

教科書の要点

同じ語句を何度使ってもかまいません。

(　　)にあてはまる語句を，下の語群から選んで答えよう。

1 力のはたらき

教 p.239〜240

(1) 力には，次のようなはたらきがある。

・物体を(①　　　　)させる。

・物体の(②　　　　)(速さや向き)を変える。

・物体を(③　　　　)。

(2) 物体が(1)のどれかの状態になっているとき，その物体には(④　　　　)がはたらいている。

(3) 変形したものがもとにもどろうとして生じる力を(⑤★　　　　)(弾性の力)という。

(4) 地球が物体を**地球の中心に向かって引く力**を(⑥★　　　　)という。

└この方向を，その場所での鉛直方向という。

(5) 物体にはたらく重力の大きさを(⑦★　　　　)という。

(6) 磁石の極と極の間にはたらく力を(⑧★　　　　)という。

(7) プラスチックの下じきに紙片や髪の毛がくっつくときなどにはたらく力を(⑨★　　　　)(**電気の力**)という。

2 力の大きさのはかり方

教 p.241〜246

(1) 力の大きさを表す単位には，(①★　　　　)(記号N)を使う。約100gの物体にはたらく重力の大きさは1Nである。

(2) ばねののびは，ばねを引く力の大きさに**比例**する。このことを(②★　　　　)という。

└力の大きさとばねののびの関係を表すグラフは，原点を通る比例のグラフになる。

3 重さと質量

教 p.247〜248

(1) 重力の大きさである**重さ**は，はかる場所によって値が異なるが，物体そのものの量である(①★　　　　)は，場所が変わっても値が変わらない。

(2) **質量**の単位には，(②　　　　)(記号g)やキログラム(記号kg)を使う。

└1kg = 1000g

(3) 上皿てんびんではかった物体の質量は，地球上でも月面上でも(③　　　　)が，ばねばかりではかった物体の重さは，月面上では地球上の約(④　　　　)になる。

└物体の重力の大きさ。

まるごと暗記

力のはたらき

● 物体を**変形**させる。

● 物体の**動き**を**変える**。

● 物体を**支える**。

ワンポイント

重力，磁力，電気力は，物体どうしが離れていてもはたらく力である。

今後この本では，質量100gの物体にはたらく重力の大きさを1Nとして考えます。

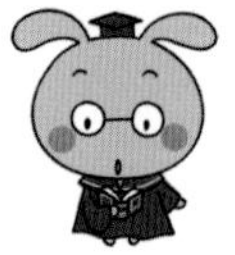

プラスα

質量100gの物体にはたらく重力の大きさは正確には約0.98Nである。

まるごと暗記

重さと質量

● 重さ

物体にはたらく**重力の大きさ**。

● 質量

物体**そのものの量**。

語群

1 磁力／重力／電気力／弾性力／重さ／力／支える／動き／変形

2 フックの法則／ニュートン　3 変化しない／質量／グラム／$\frac{1}{6}$

★の用語は，説明できるようになろう！

同じ語句を何度使ってもかまいません。

教科書の 図 □にあてはまる語句を，下の語群から選んで答えよう。

1 いろいろな力

教 p.240

① □　　　弾性力　　　磁力　　　② □

ボールを地球の中心に向かって引く力

変化した物体がもとにもどろうとして生じる力

磁石の極と極の間にはたらく力

プラスチックの下じきに紙片がくっつくときにはたらく力

2 力の大きさとばねののび

教 p.241〜246

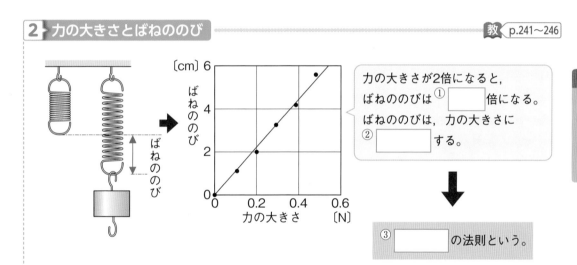

力の大きさが2倍になると，ばねののびは① □倍になる。
ばねののびは，力の大きさに② □する。

③ □の法則という。

3 重さと質量

教 p.248

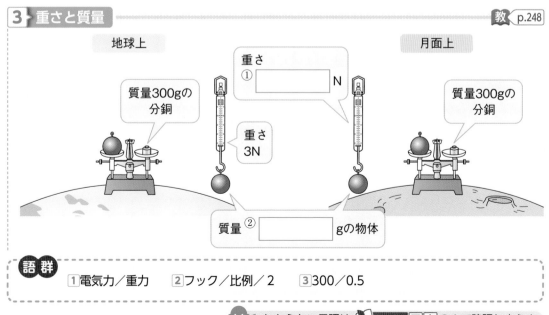

地球上　　　　　　　　　　　　　月面上

質量300gの分銅

重さ① □ N

重さ3N

質量300gの分銅

質量② □gの物体

語群
1 電気力／重力　　2 フック／比例／2　　3 300／0.5

わからない用語は，教科書の 要点 の★で確認しよう！

定着のワーク ステージ2　3章　力による現象(1)−①

1 **力のはたらき**　下の図の①〜③は，物体に力がはたらいたときのようすを表したものである。それぞれ，物体をどのようにする力がはたらいたか。あとのア〜ウから選びなさい。

ヒント

①(　　　)　②(　　　)　③(　　　)

① 左右に引く。

② バケツを持つ。

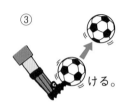

③ ける。

ア　物体を変形させる。　　イ　物体を支える。　　ウ　物体の動きを変える。

2 **いろいろな力**　物体どうしにはたらく力について，次の問いに答えなさい。

(1)　手にもっているボールをはなすと，ボールはどのようになるか。（　　　　　　）

(2)　(1)のようになるのは，ボールに何という力がはたらいているからか。（　　　　　　）

(3)　(2)の力は，地球上のすべての物体にはたらいているか。（　　　　　　）

(4)　(2)の力は，物体を地球のどこへ向かって引っぱっているか。ヒント（　　　　　　）

(5)　ばねにおもりをつり下げると，ばねが変形した。変形したばねがもとにもどろうとして生じる力を何というか。（　　　　　　）

(6)　物体が大きく変形するほど，(5)の力の大きさはどうなるか。（　　　　　　）

(7)　磁石のN極とN極の間には，どのような力がはたらくか。次のア，イから選びなさい。

ヒント（　　　　　　）

ア　引き合う力　　イ　しりぞけ合う力

(8)　磁石のN極とS極の間には，どのような力がはたらくか。(7)のア，イから選びなさい。

ヒント（　　　　　　）

(9)　プラスチックの下じきに紙片や髪の毛がくっついてもち上がるのは，何という力がはたらいているからか。（　　　　　　）

(10)　(9)の力は，物体どうしが離れていてもはたらく力であるといえるか。（　　　　　　）

ヒントの森　❶力のはたらきは，3つに整理することができる。　❷(4)この方向を，その場所での鉛直方向という。(7)(8)磁石のN極とS極は離れていても，引き合ったりしりぞけ合ったりする。

③ **力の大きさ**　重力と力の大きさについて，次の問いに答えなさい。

(1)　右の図のように，ばねばかりにおもりをつるすと，ばねばかり
のばねがのびた。このとき，おもりにはたらいている下向きの力
を何というか。　　　　　　　　　　　　　　（　　　　　　）

(2)　力の大きさを表す単位を何というか。
　　　　　　　　　　　　　　　　（　　　　　　　　　）

(3)　(2)の単位を表す記号を答えなさい。　　（　　　　　　）

(4)　ばねばかりにつるすおもりの数をふやすと，おもりがばねを引
く力の大きさはどのようになるか。 ヒント
　　　　　　　　　　　　　　　（　　　　　　　　　）

(5)　(4)のとき，ばねののびはどのようになるか。 ヒント （　　　　　　　　　　　　）

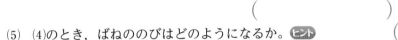

④ **グラフのかき方**　グラフのかき方について，次の問いに答えなさい。

(1)　観察や実験での測定値が，真の値に対してわずかにずれてしまうことがある。このずれ
を何というか。　　　　　　　　　　　　　　　　　　　　　（　　　　　　　　）

(2)　目分量で測定値を読みとるとき，(1)のずれを小さくするための注意点として正しいもの
を，次のア，イから選びなさい。　　　　　　　　　　　　　　　　　（　　　　）

　ア　1回だけ測定する。

　イ　くり返し測定して，平均をとる。

(3)　グラフ用紙の縦軸と横軸にとるものを，次のア～ウから
それぞれ選びなさい。　　　　　　　　　縦軸（　　　）
　　　　　　　　　　　　　　　　　　　　横軸（　　　）

　ア　結果として得られた量

　イ　変化させた量

　ウ　決まりはない。

> グラフにすると，変化
> のようすがわかりやす
> いね。

(4)　グラフの線を引くときの説明として，正しいものには○，
まちがっているものには×をつけなさい。 ヒント

　①（　　　）測定値の点の並びぐあいを見て，直線か曲線か判断する。

　②（　　　）測定値の点の並びぐあいにかかわらず，すべての測定値の点を通る折れ線で線
を引く。

　③（　　　）直線と判断したときは，原点を通るかどうかは考えなくてよい。

　④（　　　）直線と判断したときは，ものさしの辺の上下に測定値の点が同じぐらいに散ら
ばるように直線を引く。

　⑤（　　　）曲線と判断したときは，すべての測定値の点を通るようになめらかな曲線を引
く。

　⑥（　　　）グラフは最小の測定値から最大の測定値の間を線で結ぶようにする。

❸(4)(5)ばねに加える力の大きさが大きくなると，ばねののびは大きくなる。
❹(4)グラフが原点を通る直線になるのは，縦軸の量と横軸の量が比例するときである。

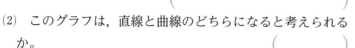

解答 ▶ p.30

3章　力による現象(1)−②

1 グラフのかき方　右の図は，あるばねを引く力の大きさとばねののびの関係について調べ，その測定値をグラフ用紙に・で記入したものである。これについて，次の問いに答えなさい。

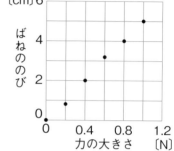

(1)　変化させた値は，力の大きさとばねののびのどちらか。

（　　　　　　　　　）

(2)　このグラフは，直線と曲線のどちらになると考えられるか。（　　　　　　　　）

（3)　グラフの線を右の図にかき入れなさい。

(4)　グラフのようすから，ばねを引く力の大きさとばねののびは比例しているといえるか。 ヒント （　　　　　　　）

2 教 p.242 実験5 **力の大きさとばねののびの関係**　図1のようにして，ばねA，Bにおもりをつるしたときのばねののびを調べた。表は，ばねAの実験結果をまとめたものである。図2のグラフは，ばねBにはたらく力の大きさとばねBののびの関係を表している。これについて，次の問いに答えなさい。

(1)　ばねAの実験結果を図2のグラフに表しなさい。ただし，おもり1個の質量は100gとする。

図1

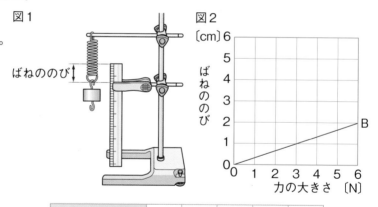

(2)　グラフから，ばねののびとばねにはたらく力の大きさには，どのような関係があるといえるか。次のア〜ウから選びなさい。（　　　　）

ア　比例する。

イ　反比例する。

ウ　関係はない。

おもりの数〔個〕	1	2	3	4	5
ばねAののび〔cm〕	0.9	2.0	3.1	4.0	5.1

(3)　(2)のような，ばねののびとばねにはたらく力の関係を，何の法則というか。

（　　　　　　　　　　　　　）

(4)　ばねAを2.5cmのばすには，何Nの力が必要か。 ヒント （　　　　　　）

(5)　ばねBに質量450gのおもりをつるすと，のびは何cmになるか。 ヒント （　　　　　）

(6)　同じ力を加えたとき，ばねののびが大きいのは，ばねA，Bどちらか。 ヒント （　　　　　）

 ヒントの森 ❶(4)比例のグラフは，原点を通る直線である。　❷(4)(5)ばねにはたらく力の大きさとばねののびの関係を利用して計算する。(6)グラフから，同じ力を加えたときのばねののびを比べる。

❸ 重さと質量　次の図のように，地球上と月面上で，質量420gの物体Aを，上皿てんびんとばねばかりでそれぞれはかった。これについて，あとの問いに答えなさい。

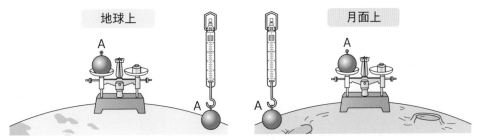

(1)　このとき上皿てんびんは，それぞれ何gの分銅とつり合うか。

地球上（　　　　　　　）　月面上（　　　　　　　）

(2)　このときばねばかりは，それぞれ何Nを示すか。ただし，月面上の重力は，地球上の$\frac{1}{6}$とする。

地球上（　　　　　　　）　月面上（　　　　　　　）

(3)　重さと質量の説明として，正しいものには○，まちがっているものには×をつけなさい。

①（　　　）ばねばかりではかることができるのは，物体の質量である。

②（　　　）上皿てんびんではかることができるのは，物体の質量である。

③（　　　）はかる場所が変わっても，物体の重さは変わらない。

レベルUP ❹ 力の大きさとばねののび　図1のように，2つのばねA，Bにそれぞれおもりをつるし，ばねに加える力の大きさとばねの長さの関係を調べた。表はその結果をまとめたものである。これについて，あとの問いに答えなさい。

図1

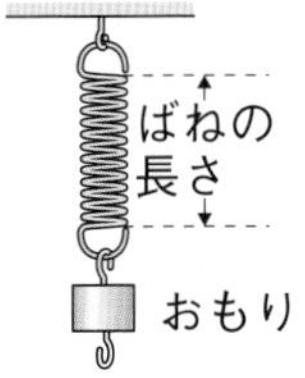

力の大きさ〔N〕	0.25	0.50	0.75	1.00	1.25	1.50
ばねAの長さ〔cm〕	5.0	7.0	9.0	11.0	13.0	15.0
ばねBの長さ〔cm〕	5.0	6.0	7.0	8.0	9.0	10.0

図2

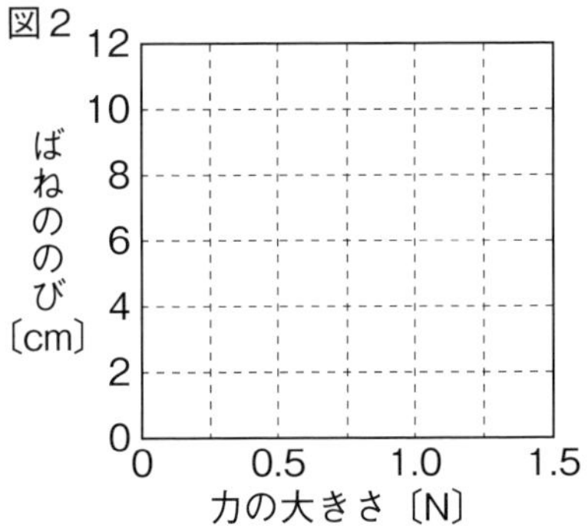

(1)　おもりをつるしていないときの，ばねA，ばねBの長さはそれぞれ何cmか。**ヒント**

ばねA（　　　　　　　）

ばねB（　　　　　　　）

(2)　ばねAとばねBについて，ばねに加えた力の大きさとばねののびの関係を表したグラフを，それぞれ図2にかきなさい。

(3)　ばねに1.25Nの力を加えたとき，ばねA，ばねBのそれぞれののびは何cmか。

ばねA（　　　　　　　）　ばねB（　　　　　　　）

❹(1)力の大きさが0.25N大きくなるごとに，ばねAの長さは2.0cmずつ，ばねBの長さは1.0cmずつ長くなっている。

解答　p.31

実力判定テスト　ステージ3　**3章　力による現象(1)**

30分　　/100

1 下の図は，物体に力がはたらいたときに見られる現象である。これらは，あとのア〜ウのどれに分類されるか。それぞれ記号で答えなさい。

5点×4（20点）

①

ボールを受ける。

②
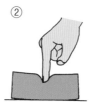
スポンジを押す。

③

荷物を持つ。

④

ボールを転がす。

ア　物体を変形させる。

イ　物体を支える。

ウ　物体の動きを変える。

①	②	③	④

2 ばねA，Bにおもりをつるし，ばねののびと力の大きさとの関係を調べたところ，ばねAの結果は右のグラフのようになった。これについて，次の問いに答えなさい。　5点×9（45点）

(1) おもり1個の質量は10gであった。おもり4個にはたらく重力の大きさは何Nか。

(2) 下の表は，ばねBの結果である。これを右のグラフに表しなさい。

おもりの数〔個〕	1	2	3	4	5	6
ばねののび〔cm〕	1.9	3.9	6.1	8.0	10.1	12.0

(3) ばねを引く力の大きさとばねののびは，どのような関係にあるか。

(4) (3)の関係を何の法則というか。

(5) 同じ力を加えたとき，ばねののびが大きいのは，ばねAとばねBのどちらか。

(6) ばねBにある物体をつるしたところ，ばねののびは5.0cmであった。この物体にはたらく重力の大きさは何Nか。

(7) ばねAののびが9.0cmになるとき，ばねAにはたらく力の大きさは何Nか。

(8) 地球上である物体の重さをはかったところ，12Nであった。この物体の月面上での質量と重さはそれぞれいくらになるか。ただし，月面上の重力は地球上の$\frac{1}{6}$とする。

(1)		(2)	図に記入	(3)		(4)	
(5)		(6)		(7)		(8) 質量	重さ

3 おもりとばねののびの関係を調べるために，次のような実験を行った。これについて，あとの問いに答えなさい。

5点×7（35点）

> **実験1**
> ① 100gのおもりAと，150gのおもりBをそれぞれ5個ずつ用意し，図1のように，ものさしの X cmの位置をばねの先端に合わせた装置を用意した。
> ② 図2のように，ばねにおもりAを1個つるし，ばねののびを測定した。次に，ばねにつるすおもりAを1個ずつ5個になるまでふやし，ふやすごとにばねののびをそれぞれ測定した。
> ③ ②と同様に，ばねにおもりBを1個つるし，ばねののびを測定した。次に，ばねにつるすおもりBを5個になるまでふやし，ふやすごとにばねののびをそれぞれ測定した。
> ④ 図3は，測定した結果をグラフに表したものである。
>
> **実験2**
> 実験1で用いた装置に，おもりAとおもりBをそれぞれ1個以上用いて，いろいろな組み合わせでばねにつるし，ばねののびを調べた。

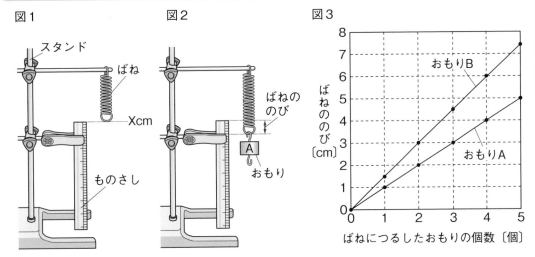

(1) 実験1の X に入る数字は何か。

(2) ばねののびとばねにはたらく力の大きさにはどのような関係があるといえるか。

(3) 実験1で，おもりAを1個ふやすと，ばねは何cmのびるか。

(4) 実験1で，おもりBを1個ふやすと，ばねは何cmのびるか。

(5) 実験2で，おもりAを3個，おもりBを4個つるすと，ばねののびは何cmになるか。

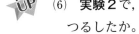
(6) 実験2で，ばねののびが5cmになったとき，おもりAとおもりBはそれぞれ何個ずつつるしたか。

(1)		(2)		(3)		(4)	
(5)		(6) A		B			

解答 p.31

確認のワーク ステージ1 3章 力による現象(2)

教科書の要点

同じ語句を何度使ってもかまいません。

(　　)にあてはまる語句を，下の語群から選んで答えよう。

1 力の表し方

教 p.249〜251

(1) **力のはたらく点**を(①★　　　　)といい，**力の大きさ**，**力の向き**と合わせて，**力の三要素**という。（矢印で表す。）

(2) 矢印を使った力の表し方

・(②　　　　)を「・」ではっきりと表す。

・矢印は，**作用点**から力がはたらく向きにかく。

・矢印の長さは，力の大きさに(③　　　　)させる。

(3) 物体にはたらく力の見つけ方と表し方

・どの物体にはたらく力を考えるか，はっきり決める。

・物体にはたらいている力と，力の(④　　　　)を見つける。

・物体の動きや支えられている(⑤　　　　)を考えて，力の矢印の向きを考える。（同一直線上の矢印が重なるとき，矢印は少しずらしてかく。）

・力の大きさに比例した(⑥　　　　)の矢印をかく。

(4) 面ではたらく力や重力を矢印で表すときは，接する面の中心や物体の中心を(⑦　　　　)として，1本の矢印でかく。（1本に代表させる。）

2 1つの物体に2つの力がはたらくとき

教 p.252〜255

(1) 1つの物体に2つ以上の力がはたらいていて，物体が動かないとき，物体にはたらく力は(①★　　　　)という。

(2) 2力がつり合う条件

・2力の(②★　　　　)が**等しい**。

・2力の(③★　　　　)が**反対**である。

・2力は同一(④★　　　　)にある(**作用線**が一致する)。

(3) (2)の3つの条件の1つでも欠けると，2力はつり合わないので，その物体は(⑤　　　　)。

(4) 物体どうしがふれ合う面で，物体が動こうとする向きと反対向きにはたらく力を(⑥★　　　　)という。

(5) 机の上に置いた物体は，物体にはたらく**重力**と，机の面から物体にはたらく(⑦★　　　　)がつり合っている。

(6) **垂直抗力**は，物体が面を押すとき，面から物体に対して垂直に，重力と同じ(⑧　　　　)ではたらく。

語群

①作用点／向き／比例／長さ

②大きさ／動く／向き／摩擦力／直線上／つり合っている／垂直抗力

★の用語は，説明できるようになろう！

まるごと暗記

力の三要素

- 作用点
- 力の大きさ
- 力の向き

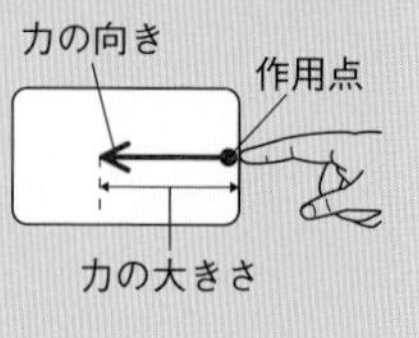

この本の説明では，作用点は，力を加えられている物体側によせてかいているよ。

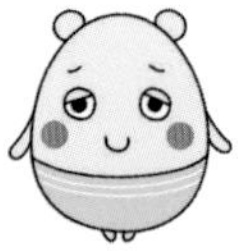

ワンポイント

2力がつり合うには，2力がつり合う3つの条件すべてが必要である。

まるごと暗記

2力がつり合う条件

- 2力の大きさが等しい
- 2力の向きが反対
- 2力は同一直線上（作用線が一致）

プラスα

作用線は，作用点を通って力の方向に引いた直線のことである。

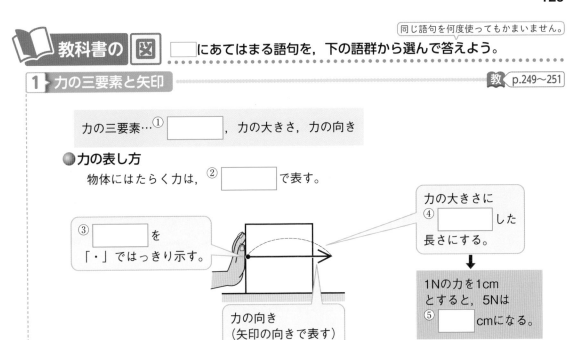

教 p.249〜251

力の三要素…① [　]，力の大きさ，力の向き

●力の表し方

物体にはたらく力は，② [　]で表す。

③ [　]を「・」ではっきり示す。

力の大きさに④ [　]した長さにする。

1Nの力を1cmとすると，5Nは⑤ [　]cmになる。

力の向き（矢印の向きで表す）

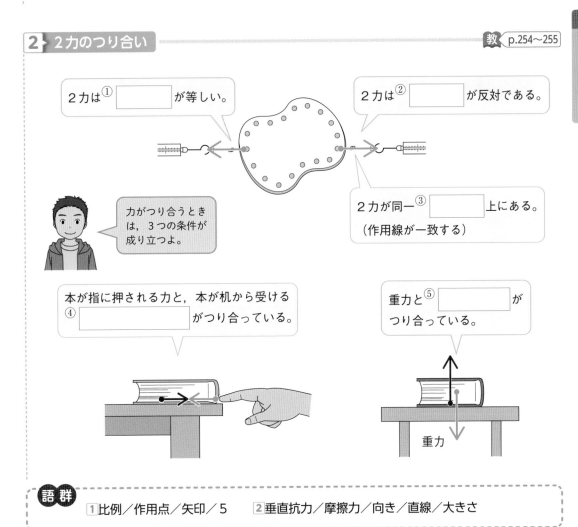

教 p.254〜255

2力は① [　]が等しい。

2力は② [　]が反対である。

2力が同一③ [　]上にある。（作用線が一致する）

力がつり合うときは，3つの条件が成り立つよ。

本が指に押される力と，本が机から受ける④ [　]がつり合っている。

重力と⑤ [　]がつり合っている。

重力

語群

1 比例／作用点／矢印／5　　2 垂直抗力／摩擦力／向き／直線／大きさ

わからない用語は，教科書の要点の★で確認しよう！

エネルギー

解答 p.32

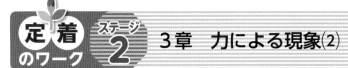

定着のワーク　ステージ **2**　**3章　力による現象(2)**

① **力の表し方**　力の表し方について，次の問いに答えなさい。

(1) 右の図1の⑦〜⑦は，それぞれ力の何を表しているか。
⑦(　　　　　　　　　)
⑦(　　　　　　　　　)
⑦(　　　　　　　　　)

図1
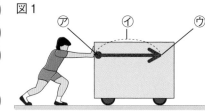

(2) (1)の3つを合わせて力の何というか。
(　　　　　　　　　)

(3) 図2で，1Nの力を1cmの長さで表すとき，**A**の長さは何cmになるか。 ヒント (　　　　　　　　　)

(4) 図2で，**B**の矢印が表す力の大きさは何Nか。
ヒント (　　　　　　　　　)

図2
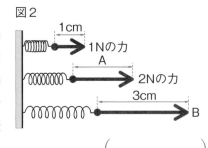

(5) 質量1.5kgの物体を支える力を表すとき，力の矢印は，上，下のどちら向きになるか。 (　　　　　　　　　)

(6) 質量1.5kgの物体にはたらく重力は何cmの矢印で表されるか。ただし，1Nの力の大きさを1cmで表すものとする。 ヒント
(　　　　　　　　　　　　　　　)

② **力の表し方**　いろいろな力の表し方について，次の問いに答えなさい。 ヒント

作図

(1) 力がはたらく点を ● として，次の力をそれぞれ矢印で表しなさい。ただし，1目盛りを2Nとする。

① おもりにはたらく4Nの重力

② おもりがばねを引く6Nの力

③ 台と平行な方向に，指で本を押す2Nの力

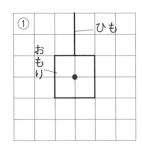
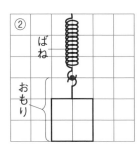
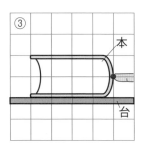

(2) (1)③で，台と平行な方向に8Nの力で本を押した。8Nを表す力の矢印は，何目盛りになるか。
(　　　　　　　　　)

(3) 力の矢印の長さは，力の大きさに比例しているといえるか。 (　　　　　　　　　)

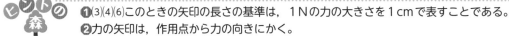
ヒントの森　**①**(3)(4)(6)このときの矢印の長さの基準は，1Nの力の大きさを1cmで表すことである。
②力の矢印は，作用点から力の向きにかく。

3 教 p.253 実験 6 **2力がつり合うための条件** 図1のように，穴をあけて糸とばねばかりをつけた厚紙を，両側から水平に引いた。図2は，厚紙が動かなくなったときのようすを表したものである。これについて，あとに問いに答えなさい。ただし，厚紙や糸の重さ，摩擦力はないものとする。

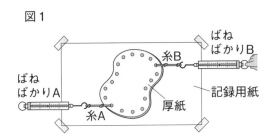
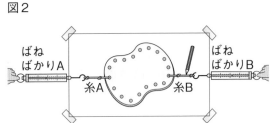

(1) 図2で，厚紙にはたらいている力について，次の文の（　）にあてはまる言葉や数字を，あとの〔　〕から選んで答えなさい。

①（　　　　　　）②（　　　　）③（　　　　　　）

　厚紙にはたらく力は，ばねばかりＡが引く力と（　①　）が引く力の（　②　）つで，これらの力は（　③　）いる。

〔　ばねばかりＢ　　糸　　手　　１　　２　　３
　　かたよって　　つり合って　　強め合って　〕

(2) 1つの物体にはたらく2力がつり合うときの3つの条件は何か。次の文の（　）にあてはまる言葉を答えなさい。

①（　　　　　　）②（　　　　　　）③（　　　　　　）

　2力の大きさが（　①　），向きが（　②　）で，同一（　③　）上にあること。

4 **力のつり合い**　図1は机の上に置いた本にはたらく重力を，図2はばねにつるしたおもりにはたらく重力を，力の矢印で表したものである。これについて，次の問いに答えなさい。

 (1) 図1で，本にはたらく重力とつり合う力を，図1に1cmの矢印で表しなさい。ヒント

(2) (1)の力は，何とよばれる力か。ヒント

（　　　　　　　　　　）

(3) (1)の力は，何から何にはたらく力か，簡単に答えなさい。

（　　　　　　　　　　）

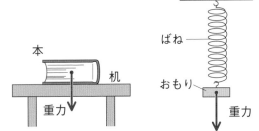

 (4) 図2で，おもりにはたらく重力とつり合う力を，図2に1cmの矢印で表しなさい。ヒント

(5) (4)の力は，何が何を引く力か，簡単に答えなさい。

（　　　　　　　　　　）

 4(1)(4)2つの矢印が重なって見にくいときは，少しだけずらしてかいてもよい。(2)接した面から，面に垂直な方向にはたらく力である。

解答 ▶ p.32

実力判定テスト ステージ **3** **3章 力による現象(2)** **30**分 /100

 ① 物体にはたらく力を表す矢印について，次の問いに答えなさい。 5点×6(30点)

(1) 力の三要素とは何か。すべて答えなさい。

(2) 図1で，ばねを1cm引くのに必要な力の大きさは2Nであった。a，bのときの力の大きさはそれぞれ何Nか。

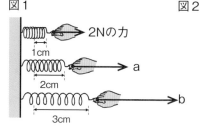

図1

(3) 質量3kgの物体にはたらく重力を1目盛りを10Nとして図2に表しなさい。

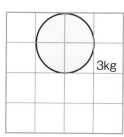

図2 3kg

(1)		
(2) a	b	(3) 図2に記入

② 右の図のように，机の上に置かれた箱を右向きに押したが，箱は動かなかった。矢印は，箱を押したときの力の大きさや向きを表したものである。これについて，次の問いに答えなさい。 5点×3(15点)

(1) 箱を押しても動かなかったのは，箱と机のふれ合う面で何という力がはたらいたからか。

(2) (1)の力がはたらく向きを，次のア〜エから選びなさい。

ア 右向き イ 左向き ウ 上向き エ 下向き

(3) 机の上に置いた箱が静止しているとき，箱にはたらく重力とつり合うように，机から箱にはたらく力を何というか。

箱
机

(1)	(2)	(3)

③ 次の(1)〜(3)の力を，1Nの力を1cmとして，それぞれ矢印で表しなさい。 5点×3(15点)

(1)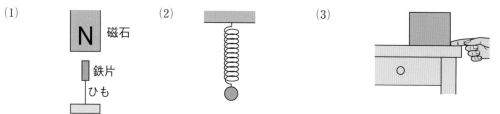

N 磁石

鉄片

ひも

(2)

(3)

鉄片を磁石が引く0.5Nの力

物体をばねが引く1.3Nの力

物体を左向きに押したときに物体にはたらく2.5Nの摩擦力

※ 1cm とする。

(1)〜(3)	図に記入

4 リングに2本の糸をつけて，図1のように糸をつけたばねばかりでリングを引いた。ばねばかりA，ばねばかりBをそのまま引き続けると，図2のようにリングが静止した。これについて，あとの問いに答えなさい。ただし，リングの重さや摩擦力はないものとする。

5点×3（15点）

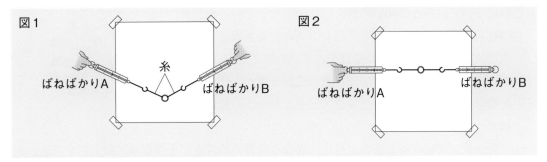

(1) 図2で，ばねばかりAの引く力とばねばかりBの引く力の向きはどうなっているか。

📝記述 (2) 図2で，ばねばかりAが1.5Nを示した。ばねばかりBは何Nを示すか。また，その理由を答えなさい。

(1)		(2)値	
(2)理由			

5 力のつり合いについて，次の問いに答えなさい。

5点×5（25点）

📐作図 (1) 次の①～③の力を，0.5Nを1目盛り，●を作用点として，力の矢印で表しなさい。

① 水平な机の上に置いた本にはたらく重力2Nとつり合う力

② 表面がなめらかな本だなに入れた本を押したとき，指に押される力0.5Nとつり合う力

③ 天井からつり下げた照明にはたらく重力1Nとつり合う力

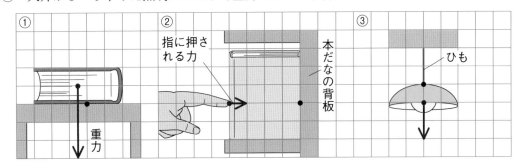

(2) (1)の②の力は，どのような力か。次のア～ウから選びなさい。

ア 本だなの背板が本から受ける力　　イ 本が本だなの背板から受ける力

ウ 本だなの背板が指から受ける力

(3) (2)の力を何というか。次の〔 〕から選びなさい。

〔 重力　　垂直抗力　　摩擦力　　張力 〕

(1)	図に記入	(2)		(3)	

エネルギー

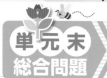

解答 p.33

単元末総合問題 エネルギー 光・音・力による現象

40分

/100

1 焦点距離10cmの凸レンズを使って，次の実験を行った。これについて，あとの問いに答えなさい。 5点×6（30点）

〈実験〉右の図のような装置で，凸レンズの位置を固定した。次に，物体とスクリーンの位置をいろいろ変えて，スクリーンにはっきりとした像が映るときの位置を調べ，凸レンズと物体の距離X，および凸レンズとスクリーンの距離Yをはかった。

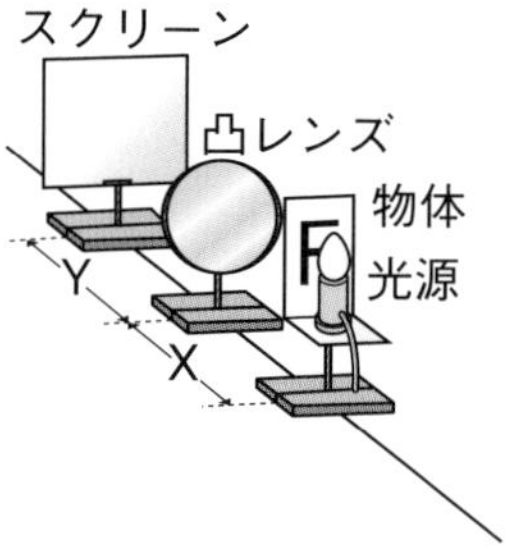

(1) 光がレンズに入るときのように，異なる物質の境界面に光がななめに入射すると，光が曲がる。この現象を何というか。

[記述] (2) 凸レンズの焦点とは，どのような点をいうか。

(3) スクリーンに映った像を，光源を置いた側から観察すると，どのように見えるか。次の㋐〜㋓から選びなさい。

㋐ ㋑ ㋒ ㋓

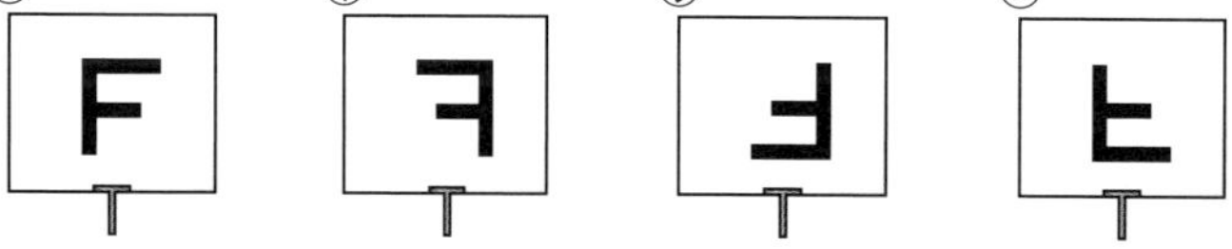

(4) 距離Xを長くしていくとき，次の①，②に答えなさい。

① 距離Yはどのようになっていくか。

② 像の大きさはどのようになっていくか。

(5) 像と物体が同じ大きさになるときの距離Xは何cmか。

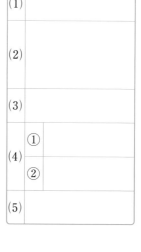

1

(1)		
(2)		
(3)		
(4)	①	
	②	
(5)		

2 図1，2は，モノコードの弦をはじいたときの音をマイクで波形に変えてオシロスコープで表したものである。それぞれの図の横軸は時間の経過，縦軸は振動の振れ幅を表すものとして，あとの問いに答えなさい。 5点×2（10点）

図1

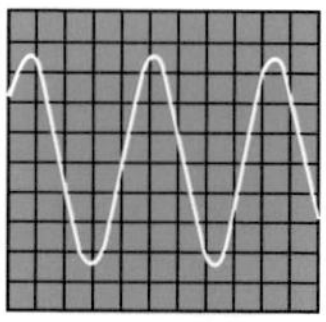

図2

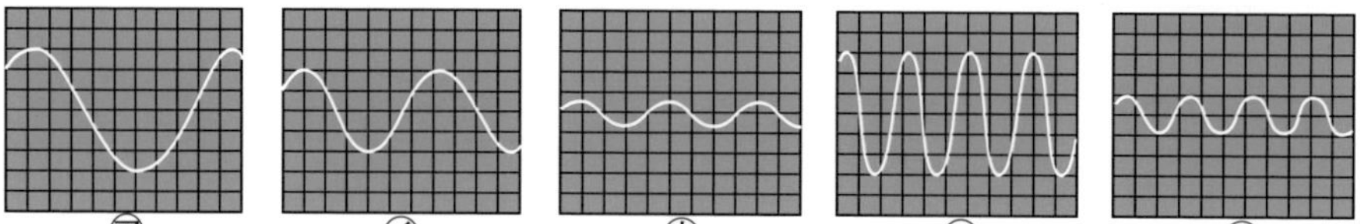

㋐ ㋑ ㋒ ㋓ ㋔

(1) 図1の状態から，少し時間が経過したときに観察されるものはどれか。もっとも適当なものを図2の㋐〜㋔から選びなさい。

(2) 図1のモノコードの弦のはり方を少し強くして弦をはじいたときに観察されるものはどれか。図2の㋐〜㋔からすべて選びなさい。

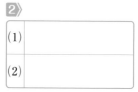

2

(1)	
(2)	

目標 光の性質や凸レンズの特徴，音の性質と波形の特徴，フックの法則，力の表し方や力のつり合いについて理解し，説明できるようにしよう。

自分の得点まで色をぬろう！

😣がんばろう！	😊もう一歩	😄合格！
0	60	80	100点

③ 質量300gの物体について，次の問いに答えなさい。ただし，月面上の重力は，地球上の重力の6分の1とする。

5点×6（30点）

(1) 地球上で，この物体をばねばかりではかると，ばねばかりは何Nを示すか。

(2) 地球上で，この物体を上皿てんびんではかると何gの分銅とつり合うか。

(3) 月面上で，この物体をばねばかりではかったとすると，ばねばかりは何Nを示すか。

(4) 月面上で，この物体を上皿てんびんではかったとすると，何gの分銅とつり合うか。

(5) ばねばかりでは，物体の何をはかることができるか。

(6) 物体そのものの量をはかることができるのは，ばねばかりと上皿てんびんのどちらか。

③

(1)	
(2)	
(3)	
(4)	
(5)	
(6)	

④ 次の図について，あとの問いに答えなさい。

5点×6（30点）

エネルギー

図1
図2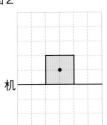
図3
図4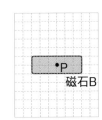

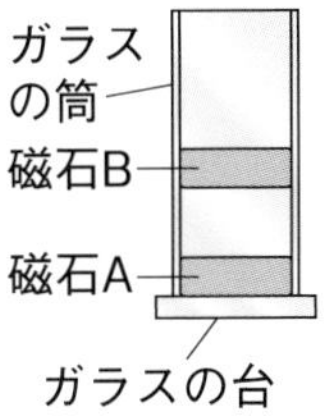

図2には「机」の表示，図3には「ガラスの筒」「磁石B」「磁石A」「ガラスの台」の表示，図4には「・P」「磁石B」の表示がある。

 (1) 図1は，机の上に質量が200gの物体が置かれているようすを表したものである。この物体にはたらく重力を，図2に矢印で表しなさい。ただし，・を作用点とし，1目盛りは0.5Nとする。

(2) 机の上の物体が動かないのは，机から物体に何という力がはたらいているからか。

 (3) (2)の力を，図2に矢印で表しなさい。

(4) 図2で，重力と(2)の力は，つり合っているか。

(5) 図3は，質量が40gの磁石A，Bをガラスの筒の中に入れ，磁石Bが浮いて静止したときのようすを表したものである。

① 磁石の同じ極どうしには，どのような力がはたらくか。

 ② 磁石Bが磁石Aから受ける0.4Nの力を，図4にかき入れなさい。ただし，点Pを作用点とし，1目盛りは0.1Nとする。

④

(1)	図2に記入
(2)	
(3)	図2に記入
(4)	
(5)①	
(5)②	図4に記入

😊 終わったら後ろの，⑥，⑧，⑨，⑩，⑪をやろう。

解答 p.34

プラスワーク 理科の力をのばそう

計算力UP 注意して計算してみよう！

1 **顕微鏡の倍率** 次の問いに答えなさい。

[生命]
拡大倍率
＝接眼レンズの倍率
×対物レンズの倍率

(1) 「×10」と書かれた接眼レンズと，「40」と書かれた対物レンズを用いたとき，顕微鏡の倍率は何倍になるか。

（　　　　　）

(2) 接眼レンズには「10×」「15×」，対物レンズには「4」「10」「40」のものがあった。最初に顕微鏡で観察するとき，顕微鏡の倍率は何倍にするか。

（　　　　　）

2 **地震によるゆれ** 次の表は，ある地震で発生したP波とS波が，㋐～㋒の地点に到達した時刻を表したものである。

[地球] 2章
(1)初期微動継続時間は，震源距離に比例して長くなる。
(2)波の伝わる速さは，$\frac{震源距離}{伝わるのにかかった時間}$ で求めることができる。

地点	震源距離	P波の到達時刻	S波の到達時刻
㋐	56km	10時26分57秒	10時27分04秒
㋑	88km	10時27分01秒	10時27分12秒
㋒	16km	10時26分52秒	10時26分54秒

(1) 初期微動継続時間について，次の問いに答えなさい。

① ㋐～㋒の地点の初期微動継続時間はそれぞれ何秒か。

㋐（　　　　　）
㋑（　　　　　）
㋒（　　　　　）

② 震源距離が120kmの地点では初期微動継続時間は何秒と考えられるか。

（　　　　　）

③ ある地点での初期微動継続時間は5秒であった。この地点の震源からの距離は何kmと考えられるか。（　　　　　）

(2) P波とS波の速さについて，次の問いに答えなさい。

① ㋐と㋑の地点において，震源距離の差は何kmか。（　　　　　）

② ㋐と㋑の地点において，初期微動が起こった時刻の差は何秒か。

（　　　　　）

③ ①，②より，P波は1秒間あたり何kmの速さで伝わったか。（　　　　　）

④ ㋐と㋑の地点において，主要動が起こった時刻の差は何秒か。

（　　　　　）

⑤ ①，④より，S波は1秒間あたり何kmの速さで伝わったか。（　　　　　）

3 **密度** 次の問いに答えなさい。

(1) 体積が13cm³，質量が116.5gの物体の密度は何g/cm³か。四捨五入して小数第2位まで答えなさい。

（　　　　　　）

(2) 体積が25.4cm³，質量が20.0gの液体の密度は何g/cm³か。四捨五入して小数第2位まで答えなさい。

（　　　　　　）

> **物質** 1章
> 密度を求めるときは，1cm³あたりの質量を計算。

4 **質量パーセント濃度** 次の問いに答えなさい。

(1) 砂糖水150gに砂糖が15gとけている。この砂糖水の質量パーセント濃度は何％か。 （　　　　　　）

(2) 砂糖40gを水160gにとかしたとき，できた砂糖水の質量パーセント濃度は何％か。 （　　　　　　）

(3) 質量パーセント濃度が8％の食塩水を200gつくることにした。このときに必要な食塩は何gか。

（　　　　　　）

(4) 質量パーセント濃度が0.5％の硝酸カリウム水溶液を400gつくりたい。このとき，硝酸カリウムと水は，それぞれ何g必要になるか。

硝酸カリウム（　　　　　　）　水（　　　　　　）

> **物質** 3章
> 質量パーセント濃度は，溶質の質量が溶液全体の質量の何％にあたるかで表す。

5 **溶解度** 右の表は，ミョウバンの溶解度を表したものである。あとの問いに答えなさい。

水の温度〔℃〕	20	40	60
溶解度〔g〕	11.4	23.8	57.4

(1) 60℃の水200gにとけるミョウバンは何gか。

（　　　　　　）

(2) 40℃の水100gにミョウバンを20gとかした。ミョウバンはあと何gとかせるか。 （　　　　　　）

(3) (2)の水溶液を20℃まで冷やしたときに出てくるミョウバンの結晶は何gか。

（　　　　　　）

> **物質** 3章
> 物質は100gの水に，溶解度の値までとかすことができ，溶解度をこえるととけきれずに出てくる。

6 **音の伝わる速さ** 理香さんは，かべに向かって大声を出すと，音がかべではね返り，3秒後に声が聞こえた。音の速さを340m/sとして，次の問いに答えなさい。

(1) 理香さんが出した声が再び聞こえるまでで，音が伝わった距離は何mか。

（　　　　　　）

(2) 理香さんからかべまでの距離は何mか。

（　　　　　　）

> **エネルギー** 2章
> m/sは，1秒間あたりに進む距離を表す単位である。
> 音の速さ
> $= \dfrac{音が伝わる距離〔m〕}{音が伝わる時間〔s〕}$
> 音は，かべではね返っていることに注意する。

プラスワーク

134

作図力 UP よく考えてかいてみよう！

7 **花のつくり** 右の図は，マツの雄花のりん片と雌花のりん片を示したものである。花粉が入っている部分を塗りつぶしなさい。

> **生命** 1章
> マツの花粉は，花粉のうに入っている。

8 **光の屈折** 次の図1のように鉛筆を立て，厚いガラスを通して鉛筆を見ると，鉛筆がずれて見えた。図2は，図1を真上から見たようすであり，点Qからガラスを通して鉛筆の側面上の点Pを観察すると，点P'の位置に見えた。点Pから点Qまでの光の道筋を，図2にかきなさい。

> **エネルギー** 1章
> 鉛筆からの光は，ガラスで屈折するため，厚いガラスを通して見える部分がずれて見える。

図1

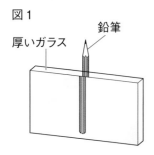

図2

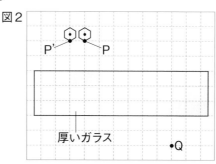

9 **光の進み方** 光の進み方について，次の問いに答えなさい。

(1) 図1で，光源装置から出た光は，鏡Aで反射した後，どのように進むか作図しなさい。

(2) 図2で，光源から出た光Pは凸レンズを通過した後，どのように進むか作図しなさい。また，できる実像を図に矢印でかき入れなさい。ただし，凸レンズの焦点距離を12cmとし，1目盛りは2cmとする。作図に必要な線は残しておくこと。

> **エネルギー** 1章
> (1)光は入射角＝反射角となるように反射する。
> (2)光軸に平行に入射した光は凸レンズを通過後，焦点を通る。

図1

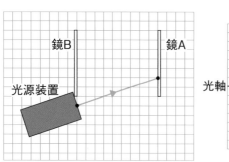

図2

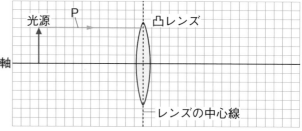

10　虚像の表し方　凸レンズの焦点の内側に物体を置いたとき，スクリーンをどこに動かしても像ができなかった。そこで，スクリーンをとりはずし，凸レンズを通して物体を見ると，物体と上下左右が同じ向きで大きな像が見えた。この像のでき方を，位置，長さ，向きがわかるように

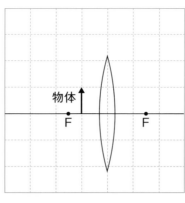

エネルギー　1章
物体の先端から出る凸レンズの軸に平行な光と，凸レンズの中心を通る光を作図し，その2つの直線を物体側にのばす。

かきなさい。ただし，図のFは焦点を示す。また，作図に用いた線は残しておくこと。

11　ばねののび　ばねにおもりをつるしたときのばねののびを調べた。下の表は，ばねにつるしたおもりの質量とばねののびを記録したものである。これについて，あとの問いに答えなさい。

エネルギー　3章
(2)目盛りをふり，測定値の点を記入し，上下に点が同じぐらい散らばるように直線を引く。

おもりの質量〔g〕	0	20	40	60	80	100
ばねののび〔cm〕	0	2.0	3.8	6.0	8.2	10.0

(1)　500gのおもりにはたらく重力の大きさを力の矢印で表しなさい。ただし，1Nの大きさを1cmの長さの矢印で表すものとする。

(2)　ばねに加わる力の大きさとばねののびの関係をグラフに表しなさい。ただし，グラフの横軸を力の大きさ，縦軸をばねののびとし，目盛りの値や単位も記入すること。

(1)

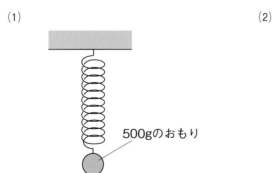

500gのおもり

(2)

プラスワーク

記述力 UP　自分の言葉で表現してみよう！

12　地震　地震について，次の問いに答えなさい。

地球　1章
(3)海洋プレートと大陸プレートの境界を震源とする地震について考える。

(1) 初期微動を伝えるP波と主要動を伝えるS波の届く時刻に差が生じる理由を答えなさい。

(　　　　　　　　　　　　　　　　　　　　　　)

(2) ある2つの地震で，震源が同じであるにもかかわらず，ゆれの伝わる範囲や震度に大きなちがいがあった。このようなちがいが生じる理由を答えなさい。

(　　　　　　　　　　　　　　　　　　　　　　)

(3) 日本付近の震源分布を見ると，日本海溝から大陸側に向かって，深さがしだいに深くなるものがあるのはなぜか。

(　　　　　　　　　　　　　　　　　　　　　　)

13　岩石と化石　岩石や化石について，次の問いに答えなさい。

地球　3・4章
図1は火山岩，図2は深成岩のつくりである。

(1) 図1，図2は，それぞれある火成岩のつくりを観察し，スケッチしたものである。これらの火成岩はどのようにしてできるか。それぞれ答えなさい。

図1　　　　　　　　　　　図2

図1(　　　　　　　　　　　　　　　　)

図2(　　　　　　　　　　　　　　　　)

(2) 示準化石と示相化石は，どのような化石か。それぞれ答えなさい。

示準化石(　　　　　　　　　　　　　　　　)

示相化石(　　　　　　　　　　　　　　　　)

14　いろいろな気体　次の問いに答えなさい。

物質　2章
(1)できるだけ少量の気体のにおいをかぐようにする。

(1) 気体のにおいのかぎ方を答えなさい。

(　　　　　　　　　　　　　　　　　　　　　　)

(2) 漂白剤や洗浄剤には「混ぜるな危険」とある。薬品どうしをむやみに混ぜてはいけない理由を，「気体」という言葉を用いて答えなさい。

(　　　　　　　　　　　　　　　　　　　　　　)

光の性質

●光の反射

入射角　反射角

反射の法則
入射角 ＝ 反射角

●光の屈折

入射角　屈折角

空気➡ガラス
入射角 ＞ 屈折角

> ガラス➡空気のときは
> 入射角 ＜ 屈折角

●凸レンズ

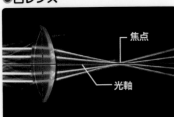

焦点　光軸

> 複数の色が含まれる白色光を
> プリズムに通すと，色ごとに
> 分かれる。

> 光軸に平行な光は，凸レンズを
> 通った後，焦点に集まる。

●プリズムで分かれた光

状態変化

●液体➡気体（エタノール）

体積が大きくなる。

●液体➡固体（ろう）

体積が
小さく
なる。

水は例外
水は液体から固体
に変化するとき，
体積が大きくな
る。

水溶液

1日後　　2日後

> 砂糖の粒子が全体に広がり均一になる。
> 水溶液は，色はあるが透明である。

結晶

●硝酸カリウム

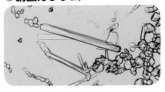

> 結晶は，物質によっ
> て決まった，規則正
> しい形をしている。

●塩化ナトリウム　　●ミョウバン

植物の分類

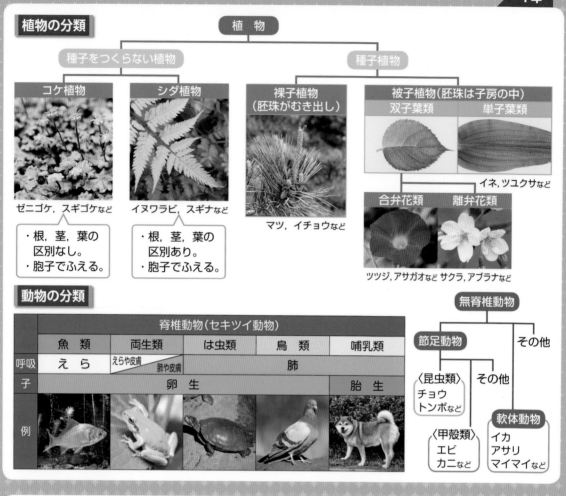

植物

- 種子をつくらない植物
  - コケ植物
    ゼニゴケ, スギゴケ など
    ・根, 茎, 葉の区別なし。
    ・胞子でふえる。
  - シダ植物
    イヌワラビ, スギナ など
    ・根, 茎, 葉の区別あり。
    ・胞子でふえる。
- 種子植物
  - 裸子植物（胚珠がむき出し）
    マツ, イチョウ など
  - 被子植物（胚珠は子房の中）
    - 双子葉類
    - 単子葉類　イネ, ツユクサ など
    - 合弁花類　ツツジ, アサガオ など
    - 離弁花類　サクラ, アブラナ など

動物の分類

	脊椎動物（セキツイ動物）				
	魚類	両生類	は虫類	鳥類	哺乳類
呼吸	えら	えらや皮膚／肺や皮膚	肺		
子	卵　生				胎　生
例					

無脊椎動物
- 節足動物
  - 〈昆虫類〉 チョウ トンボ など
  - 〈甲殻類〉 エビ カニ など
  - その他
- その他
  - 軟体動物 イカ アサリ マイマイ など

主な鉱物とその特徴

無色鉱物		有色鉱物				
セキエイ（石英）	チョウ石（長石）	クロウンモ（黒雲母）	カクセン石（角閃石）	キ石（輝石）	カンラン石	磁鉄鉱
不規則に割れる。	決まった方向に割れる。	うすくはがれる。	長い柱状。	短い柱状。	不規則な粒。	磁石につく。

示準化石

古生代	中生代	新生代
サンヨウチュウ／フズリナ	ティラノサウルス／アンモナイト	ビカリア／ナウマンゾウ

定期テスト対策

得点アップ！ 予想問題

1
この「予想問題」で
実力を確かめよう！

時間も
はかろう

2
「解答と解説」で
答え合わせをしよう！

3
わからなかった問題は
戻って復習しよう！

この本での
学習ページ

スキマ時間でポイントを確認！
別冊「スピードチェック」も使おう

●予想問題の構成

解答 p.37

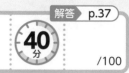

第1回 予想問題 自然の中にあふれる生命 1章 植物の特徴と分類

40分　/100

1 校内に生えているタンポポとゼニゴケの分布を調べ，タンポポの花を観察した。次の問いに答えなさい。

2点×5（10点）

図1　分布地図
○タンポポ　ゼニゴケ

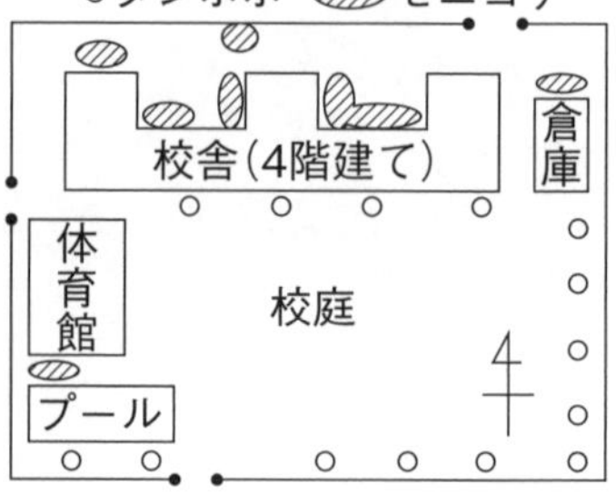

校舎(4階建て)
倉庫
体育館
校庭
プール

図2

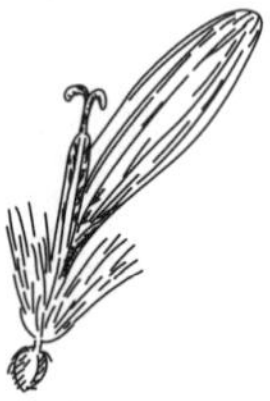

図3

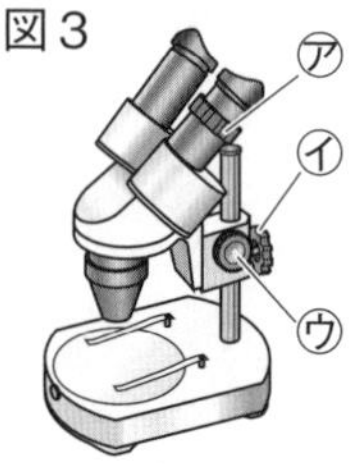

㋐
㋑
㋒

(1) ゼニゴケは，どのような場所で生活しているか。図1の分布を参考に，簡単に書きなさい。

(2) タンポポの花を手に持ってルーペで観察するときのピントの合わせ方を，次のア～エから選びなさい。

ア 花とルーペを両方とも前後に動かす。
イ 花は動かさず，ルーペを前後に動かす。
ウ ルーペを目に近づけて持ち，花のみを前後させる。
エ ルーペを目に遠ざけて持ち，花のみを前後させる。

(3) 図2のタンポポの花のスケッチは，正しくない。正しいスケッチのしかたを答えなさい。

(4) タンポポのめしべを，図3の器具を使って，拡大して観察した。図3の器具を何というか。

(5) 図3の㋐～㋒を，ピントを合わせるときに調整する順に並べなさい。

(1)		(2)	
(3)			
(4)		(5)	→ →

2 図1はアブラナの花を，図2はマツの花のつくりを表したものである。これについて，次の問いに答えなさい。

3点×12（36点）

(1) 図1のA～Dの部分を何というか。

(2) Aに入っている粒を何というか。

(3) (2)がBにつくことを何というか。

(4) (3)の後に，種子と果実に変化する部分を，図1のA～Dからそれぞれ選びなさい。

(5) マツの雌花は，図2の㋐，㋑のどちらか。

(6) 図2の㋒，㋓を，それぞれ何というか。

(7) アブラナやマツのような，なかまのふやし方をする植物を何というか。

図1

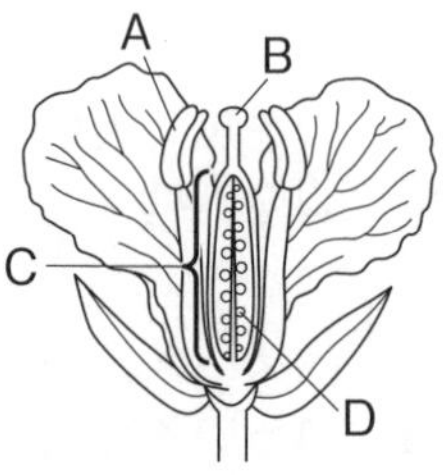

A
B
C
D

図2

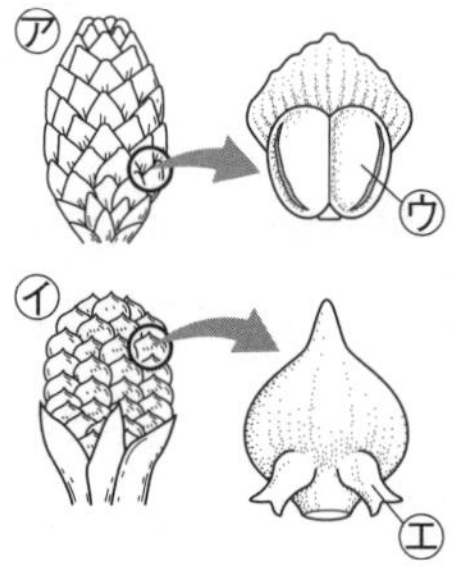

㋐
㋒
㋑
㋓

(1)	A		B		C		D		(2)		(3)	
(4)	種子		果実		(5)		(6)	㋒		㋓	(7)	

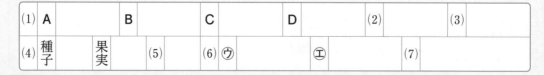

[3] 図1のイヌワラビ，図2のスギゴケについて，あとの問いに答えなさい。 3点×8(24点)

(1) イヌワラビの茎を表しているのはどれか。図1の㋐〜㋓から選びなさい。

(2) 葉の裏側に多数見られるBを何というか。

(3) Bの中にある㋔を何というか。

(4) スギゴケの雄株は，図2のC，Dのどちらか。

(5) 図1のBは，図2の㋕，㋖のどちらにあたるか。

(6) 図2の㋗のつくりを何というか。

(7) (6)のおもなはたらきを，簡単に答えなさい。

(8) 雌株と雄株に分かれていること以外で，スギゴケと種子植物やシダ植物などの体のつくりのちがいを，「スギゴケは，」に続けて答えなさい。

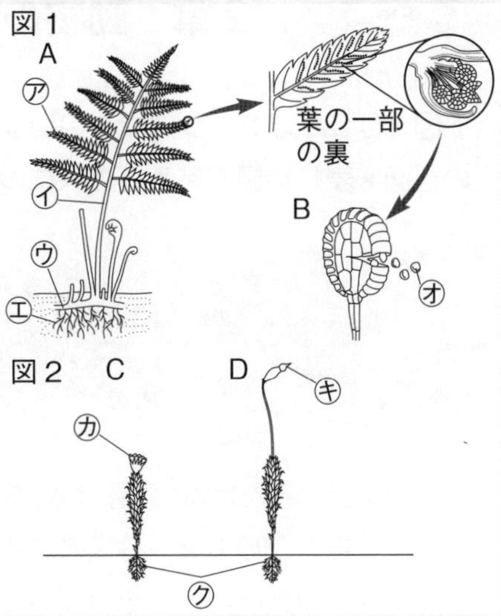

図1
A
㋐
㋑
㋒
㋓
葉の一部の裏
B
㋔
図2
C
D
㋕
㋖
㋗

(1)		(2)		(3)		(4)		(5)		(6)	
(7)						(8)	スギゴケは，				

[4] 右の図のような植物のなかま分けについて，次の問いに答えなさい。 3点×10(30点)

(1) 図のA〜Dにあてはまる植物のなかまを，それぞれ何というか。

(2) 図の①〜③にあてはまる，分類の観点を答えなさい。

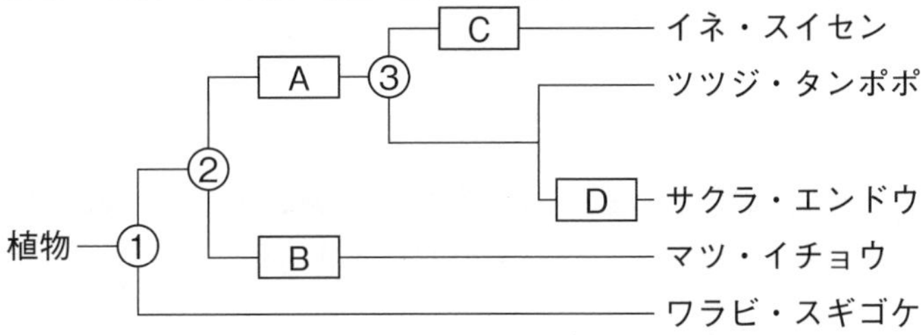

植物
①
②
③
A
B
C
D
イネ・スイセン
ツツジ・タンポポ
サクラ・エンドウ
マツ・イチョウ
ワラビ・スギゴケ

(3) 図のCの植物の発芽のようす，根のつくり，葉脈を表したものを，次の㋐〜㋕からそれぞれ選びなさい。

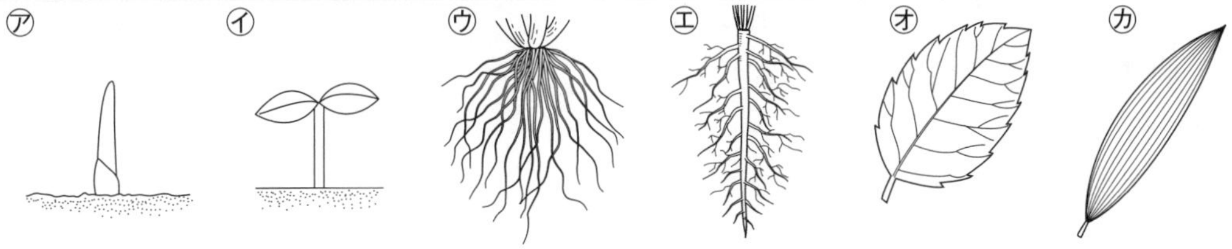

㋐
㋑
㋒
㋓
㋔
㋕

(1)	A		B		C		D
(2)	①				(3)	発芽	
	②					根	
	③					葉脈	

解答 p.37

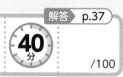

第2回 予想問題　2章　動物の特徴と分類

40分　　/100

1 図1はライオン，シマウマのいずれかの頭骨を表したもので，図2はライオンとシマウマの正面を表した図である。これについて，あとの問いに答えなさい。　4点×6（24点）

図1

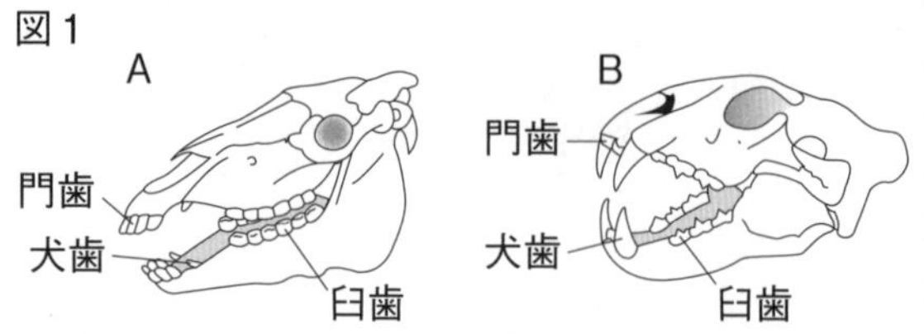
A
B
門歯
犬歯
臼歯
門歯
犬歯
臼歯

図2

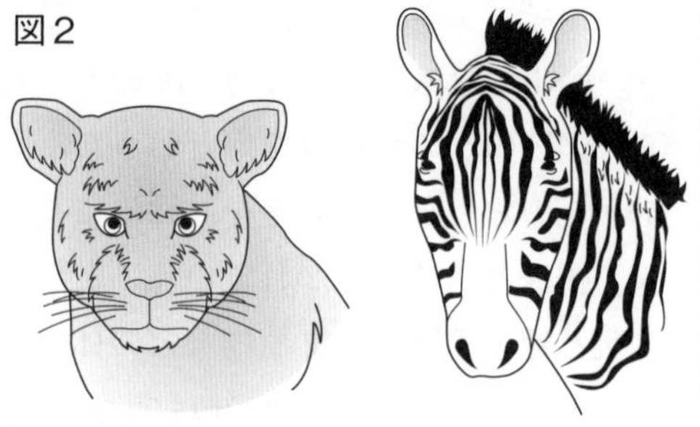

(1)　図1で，シマウマの頭骨はA，Bのどちらか。

(2)　(1)を選んだ理由を，特徴のある歯をあげて，シマウマの食べ物と，その歯のはたらきにふれて答えなさい。

(3)　次の文の(　)にあてはまる言葉を書きなさい。

ライオンの目のつき方は，シマウマに比べると，(①)についている。このつき方によって，(②)に見える範囲が広くなり，(③)という利点がある。また，あし先にするどい(④)があることも，獲物をとらえるのに適した体のつくりの1つである。

(1)		(2)					
(3)	①		②		③		④

2 右の図のアサリとイカの体のつくりについて，次の問いに答えなさい。　4点×8（32点）

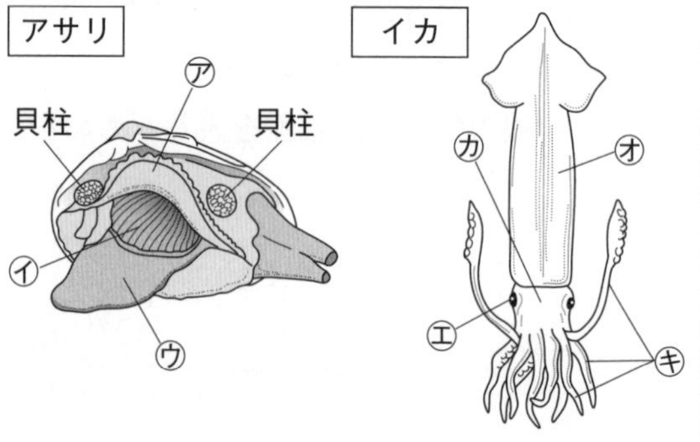
アサリ
イカ
㋐
貝柱
貝柱
㋑
㋒
㋕
㋔
㋓
㋖

(1)　アサリは，㋐〜㋒のどの部分を使って移動するか。

(2)　(1)は，何でできているか。

(3)　アサリとイカで，内臓をおおっている膜は，㋐〜㋖のそれぞれどこか。

(4)　(3)の部分を何というか。

(5)　アサリやイカのように，(4)をもつ動物を何というか。

(6)　アサリやイカと同じなかまの動物を，次のア〜エから2つ選びなさい。

ア　ハマグリ　　イ　マイマイ　　ウ　クラゲ　　エ　ヒトデ

(1)		(2)		(3) アサリ		イカ	(4)	
(5)		(6)						

3 7種類の動物をそれぞれの特徴をもとに分類した結果について，良一さんと幸子さんが次のように話し合った。これについて，あとの問いに答えなさい。　4点×11（44点）

> 良一：動物は，いろいろな特徴のちがいで分類ができるんだね。
>
> 幸子：_a背骨をもたないイカと_bカニは，外骨格があるかないかで，なかま分けできるね。
>
> 良一：背骨をもつ動物は，_c魚類，（ A ）類，は虫類，鳥類，（ B ）類に分かれるんだったね。
>
> 幸子：うん。背骨をもつ動物は，_d子の生まれ方のちがいで，なかま分けしたけど，「卵を産む」動物は，さらになかま分けできそうだね。
>
> 良一：体の表面のようすに注目して，「体がうろこでおおわれているかどうか」という特徴でなかま分けすると，「はい」にあてはまる動物は，（ C ）になるね。
>
> 幸子：そのほかに，「卵を産む」動物を「（ D ）」という特徴でなかま分けすると，「はい」にあてはまるものは，ハトとヘビになるよ。
>
> 良一：そのほかにも，いろいろなかま分けできそうだね。

（分類図）
ウサギ｜フナ｜イカ｜カエル｜ハト｜カニ｜ヘビ
背骨
ある → ウサギ｜フナ｜カエル｜ハト｜ヘビ
ない → イカ｜カニ
卵：産む → フナ｜カエル｜ハト｜ヘビ
産まない → ウサギ
外骨格：ある → カニ
ない → イカ

(1) 下線部 a のように，背骨をもたない動物を何というか。

(2) 下線部 b について，次の①〜③に答えなさい。

　① カニのように，外骨格をもち，体やあしに節のある動物を何というか。

　② 体の特徴から，カニは①のうちの何類に属するか。

　③ カニと同じ②に分類される動物を，次のア〜エから選びなさい。

　　ア ダンゴムシ　イ ヤスデ　ウ ウニ　エ クモ

(3) A，B にあてはまる言葉を答えなさい。

(4) 下線部 c の魚類と同じなかまの動物を，次のア〜エからすべて選びなさい。

　　ア メダカ　イ ホタテ　ウ タツノオトシゴ　エ クジラ

(5) 下線部 d で，ウサギのように，親の体内である程度成長させた子を産むなかまのふやし方を何というか。

(6) （ C ）にあてはまる動物をすべて答えなさい。

(7) （ D ）にあてはまる特徴で，考えられるものを2つ答えなさい。

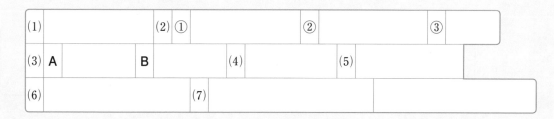

(1)		(2)①		②		③	
(3) A		B		(4)		(5)	
(6)			(7)				

解答 p.38

第 **3** 回
予想問題

1章　身近な大地
2章　ゆれる大地

40分

/100

1 右の図は，ある露頭を観察したときのスケッチである。これについて，次の問いに答えなさい。

5点×5（25点）

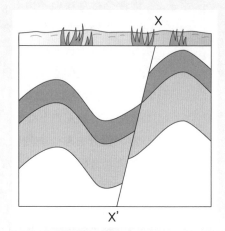

(1) 図の地層のように，波打ったように曲がったつくりを何というか。

(2) 図の X－X' のつくりを何というか。

(3) 地層には，魚の骨やすみかの化石が発見された。これらの層はどのようなところに堆積してできたものか。

(4) 露頭の層には，泥，砂，れきからできているものがある。泥，砂，れきは，どのようなちがいによって区別されているか。

(5) 近くで，溶岩でできている露頭が観察された。このことから，当時，何が起こったと考えられるか。

(1)		(2)		(3)	
(4)				(5)	

2 右の図は，ある日の7時過ぎに発生した地震を3地点で観測した記録をまとめたものである。これについて，次の問いに答えなさい。

5点×5（25点）

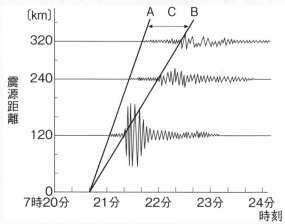

(1) 図の A，B の直線は，何というゆれがはじまる時刻を結んだものか。

(2) 図の C の時間を何というか。

(3) (2)は，震源距離が長くなるほどどのようになるか。

(4) この地震の発生した時刻は7時何分何秒か。

(1) A		B		(2)	
(3)				(4)	7時　　分　　秒

3 下の表は，この地震における，地点A〜Cの震源距離と，P波とS波が到達した時刻をそれぞれまとめたものである。これについて，次の問いに答えなさい。 6点×5（30点）

(1) P波が伝わる速さは何km/sか。

(2) ある観測地点でのP波とS波の到達時刻の差が12秒であった。この観測地点は震源から何km離れていると考えられるか。

　ア　40km　　イ　62km

　ウ　84km　　エ　120km

	震源距離	P波が到達した時刻	S波が到達した時刻
A	35km	16時13分50秒	16時13分55秒
B	77km	16時13分56秒	16時14分07秒
C	105km	16時14分00秒	16時14分15秒

(3) 緊急地震速報は，震源から近い地震計がP波の揺れを感知すると，そのデータを解析し，最大震度が<u>震度</u>5弱以上と予想された場合，揺れが到達する時刻やその大きさを速報として発表するしくみである。

① 下線部の「震度」は，何段階に分かれているか。

② 震度の他にマグニチュードも発表される。このマグニチュードとは何の値を表しているか。

(4) 震源に近い地域では，緊急地震速報が間に合わないことがある。これはなぜか。「P波」と「S波」という語を使って，簡潔に書きなさい。

(1)		(2)		(3)①	段階 ②	
(4)						

4 右の図のような太平洋のプレートについて，次の問いに答えなさい。 5点×4（20点）

(1) 東太平洋海嶺は，プレートがどのようになる場所か。

(2) プレートが沈みこむ場所は，何という地形になっているか。

(3) 日本付近のプレートの動きの説明として正しいものを，次のア，イから選びなさい。

　ア　海洋プレートが，大陸プレートの下に沈みこんでいる。

　イ　大陸プレートが，海洋プレートの下に沈みこんでいる。

(4) 日本列島付近の震源の説明として正しいものを，次のア，イから選びなさい。

　ア　太平洋側から大陸側に向かって震源が浅くなっていく。

　イ　太平洋側から大陸側に向かって震源が深くなっていく。

太平洋　　東太平洋海嶺

プレート　　プレート

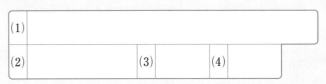

(1)			
(2)		(3)	(4)

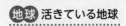

第4回 予想問題　3章　火をふく大地　4章　語る大地

40分　/100

解答 ▶ p.38

1 右の図は，あるドーム状の形の火山を模式的に表したものである。これについて，次の問いに答えなさい。

4点×9（36点）

(1) 図のような火山の説明として正しいものを，次の**ア**〜**ウ**から選びなさい。

　　ア 火山噴出物が交互に層になっている。

　　イ 比較的おだやかに噴火する。

　　ウ 激しく爆発的に噴火する。

(2) 図のような火山のマグマのようすと火山噴出物の色の説明として正しいものを，次の**ア**〜**エ**から選びなさい。

　　ア ねばりけが小さく，黒っぽい。　　　**イ** ねばりけが大きく，黒っぽい。

　　ウ ねばりけが小さく，白っぽい。　　　**エ** ねばりけが大きく，白っぽい。

(3) 火山の地下にある，マグマがたくわえられているところを何というか。

(4) 図の火山の付近から採取された火山灰を調べたところ，次のような特徴をもつ3種類の鉱物がふくまれていた。それぞれの鉱物を何というか。

　　① 無色透明で不規則な形をしている。

　　② 白色で，柱状や短冊状の形をしている。

　　③ 黒色で，六角形や板状の形をしている。

(5) 図のような，ドーム状の形をした火山はどれか。次の**ア**〜**オ**から2つ選びなさい。

　　ア 桜島　　**イ** 三原山　　**ウ** 平成新山　　**エ** 昭和新山　　**オ** マウナロア

(6) 図の火山の場合，溶岩の破片や火山灰が，高温のガスとともに流れ下り，大きな被害を出すことがある。このような現象を何というか。

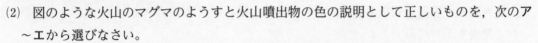

(1)		(2)		(3)		
(4)①			②			③
(5)			(6)			

2 ある堆積岩の断面をルーペで観察した。これについて，次の問いに答えなさい。

6点×2（12点）

(1) 砂岩やれき岩などは，火成岩と比べて丸みを帯びていた。これはなぜか。

(2) 生物の遺骸などが堆積してできた堆積岩のうち，鉄くぎでひっかいても傷がつかないものは何か。

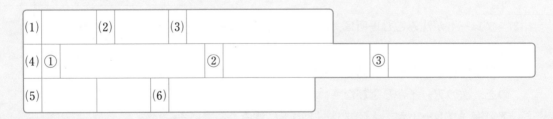

(1)		(2)	

[3] 右の図は，２種類の火成岩を観察し，スケッチしたものである。これについて，次の問いに答えなさい。

4点×6（24点）

(1) マグマが，地表や地表近くで固まってできた火成岩を何というか。

(2) (1)の火成岩のつくりは，図の㋐，㋑のどちらか。

(3) 図の㋑で，比較的大きな鉱物Aを何というか。

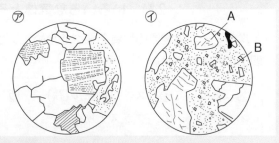

(4) 図の㋑で，細かい粒などでできたBの部分を何というか。

(5) 図の㋐，㋑のようなつくりをそれぞれ何というか。

(1)		(2)		(3)		
(4)		(5) ㋐			㋑	

[4] 図１のA〜C地点でボーリング調査を行った。図２はその結果である。これについて，次の問いに答えなさい。

4点×7（28点）

(1) 地層ができた時代を推定できる化石を何というか。

(2) aの層をつくる岩石にうすい塩酸をかけると気体が発生した。この岩石は何か。

(3) bの層が堆積したと考えられる地質年代はいつか。

(4) cの層は凝灰岩であった。この層が堆積した当時，どのようなできごとがあったと考えられるか。

(5) dの層が堆積した当時，どのような環境であったと考えられるか。

(6) 凝灰岩の層のように，離れている地層のつながりを推測するのに役立つ層を何というか。

(7) 図２より，この地層はある方角に傾いていると思われる。どの方角に下がっているか。次のア〜エから選びなさい。

ア 東　イ 西　ウ 南　エ 北

図１

図２

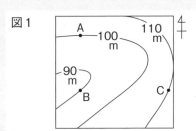

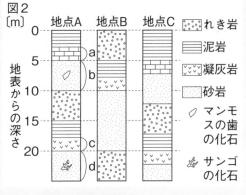

(1)		(2)		(3)	
(4)			(5)		
(6)		(7)			

第5回 予想問題

解答 p.39

サイエンス資料 1章 いろいろな物質とその性質 2章 いろいろな気体とその性質

40分 /100

[1] 次の㋐〜㋕の物質の性質を調べるため，いろいろな実験を行った。これについて，あとの問いに答えなさい。

5点×8(40点)

㋐ 紙	㋑ スチルウール(鉄)	㋒ ガラス	㋓ アルミニウム片
㋔ 食塩	㋕ プラスチック		

(1) 磁石につくものを，㋐〜㋕から選びなさい。
(2) 電気を通すものを，㋐〜㋕からすべて選びなさい。
(3) 炎の中に入れたときに燃える物質を，㋐〜㋕からすべて選びなさい。
(4) (3)で，燃えたときに発生した気体を集めて石灰水に通すと，石灰水が白くにごるものがあった。どの物質のときか。㋐〜㋕からすべて選びなさい。
(5) 石灰水を白くにごらせる気体は何か。
(6) 燃えたときに(5)の気体が発生するのは，物質に何がふくまれているからか。
(7) 燃えたときに(5)を発生させ，(6)をふくむ物質を何というか。
(8) 非金属を，㋐〜㋕からすべて選びなさい。

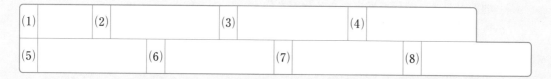

(1)		(2)		(3)		(4)	
(5)		(6)		(7)		(8)	

[2] 塩化アンモニウムと水酸化カルシウムを混ぜ合わせて加熱し，発生した気体Xを丸底フラスコに集めた。この丸底フラスコを使って右の図のような装置で，スポイトで水を押し出すと，フェノールフタレイン溶液を加えた水が吸い上げられて，色のついた噴水が上がった。これについて，次の問いに答えなさい。

4点×5(20点)

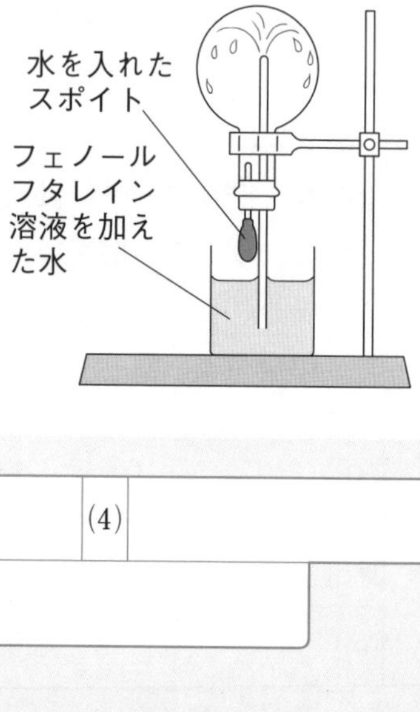

(1) 丸底フラスコに集めた気体Xは何か。
(2) 噴水の色は何色か。次のア〜エから選びなさい。
ア 緑色　イ 赤色　ウ 黄色　エ 青色
(3) (2)より，噴水(水溶液)は何性を示していることがわかるか。
(4) 気体Xは，何という方法で集めるか。
(5) (4)のような方法で気体Xを集めるのは，気体Xにどのような性質があるためか。

(1)		(2)		(3)		(4)	
(5)							

3 右の図のようにして，亜鉛にうすい塩酸を加えて気体を発生させた。これについて，次の問いに答えなさい。

4点×5（20点）

(1) 発生した気体は何か。

(2) 図のような気体の集め方を何というか。

(3) (2)の集め方ができるのは，どのような性質をもった気体か。

(4) 発生した気体に，水でぬらしたリトマス紙を近づけると，どのようになるか。次の**ア〜ウ**から選びなさい。

　ア 青色リトマス紙が赤色に変わる。

　イ 赤色リトマス紙が青色に変わる。

　ウ 赤色リトマス紙，青色リトマス紙ともに，色は変化しない。

(5) 発生した気体を集めた試験管の口に火を近づけると，どのようになるか。

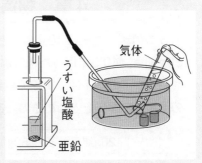

(1)		(2)		(3)	
(4)		(5)			

4 図1のように，三角フラスコに二酸化マンガンを入れ，うすい過酸化水素水を加えると気体Aが発生したので，それを試験管に集めた。次に，集めた気体Aの中へ，図2のように，火のついた線香を入れると，線香が激しく燃えた。その後，この試験管の中に石灰水を入れてよく振ると，白くにごったことから，気体Bができたことがわかった。これについて，次の問いに答えなさい。

4点×5（20点）

(1) 気体Aは何か。

(2) 下線部より，気体Aにはどのようなはたらきがあることがわかるか。

(3) 気体Bは何か。

(4) 燃えて気体Bを発生させる物質を何というか。

(5) 気体Bと同じ気体を発生させる方法を，次の**ア〜エ**から選びなさい。

　ア 石灰石にうすい塩酸を加える。

　イ スチールウール（鉄）にうすい塩酸を加える。

　ウ 水とエタノールの混合液を加熱する。

　エ ダイコンおろしにオキシドールを加える。

図1　　　　　図2

(1)		(2)		(3)	
(4)		(5)			

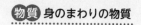

第6回 予想問題
3章 水溶液の性質
4章 物質のすがたとその変化

解答 p.39

40分 /100

1 3つのビーカーに40℃の水を100gずつ入れ，それぞれに硝酸カリウムを20g，50g，80g加え，40℃に保ったままよくかき混ぜた。次に，これらを20℃になるまでゆっくり冷やした。下の図1は，実験の結果を，図2は，100gの水にとける硝酸カリウムの質量と水の温度との関係を表したものである。あとの問いに答えなさい。 5点×5（25点）

図1

		20g加えたとき	50g加えたとき	80g加えたとき
ビーカーの中の状態	40℃	㋐ すべてとけた。	㋑ すべてとけた。	㋒ 一部とけ残った。
	20℃	㋓ すべてとけたままだった。	㋔ 結晶が出てきた。	㋕ 結晶が出てきた。

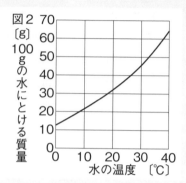

(1) 硝酸カリウムのように，水溶液にとけている物質を何というか。

(2) 水100gに物質をとかして飽和させたときにとけた物質の質量の値を，その物質の何というか。

(3) 図1で，飽和水溶液はどれか。㋐～㋕からすべて選びなさい。

(4) 図1の㋑の水溶液を20℃まで冷やしたとき，とけていた硝酸カリウムは約何gが結晶となって出てくるか。整数で答えなさい。

(5) 物質を水にとかし，その水溶液から再び結晶として物質をとり出すことを何というか。

(1)		(2)		(3)		(4)		(5)	

2 水に塩化ナトリウムをとかして塩化ナトリウム水溶液をつくった。これについて，次の問いに答えなさい。 5点×4（20点）

(1) 水200gに塩化ナトリウム50gをとかしたところ，すべてとけた。この塩化ナトリウム水溶液の質量パーセント濃度を求めなさい。

(2) 質量パーセント濃度が18％の塩化ナトリウム水溶液を200gつくるには，何gの塩化ナトリウムが必要か。

(3) 質量パーセント濃度が20％の塩化ナトリウム水溶液を150gつくるには，何gの水が必要か。

(4) 塩化ナトリウムの飽和水溶液から塩化ナトリウムを結晶としてとり出すために水溶液の温度を下げたが，結晶はとり出せなかった。塩化ナトリウムの結晶を塩化ナトリウム水溶液からとり出すにはどのようにすればよいか。

(1)		(2)		(3)		(4)	

3 右のグラフは，− 20℃の氷を加熱したときの温度変化を表したものである。これについて，次の問いに答えなさい。 5点×5（25点）

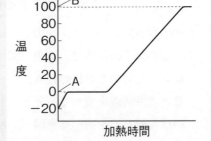

(1) Aの温度を何というか。

(2) Aの温度では氷の状態はどのようになっているか。

(3) Bの温度を何というか。

(4) Bの温度では，水がさかんに何になっているか。

(5) 水が(4)の状態になっているとき，物質をつくっている粒子のようすを次のア〜ウから選びなさい。

   ア 粒子はすきまなく規則正しく並んでいる。

   イ 粒子の間隔はやや広く，規則正しく並ばず，粒子は比較的自由に動いている。

   ウ 粒子と粒子の間隔は非常に広く，粒子は自由に飛び回っている。

(1)		(2)		
(3)		(4)		(5)

4 水とエタノールの混合物を入れたフラスコを右の図のように加熱し，順に試験管に集めた。これについて，次の問いに答えなさい。 6点×5（30点）

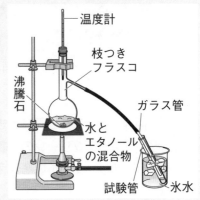

(1) 液体を沸騰させ，出てくる気体を再び液体にして集める方法を何というか。

(2) この実験では，物質を分離するために，混合物中の物質の何のちがいを利用しているか。

(3) 水やエタノールのように，1種類の物質でできているものを何というか。

(4) 加熱した時間とフラスコ内の温度の関係を表したグラフを，次の㋐〜㋓から選びなさい。

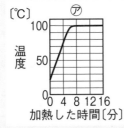

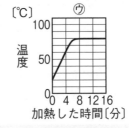

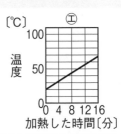

(5) 加熱する前の混合物にマッチの火を近づけても火はつかなかったが，最初の試験管にたまった液体を少量とり，マッチの火を近づけたら火がついた。これはなぜか。

(1)		(2)		(3)		(4)	
(5)							

解答 p.40

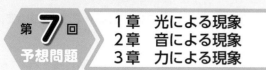

第7回 予想問題
1章　光による現象　2章　音による現象　3章　力による現象

60分　/100

1 光の進み方について，次の問いに答えなさい。　3点×4（12点）

⑴　右の図1のように，直角に立てて置いた2枚の鏡A，Bと光源装置を使って，光のはね返り方を調べる実験を行った。図2は，図1の記録用紙を真上から見たもので，鏡Aに当たるまでの光の進む道すじがかかれている。鏡Aに当たった後の光の進む道すじを，図2にかき入れなさい。

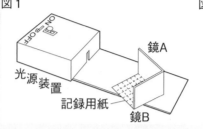

図1

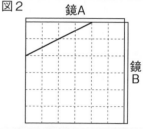

図2

⑵　半円形レンズの平らな面の中心Oに，図3のように光を当てると，光の道すじは2つに分かれた。

①　分かれた2つの道すじを，図3の㋐〜㋕から選びなさい。

②　入射角を大きくしていくと，光は1つの道すじとなり，Oから空気中に出なくなった。この現象を何というか。

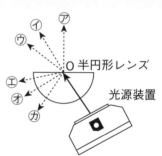

図3

⑴	図2に記入	⑵	①			②	

2 右の図は，ろうそくと同じ大きさのはっきりした像がスクリーンに映ったときの，ろうそく，凸レンズ，スクリーンの位置を表したものである。次に，凸レンズは動かさないで，ろうそくとスクリーンの位置を変えて像のでき方を調べた。これについて，次の問いに答えなさい。　3点×5（15点）

⑴　凸レンズの焦点は，図の点A〜Dのどれか。

⑵　図のように，スクリーンにできた像を何というか。

⑶　ろうそくを図の点Pの位置に置くと，凸レンズと像の間の距離aと，像の大きさはどうなるか。

⑷　ろうそくを点Qの位置に置くと，スクリーンに像はできなかった。このとき，凸レンズを通してろうそくを見ると，実物より大きな像が見えた。この像を何というか。

⑴		⑵		⑶	a	
⑶	像		⑷			

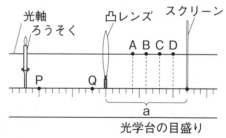

3　ある音さをたたいて，音の波形をオシロスコープの画面に表示させたところ，図1のように
なった。この音に比べて，次の(1)〜(4)のような音は，図2のⒶ〜Ⓔのどの波形になるか。
それぞれ記号で答えなさい。　　　　　　　　　　　　　　　　　　　　　　　3点×4 (12点)

(1)　小さくて低い音

(2)　同じ大きさで高い音

(3)　大きくて同じ高さの音

(4)　大きくて高い音

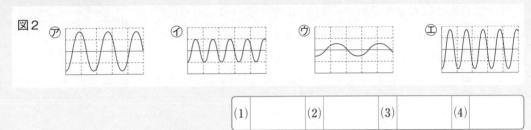

図1

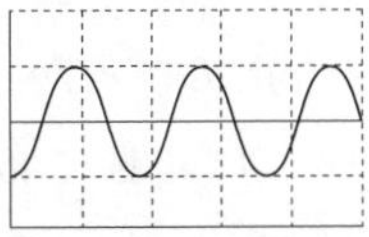

図2

(1)		(2)		(3)		(4)	

4　2つの地点P，Qの間の直線距離をはかったところ，414mであった。地点PのAさんが，
陸上競技のスタート用ピストルをうち，地点QのBさんが，トランシーバーを通して聞こえ
たピストルの音と，空気を伝わって聞こえてくるピストルの音との時間差をはかったところ
1.2秒であった。このとき，音が空気中を伝わる速さを求めなさい。　　　　　　　（4点）

5　物体に力がはたらくと，力は次のア〜ウのようなはたらきをする。下の図のようすは，そ
れぞれア〜ウのどのはたらきにあてはまるか。　　　　　　　　　　　　　　　3点×7 (21点)

ア　物体を変形させる。　　　イ　物体を支える。　　　ウ　物体の動きを変える。

A　静止していたサッカー
　　ボールをける。

B　エキスパンダーを
　　引きのばしている。

C　飛んできたボール
　　をバットで打つ。

D　バーベルを持ち上
　　げたままでいる。

E　風船を押し縮
　　めている。

F　静止しているタイヤ
　　を動かしている。

G　バケツを
　　持っている。

A		B		C		D		E		F		G	

6 右のグラフは，長さ10cmのばねAと，長さ12cmのばねBを引く力の大きさとばねの
のびとの関係をそれぞれ表したものである。これについて，次の問いに答えなさい。

3点×4（12点）

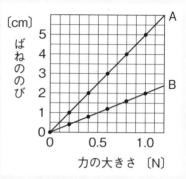

（1） ばねAを0.6Nの力で引いた。このとき，ばねAは何
cmのびるか。

（2） ばねBにおもりをつるしたところ，そののびは3cm
であった。このとき，おもりがばねを引く力は何Nか。

（3） ばねAとばねBをそれぞれ14cmになるようにおもり
をつるした。このとき，ばねBにつるしたおもりの質量
は，ばねAにつるしたおもりの質量の何倍か。

（4） ばねののびは，ばねを引く力の大きさに比例するといえる。この関係を何というか。

(1)		(2)		(3)		(4)	

7 地球上で，上皿てんびんではかると600gの分銅とつり合う物体を，右の図のように，月
面上ではかった。これについて，次の問いに答えなさい，ただし，月面上の重力は地球上の
6分の1とする。　　　　　　　3点×4（12点）

（1） 月面上で，この物体を上皿てんびんではかると，何
gの分銅とつり合うか。

（2） 月面上で，この物体をばねばかりではかると，ばね
ばかりは何Nを示すか。

（3） 質量と重さはそれぞれ何を表しているか。

(1)		(2)	
(3)	質量		重さ

8 机の上に置いた物体を，糸をつけて机と平行な方向に6Nの力で引いたが，動かなかった。
これについて，次の問いに答えなさい。ただし，方眼の1目盛りは2Nを表すものとし，●
は力の作用点を表している。　　　　3点×4（12点）

（1） 糸が物体を引く力を，図に矢印でかき入れなさい。

（2） 物体が動こうとする向きと反対向きにはたらく力
を，図に矢印でかき入れなさい。

（3） (2)の力を何というか。

（4） このとき，(1)の力と(2)の力は，どのような関係に
あるか。

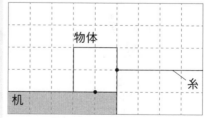

(1)	図に記入	(2)	図に記入	(3)		(4)	

教科書ワーク 理科

特別ふろく

どこでもワーク

こちらにアクセスして、ご利用ください。
https://portal.bunri.jp/app.html

重要事項を
3択問題で確認！

3問目/15問中

Q3. 冷たく湿った気団Aを
何という？

A

B

ふせん

シベリア気団

小笠原気団

オホーツク海気団

ポイント
解説つき

3問目/15問中

A3.
・オホーツク海気団は、冷たく湿った
気団である。
・小笠原気団とともに、初夏に日本付
近にできる停滞前線の原因となる。

ふせん　　　　　　　次の問題

✕ シベリア気団

✕ 小笠原気団

○ オホーツク海気団

間違えた問題だけを何度も確認できる！

無料ダウンロード

ホームページテスト

無料でダウンロードできます。
表紙カバーに掲載のアクセス
コードを入力してご利用くだ
さい。
https://www.bunri.co.jp/infosrv/top.html

問題▶

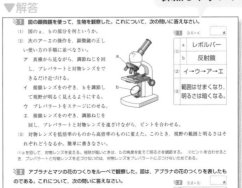

同じ紙面に解答があって、
採点しやすい！

テスト対策や
復習に使おう！

▼解答

中学教科書ワーク
解答と解説

この「解答と解説」は，取りはずして使えます。

啓林館版
理科 1年

生命 いろいろな生物とその共通点

自然の中にあふれる生命

p.2～3 ステージ1

●教科書の要点
❶ ①細い ②結果 ③プレパラート
❷ ①屋外 ②ピント ③立体的 ④顕微鏡
　⑤接眼レンズ
❸ ①分類 ②仮説 ③観点 ④計画 ⑤考察
●教科書の図
1 ①セイヨウタンポポ ②ハルジオン
　③ヒメジョオン ④シロツメクサ
　⑤オオイヌノフグリ ⑥スギナ ⑦ドクダミ
2 ①ゾウリムシ ②ミジンコ ③ミカヅキモ
3 ①微動ねじ ②視度調節リング
　③接眼レンズ ④対物レンズ ⑤反射鏡

p.4～5 ステージ2

❶ (1)セイヨウタンポポ 　(2)めしべ
　(3)①目 ②花
　(4)①細い ②つけない 　(5)a
　(6)㋐カタバミ ㋑ゼニゴケ ㋒ナズナ
　　㋓スギナ ㋔シロツメクサ
　(7)①悪く ②湿っている
❷ (1)㋐スライドガラス ㋑カバーガラス
　(2)空気の泡が入らないようする。
　(3)暗くなる。 　(4)㋒ミジンコ ㋓ゾウリムシ
❸ (1)双眼実体顕微鏡
　(2)㋐粗動ねじ ㋑微動ねじ 　(3)イ→ウ→ア
　(4)立体的に見える。
❹ (1)分類
　(2)カボチャ，キュウリ，ピーマン
　(3)ジャガイモ，ニンジン，タマネギ

━━━ 解説 ━━━

❶ (1)カンサイタンポポとセイヨウタンポポは，花を包む緑色の部分がそり返っているかどうかで見分ける。
(2)タンポポは1つの花のように見えるが，多くの花の集まりである。めしべの先には，花粉がたくさんついているようすが見られる。
(5)タンポポの花の集まりは，夜から朝にかけては閉じていて，昼に開き，夕方になるとまた閉じる。
(7)ゼニゴケは乾燥に弱く，日の当たらない，湿った場所に生息している。
❷ (3)顕微鏡は高倍率にすると，視野に入る光の量が減るため，視野が暗くなる。
❸ (3)イ：両目でのぞきながら，粗動ねじで鏡筒を上下させて，およそのピントを合わせる（粗く合わせる）。→ウ：右目でのぞきながら，微動ねじでピントを合わせる。→ア：左目でのぞきながら，視度調節リングでピントを合わせる。
❹ (2)㋐はキャベツ，㋑はニンジンである。
(3)観点や基準を変えると，分類の結果も変わる。「地上で育つ」か，「地下で育つ」かを基準に分類したときの結果は，次のようになる。

地上で育つ		
キャベツ	カボチャ	ピーマン
キュウリ	ブロッコリー	

地下で育つ	
タマネギ	ジャガイモ
ニンジン	

p.6～7 ステージ3

❶ (1)㋑
　(2)①目
　　②自分が観察するものに近づいたり離れたり
❷ (1)A…目的 B…方法 C…結果 D…考察
　(2)○…セイヨウタンポポ
　　△…ドクダミ □…オオイヌノフグリ
　(3)①エ ②イ ③ア

[3] (1)B…レボルバー　D…しぼり　E…調節ねじ
(2)600倍　(3)イ→エ→ア→ウ
(4)範囲…せまくなる。　明るさ…暗くなる。
(5)㋐ミカヅキモ　㋓ミドリムシ
(6)細い線と小さな点でかき，影はつけない。
(7)記号…㋑
理由…倍率がいっぱん的な顕微鏡では観察できない20倍だから。
(低倍率で観察しているから。)
(8)㋓

[4] (1)陸上…ツバメ，クマ，チョウ
水辺…クサガメ　水中…イルカ，フナ
(2)分類結果の例

〔　あし　〕 クマ クサガメ	〔つばさ・はね〕 ツバメ チョウ	〔　ひれ　〕 イルカ フナ
〔　歩く　〕 クマ クサガメ	〔　飛ぶ　〕 ツバメ チョウ	〔　泳ぐ　〕 イルカ フナ

解説

[1] (1)(2)ルーペは，必ず目に近づけて持つ。観察するものが動かせる場合は，自分は動かず，観察するものを前後させてピントを合わせる。観察するものが動かせない場合は，自分が観察するものに近づいたり離れたりして，ピントを合わせる。

[2] (2)レポートの校内地図と表を照らし合わせて考える。校舎の南側など，日当たりがよく乾いている場所に○が多い。日当たりがよく湿っている，池のまわりに□が多い。校舎の北側の日当たりが悪く湿っている場所に△が多い。

[3] (2) [注意] 顕微鏡の拡大倍率＝接眼レンズの倍率×対物レンズの倍率　15×40＝600〔倍〕
(7)いっぱん的な顕微鏡の拡大倍率は，40～600倍程度で，双眼実体顕微鏡の拡大倍率は，20～40倍程度である。したがって，㋑のミジンコは双眼実体顕微鏡によって観察されたものと考えられる。
(8)①，②の観点で分類すると，①にあてはまるのは，㋐ミカヅキモ，㋒アオミドロ，㋓ミドリムシ，②にあてはまるのは，㋑ミジンコ，㋓ミドリムシ，㋔ゾウリムシとなる。したがって，①②の両方にあてはまるのは，㋓のミドリムシである。

[4] (1)(2)観点や基準を変えると，分類の結果も変わる。考えた観点と基準で，仮説通りに分類できたかどうか，考察することが大切である。仮説どおりにならなかった場合，観点や基準を設定し直し，改めて分類する。

1章　植物の特徴と分類(1)

p.8～9　ステージ1

●教科書の要点

[1] ①花弁　②離弁花　③合弁花　④やく
⑤柱頭　⑥子房　⑦胚珠　⑧被子植物

[2] ①受粉　②果実　③種子

[3] ①花粉のう　②裸子植物　③種子植物

●教科書の図

[1] ①柱頭　②子房　③花弁　④やく　⑤胚珠
⑥果実　⑦種子　⑧受粉

[2] ①雌花　②雄花　③胚珠　④花粉のう
⑤種子

p.10～11　ステージ2

[1] (1)図2
(2)㋐おしべ　㋑花弁　㋒がく　㋓めしべ
(3)㋓→㋐→㋑→㋒
(4)㋔柱頭　㋕子房　㋖胚珠
(5)花粉をつけやすくするため。
(6)①合弁花　②タンポポ，アサガオ
③離弁花
④シロツメクサ，サクラ，エンドウ

[2] (1)A
(2)㋐おしべ　㋑めしべ　㋒柱頭　㋓子房
㋔おしべ　㋕めしべ
(3)花弁，がく
(4)ヘチマ…昆虫(虫)　イネ…風

[3] (1)㋐柱頭　㋑やく　㋒胚珠　㋓子房　㋔種子
(2)被子植物　(3)花粉　(4)受粉
(5)子孫をふやすはたらきをする。

解説

[1] (3)1つの花の中には，めしべが中心に1本あり，その外側をおしべが囲み，その外側に花弁，もっとも外側にがくがある。
(4)被子植物は，子房の中に胚珠がある。
(5)めしべの先端の柱頭はねばりけがあり，花粉がつきやすいようになっている。
(6)合弁花には，ツツジ，アサガオ，タンポポなどがある。離弁花には，アブラナ，シロツメクサ，

エンドウ，サクラなどがある。エンドウとシロツメクサは同じなかま(マメ科)で，花のつくりは共通していて，花弁は5枚ある。

❷ (1)(2)子房がふくらんでいるほうが雌花(B)である。
(3)ヘチマと同じなかま(ウリ科)のカボチャとキュウリは，雄花と雌花を咲かせる。トウモロコシは，イネと同じなかま(イネ科)で，花弁とがくはない。
(4)色鮮やかな花弁や，蜜，においのある花は，おもに昆虫などの動物によって花粉が運ばれる。このような花を虫媒花という。動物をひきつける花弁などをもたない花は，風によって花粉が運ばれることが多い。このような花を風媒花という。

❸ (3)(4)花粉がめしべの柱頭につくことを受粉といい，受粉後には，子房の中の胚珠は種子になり，子房全体が果実になる。

受粉後の花の変化

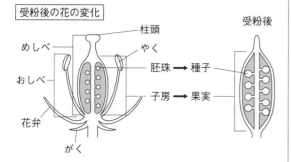

p.12～13 ステージ2

❶ (1)①イ ②ア ③ウ ④エ
(2)⑦胚珠 ⑪花粉のう ⑫種子
(3)花粉 (4)風の力
(5)①⑦ ②⑦ ③⑧
(6)つくらない。
(7)マツの花には子房がないから。
❷ (1)B (2)⑦胚珠 ⑦花粉のう (3)⑦
(4)スギ，ソテツ
❸ (1)胚珠 (2)子房 (3)被子植物
(4)①ない。 ②ない。 ③ない。
(5)むきだしになっている。
(6)裸子植物 (7)雌花 (8)1年前
(9)種子 (10)種子植物

解説

❶ マツは，雄花のりん片にある花粉のうでつくられた花粉が風の力によって運ばれ，雌花のりん片にある胚珠につくことで受粉する。受粉した雌花は1年以上かけてまつかさになり，胚珠は種子に

なる。マツは，アブラナなどの被子植物とはちがい，子房がないため，果実はできない。

❷ 図1のAはイチョウの雌花で，⑦は胚珠である。Bは雄花で，⑦は花粉のうである。図2の⑦は，マツの雌花のりん片にある胚珠，⑦は雄花のりん片にある花粉のうである。イチョウやマツと同じ特徴をもつ裸子植物には，スギやソテツがある。

❸ (1)～(3)アブラナのように，胚珠が子房の中にある植物のなかまを被子植物という。
(4)～(6)マツの花には，花弁やがくはない。また，子房がなく，胚珠がむきだしになっている。このような特徴をもつ植物のなかまを裸子植物という。
(7)(8)受粉した雌花は1年以上かけてまつかさとなり，りん片の胚珠は種子となる。
(9)(10)被子植物も裸子植物も種子をつくり，種子でなかまをふやす。このような植物のなかまを種子植物という。

p.14～15 ステージ3

❶ (1)おしべ (2)⑦→⑦→⑦→⑦
(3)花粉を運ぶ昆虫や鳥などの動物を引きよせるため。
❷ (1)⑦柱頭 ⑦子房 ⑦胚珠 ⑦やく ⑦がく
(2)受粉 (3)⑦果実 ⑧種子
(4)⑦…⑦ ⑧…⑦
(5)離弁花 (6)イ，オ
❸ (1)A (2)A
(3)⑦胚珠 ⑦花粉のう ⑦種子
(4)風に運ばれやすいように，空気袋がある。
(風に運ばれやすい形をしている。)
(5)⑦ (6)裸子植物
❹ (1)⑦…⑦ ⑦…⑦
(2)種子でなかまをふやす。
(3)種子植物 (4)被子植物
(5)Aの植物には果実ができるが，Bの植物には果実ができない。

解説

❶ (1)⑦はおしべである。エンドウのおしべは10本あり，1本だけ独立していて，残りの9本は根もとでくっつき，めしべを包みこむようになっている。

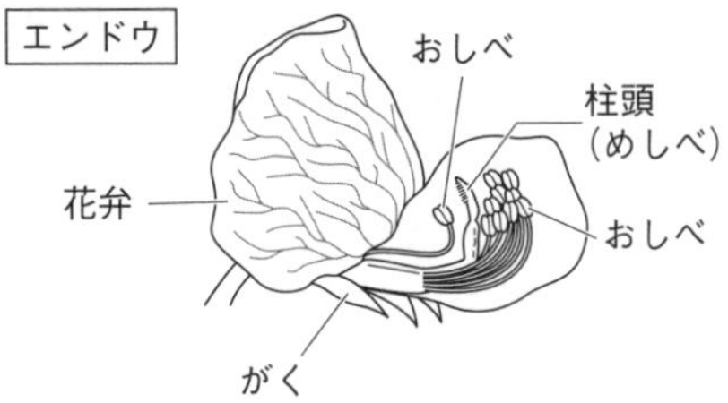

(2)被子植物の花のつくりは，共通して，外側から，がく→花弁→おしべ→めしべの順についている。

(3)色鮮やかな花弁の色や，蜜，においなどに引きよせられた昆虫や鳥によって花粉が運ばれる(虫媒花，鳥媒花)。花粉にもねばりけがあり，動物の体につきやすいように工夫されている。一方，イネやマツ，スギなど，目立つ花弁などをもたない花の多くは，風によって花粉が運ばれる(風媒花)。

❷ (2)のやくの中につくられた花粉が，㋐のめしべの柱頭につくことを受粉という。

(3)(4)受粉すると，胚珠は種子に，胚珠を包んでいる子房全体は果実になる。

❸ (1)～(3)マツの枝の先端につくのが雌花(A)で，雌花のりん片の内側には胚珠(㋐)がむき出しでついている。

(4)マツは，花粉が風によって運ばれる風媒花である。花粉には空気袋がついていて，風にのって飛ばされやすいつくりになっている。

(5)㋓は，イチョウの雌花の先端につく胚珠である。胚珠は，受粉後に種子(ギンナン)になる。マツは雄花と雌花が同じ木(枝)に咲くが，イチョウの雌花と雄花は，それぞれ別々の木に咲く。

(6)マツやイチョウは，子房がなく，胚珠がむきだしになっている裸子植物である。

❹ (1)㋗は，マツの雄花のりん片につく花粉のうで，Aのやく(㋔)と同じ役目をもつ。㋘は，雌花のりん片にむきだしにつく胚珠で，Aの㋒にあたる。

(2)(3)A，Bともに種子によってなかま(子孫)をふやす種子植物である。

(4)(5)Aの被子植物とBの裸子植物のちがいは，胚珠が子房の中にあるかないかである。子房がない裸子植物では，果実はできない。

1章　植物の特徴と分類(2)

p.16～17　ステージ1

●教科書の要点

❶ ①単子葉類　②双子葉類　③葉脈
④平行脈　⑤ひげ根　⑥網状脈
⑦主根　⑧側根

❷ ①胞子　②シダ植物　③ある
④胞子のう　⑤コケ植物　⑥ない

❸ ①種子植物　②被子植物　③裸子植物
④単子葉類　⑤離弁花類　⑥合弁花類

●教科書の図

[1] ①葉　②茎　③根　④胞子のう　⑤雌株
⑥胞子

[2] ①種子　②被子　③裸子　④シダ　⑤コケ
⑥双子葉　⑦単子葉　⑧胚珠　⑨子葉
⑩網状　⑪平行　⑫主根　⑬ひげ
⑭合弁花　⑮離弁花　⑯アサガオ
⑰アブラナ　⑱イネ　⑲スギ

p.18～19　ステージ2

❶ (1)子葉　(2)葉脈
(3)網状脈
(4)平行脈
(5)栄養分(デンプン)
(6)発芽…A　葉脈…D　根…E
(7)発芽…B　葉脈…C　根…F
(8)①単子葉類　②ア，エ
③双子葉類　④イ，ウ

❷ (1)ナズナ…③
スズメノカタビラ…②
(2)㋐ひげ根　㋑主根　㋒側根
(3)A　(4)㋑
(5)双子葉類
(6)根毛
(7)・水や水にとけた養分を吸収する。
・体を固定する。(体を支える。)

❸ (1)葉…a，b　茎…c　根…d
(2)胞子のう
(3)胞子
(4)シダ植物

解説

❶ (6)〜(8)ユリのように，子葉が1枚で，葉脈が平行脈で，ひげ根をもつ植物を単子葉類という。
アブラナのように，子葉が2枚で，葉脈が網状脈で，主根と側根からなる植物を双子葉類という。

❷ (1)①はハハコグサ，④はイネ，⑤はアブラナである。
(3)スズメノカタビラは単子葉類で，ひげ根をもつ。
(4)ダイコン，ニンジン，ゴボウは双子葉類で，主根と側根をもつ。食用とされる部分は主根である。
(5)ナズナは双子葉類で，根は主根と側根(B)からなり，葉脈は網状脈である。
(6)(7)植物は根を地下にはりめぐらせて，体を支えている。根の先端付近には無数に根毛が生えている。また，根は水や水にとけた養分を吸収している。葉でつくられた栄養分や根で吸収された水などは，茎を通って全身に運ばれる。

❸ (1)シダ植物の多くは，地下に茎があり，地下茎とよばれている。bの部分は葉の柄(え)の部分である。

p.20〜21 ステージ2

❶ (1)B　(2)胞子
(3)㋐　(4)胞子のう
(5)①ない　②仮根　③固定
④水　⑤湿った

❷ (1)被子植物…胚珠が子房の中にある。
裸子植物…胚珠がむきだしである。
(2)ウ，エ
(3)①単子葉類　②双子葉類
(4)①葉…㋐　根…㋓
②葉…㋑　根…㋒
(5)①イ，ウ，オ　②ア，エ

❸ (1)双子葉類
(2)どちらも網状脈だから。
(3)アサガオ…合弁花類
サクラ…離弁花類
(4)アサガオ…㋑，㋒
サクラ…㋐，㋔

❹ (1)A…ウ　B…ア
(2)X…単子葉類　Y…裸子植物
(3)被子植物
(4)胞子
(5)①c　②d　③b　④a

解説

❶ (1)〜(4)コケ植物は，胞子でなかまをふやす。スギゴケは，雌株(A)の先端に胞子のう(㋐)をつけ，胞子のうの中に胞子が入っている。
(5)コケ植物は，葉，茎，根の区別がない。根のように見える㋒は仮根といい，体を地面や岩に固定する役目をもつ。水分は体の表面からとり入れているため，日かげの湿った場所で生活している。

❷ (2)ブナ，クリは果実をつくる被子植物である。
(3)〜(5)単子葉類は，子葉が1枚，平行脈，ひげ根。双子葉類は，子葉が2枚，網状脈，主根と側根。

❸ (1)(2)アサガオもサクラも葉脈が網目状に通っているので，双子葉類に分類される。
(4)㋓のテッポウユリは単子葉類である。

❹ (1)〜(3)種子植物は，子房の有無で被子植物と裸子植物(Y)に分けられる。さらに，被子植物は子葉の枚数(ウ)で，1枚の単子葉類(X)と，2枚の双子葉類に分けられる。シダ植物とコケ植物を分ける観点は，葉，茎，根の区別の有無(ア)である。
(5)観点と基準をもとに，次のように分類できる。

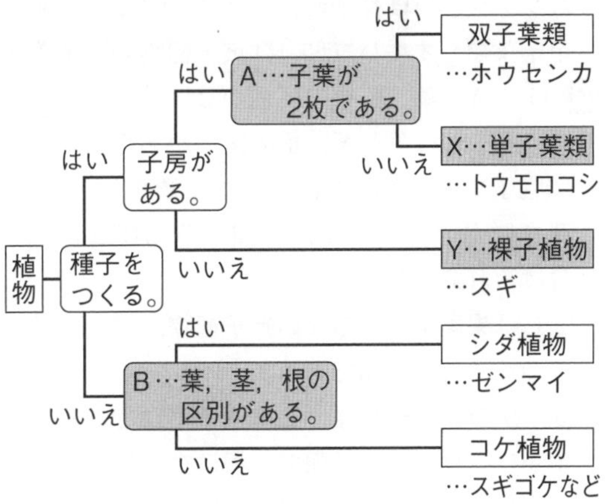

p.22〜23 ステージ3

❶ (1)図1…シダ植物　図2…コケ植物
(2)(イヌワラビは)葉，茎，根の区別がある。
(3)イ　(4)胞子のう　(5)胞子
(6)ドライヤーなどで乾燥させる。
(7)D　(8)e　(9)仮根
(10)体を地面に固定するはたらき
(11)ウ，オ　(12)日かげで地面が湿っている。

❷ (1)①ア　②イ　③ウ　(2)種子植物
(3)胞子

(4)C…裸子植物　D・E…被子植物

(5)子葉が１枚か，２枚か。

(6)D…単子葉類　E…双子葉類

(7)右図

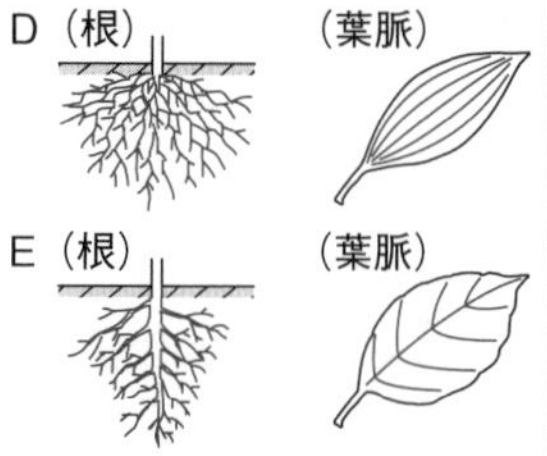

(8)①昆虫（虫，動物）
②１つにくっついている
③合弁花　④１枚１枚離れている
⑤離弁花

(9)ア…B　イ…E　ウ…D　エ…C　オ…D

解　説

❶ (3)イヌワラビなどのシダ植物の茎は地下にあり，これを地下茎という。bは葉の柄（え）の部分である。
(6)胞子のうが熟して周囲が乾燥すると，胞子がはじけ飛ぶ。シダ植物やコケ植物の胞子は，種子よりも非常に小さい粒なので，みずから飛び散らせた後も，風によって遠くまで運ばれやすい。
(10)仮根は，根のように見えるが，体を固定する役割だけをもつ。
(11)ソテツ（ア）は裸子植物，ササ（イ）は被子植物の単子葉類，オオバコ（エ）は被子植物の双子葉類。

❷ (1)①Aは葉，茎，根の区別がない植物（コケ植物）で，B～Eは葉，茎，根の区別がある植物である。
②胞子でふえるシダ植物とコケ植物（A・B）と，花を咲かせ種子でふえる種子植物（C・D・E）で分けられている。
③Cは果実をつくらない裸子植物，D・Eは果実をつくる被子植物である。
(5)～(7)Dは単子葉類，Eは双子葉類である。単子葉類は，葉脈が平行脈で，根はひげ根。双子葉類は，葉脈が網状脈で，根は主根と側根からなる。
(8)アブラナもタンポポも花粉を昆虫などに運ばせる虫媒花である。

２章　動物の特徴と分類(1)

p.24～25　ステージ1

●教科書の要点

❶ ①肉食動物　②犬歯　③立体的　④草食動物　⑤臼歯　⑥横向き

❷ ①骨格　②脊椎動物　③卵生　④胎生　⑤魚類　⑥えら　⑦両生類　⑧は虫類　⑨うろこ　⑩鳥類　⑪羽毛　⑫哺乳類　⑬毛

●教科書の図

[1] ①広い　②犬歯　③門歯　④臼歯　⑤せまい

[2] ①うろこ　②えら　③えらや皮膚　④肺や皮膚　⑤卵生　⑥肺　⑦卵生　⑧羽毛　⑨肺　⑩卵生　⑪毛　⑫胎生

[3] ①えら　②コイ　③イモリ　④胎生　⑤ウシ　⑥羽毛　⑦ペンギン　⑧トカゲ

p.26～27　ステージ2

❶ (1)A…水中　B…陸上　C…うろこ　D…うろこ　E…羽毛　F…毛　G…えら　H…えらや皮膚　I…肺や皮膚　J…肺
(2)a…エ　b…ウ　c…ア　d…オ　e…イ
(3)胎生　(4)乾燥にたえられる（乾燥に強い）。
(5)X…イ　Y…ア　Z…ウ
(6)①魚　②両生　③は虫　④鳥　⑤哺乳
(7)フナ

❷ (1)立体的に見える範囲
(2)右図

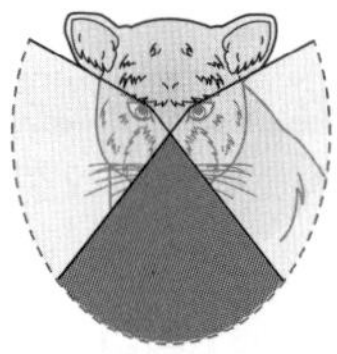

(3)①正面（前向き）
②距離　③横向き（側面）
④広い範囲
(4)㋐門歯　㋑犬歯　㋒臼歯
(5)①肉食　②犬歯　③B

❸ (1)㋑　(2)A　(3)C
(4)・一生えらだけで呼吸をするかしないか。
・一生を水中で生活するかしないか。
(5)カエル
(6)子のときはえらや皮膚で，親になると肺や皮膚で呼吸する。

解　説

❶ (1)(6)体表のようす…両生類の体表はうすい湿った皮膚で，乾燥に弱いため，親はおもに水辺など湿った環境で生活する。
呼吸のしかた…水中で生活する動物は，えらで呼吸する。カエルは子（オタマジャクシ）まではえらで呼吸し，あしが生えて歩行できるようになるころに肺で呼吸できるようになる。
(3)(4)なかまのふやし方…水中に産卵される卵は殻がなく乾燥に弱い。陸上に産卵される卵には殻があり，乾燥にたえられ，内部が卵から子がかえるまで保護される。

(5)(7)出産や産卵後に親が子を保護しない動物は，敵に食べられる機会がふえ，成体(親)まで育つ確率が低いため，1回に産む卵の数が多い。

2 (1)(2)左右の視野が重なる部分は，ものを立体的に見ることのできる範囲を示していて，ライオンのほうが，その範囲は広い。

(3)肉食動物は，正面に目がついているため，立体的に見える範囲が広くなり，獲物との距離を正確にとらえることができる。草食動物は，横向きに目がついているため，広範囲を見わたすことができ，敵から逃げるのに都合がよい。

(4)(5)肉食動物は，獲物をしとめるためのするどく大きな犬歯が発達している。草食動物は，植物をかみ切るための門歯，すりつぶすための臼歯が大きく発達している。

3 (3)鳥類，は虫類は，陸上に殻のある卵を産む。両生類と魚類は，殻のない卵を水中に産む。

(4) [注意] Dで分けたとき，左側に両生類のカエルがふくまれることに注意しよう。

「一生を陸上で生活するかしないか」あるいは「一生肺で呼吸をするかしないか」では誤りとなる。魚類のフナだけにあてはまる特徴で分ける。

(5)(6) [注意] 脊椎動物のうち，両生類は子(幼生)の時期と親(成体)の時期で，体のつくりが大きく変化し，生活場所と呼吸のしかたも変化する。

p.28〜29 ステージ3

1 (1)B　(2)イ，ウ，カ

(3)①横向き(側面)

②広範囲を見わたす

③(後方にいる，まわりにいる)敵をすばやく察知して逃げることができる

2 (1)A　(2)イモリ…両生類　ヤモリ…は虫類

(3)卵生

(4)・殻のある卵を産む。

・体表がうろこでおおわれている。

(5)㋑

3 (1)背骨がある。　(2)B，E

(3)A，C　(4)A　(5)D　(6)胎生

(7)子に母乳を与えて育てる。

(8)B＞E＞C＞A＞D

(9)A…鳥類　B…魚類　C…は虫類

D…哺乳類　E…両生類

4 (1)A…ウ　B…イ　C…エ　D…ア

E…オ　F…カ　G…キ　H…ク

(2)①e　②d

解説

1 (1)ライオンなどの肉食動物は，獲物をしとめるための犬歯がするどく大きく発達している。

(2)シマウマなど草食動物の歯の特徴は，草をかみ切る門歯が大きく発達し，草をすりつぶす臼歯が平たく大きく発達していることである。

2 (1)(2) [注意] イモリは両生類，ヤモリはは虫類である。

イモリは腹部が赤く，腹部以外は黒っぽい色をしている。

(4)ヤモリは殻のある卵を陸上に産み，乾燥に強くて水をはじくうろこでおおわれている。イモリは，水中に殻のない卵を産み，体表も乾燥に弱くてうすい湿った皮膚でおおわれている。

(5)イモリ(成体)は肺で呼吸するため，㋐のようにまったくの水中では生活できない。皮膚は乾燥に弱く，雌の場合は水中に卵を産むので，㋑のような水辺のような環境が適している。

3 (4)脊椎動物のうち卵生で，卵からかえった子にえさを与えて育てるのは鳥類である。魚類，両生類，は虫類は，産卵後に子の世話はしない。

(5)〜(7)哺乳類は，母体の子宮内で酸素や栄養分を子に与えて，ある程度成長させてから子を産む，胎生である。出産後も乳で子に栄養分を与え，子がある程度自分で食べ物をとれるようになるまで，一緒に行動するなどして子を保護して育てる。

4 (1) [注意] 枝分かれした後の，対になっている特徴が何であるかを，順を追って整理していこう。

●AとB(なかまのふやし方)…イヌは胎生で，それ以外は卵生である。

●CとD(産卵場所と殻の有無)…メダカとカエル，ヘビとハトに分けられているので，水中に殻のない卵を産む動物と，陸上に殻のある卵を産む動物に分けられる。

●EとF(呼吸のしかた)…メダカはえらで呼吸する。カエルは子のときはえらや皮膚，親になると肺や皮膚で呼吸する。

●GとH(体表のようす)…ヘビはうろこ，ハトは羽毛におおわれている。

(2)①ウサギは，ヒトと同じ哺乳類である。②ペン

ギンは，鳥類である。

2章　動物の特徴と分類(2)

p.30〜31　ステージ1

●教科書の要点

❶ ①無脊椎動物　②節足動物　③外骨格
④昆虫類　⑤甲殻類　⑥外とう膜
⑦軟体動物

❷ ①脊椎動物　②無脊椎動物
③魚類　④両生類　⑤は虫類　⑥鳥類
⑦哺乳類(③〜⑦は順不同)
⑧節足動物　⑨軟体動物

●教科書の図

[1] ①甲殻　②昆虫　③頭部　④気門　⑤胸部
⑥腹部　⑦節　⑧外骨格　⑨節足
⑩えら　⑪外とう膜　⑫軟体

[2] ①無脊椎　②脊椎　③えら　④肺　⑤羽毛
⑥節足　⑦昆虫　⑧甲殻　⑨軟体　⑩魚
⑪両生　⑫は虫　⑬鳥　⑭哺乳

p.32〜33　ステージ2

❶ (1)①無脊椎　②外骨格　③筋肉
(2)節足動物　(3)㋐頭部　㋑胸部　㋒腹部
(4)気門
(5)空気をとり入れて呼吸をする。
(6)昆虫類　(7)イ　(8)㋔頭胸部　㋕腹部
(9)えら　(10)甲殻類　(11)ア，エ，オ
(12)脱皮をくり返して(古い外骨格をぬぎ捨てて，)成長していく。

❷ (1)記号…㋒　名前…あし
(2)記号…㋔　名前…出水管
(3)㋑　(4)㋐　(5)外とう膜　(6)軟体動物

❸ (1)A…エ　B…カ　C…ア　D…オ
E…キ　F…イ　G…ク　H…ウ
(2)ツバメは体表が羽毛におおわれていて，カメはうろこにおおわれている。
(3)タコはえらで呼吸をし，マイマイは肺で呼吸する。

解説

❶ (1)(2)体の外側にある体を支えるつくりを外骨格といい，外骨格の内側につく筋肉を動かして運動する。バッタやエビのように，体やあしが多くの節に分かれている動物を節足動物という。
(3)(6)節足動物のうち，体が頭部，胸部，腹部に分かれていて，胸部にあしが3対ついているなかまを昆虫類という。
(4)(5)昆虫類は，胸部と腹部の側面につく気門というところで，空気をとり入れて呼吸している。気門につながった管が全身にはりめぐらされて，酸素が体内に運ばれる。
(7)クモ(ア)は節足動物のクモ類，ムカデ(ウ)は節足動物の多足類，マイマイ(エ)は軟体動物である。
(8)〜(10)エビなど水中で生活する甲殻類は，えらで呼吸している。
(11)ザリガニもダンゴムシも甲殻類に分類される。ザリガニの体は頭胸部と腹部の２つに分かれている。ダンゴムシは，体が頭部，胸部，腹部に分かれていて，７つの節に分かれている胸部の節ごとに7対(14本)のあしがついている。陸上生活をするダンゴムシは，腹部に呼吸のための特別なつくりをもつ。ウニは節足動物・軟体動物以外のその他の無脊椎動物である。
(12)節足動物が古い外骨格を脱ぎ捨てることを脱皮という。古い殻の下は新しい殻と体がつまった状態で，脱皮のあと，新しい殻と体がのびることでひとまわり大きく成長する。

❷ (1)〜(5)㋐外とう膜…内臓をおおって，保護する膜。　㋑貝柱…２枚の貝殻をつなぐ筋肉。のばしたり縮めたりして殻を開閉する。　㋒あし…筋肉でできていて，のばしたり縮めたりをくりかえして前進する。　㋓えら…海水中の酸素をとり入れて呼吸をしている。　㋔出水管…不要なものなどを体外に出す管。　㋕入水管…海水とともにプランクトンなどの食べ物をとりこんでいる。
(6)アサリのように，内臓をおおう外とう膜をもつ動物のなかまを軟体動物という。

❸ (1) [注意] 大集合から小集合の順に，なかま分けする観点を見きわめよう。
●AとB(背骨の有無)…Aは脊椎動物，Bは無脊椎動物である。
●サルとC(胎生か卵生か)…哺乳類のサルだけが胎生で，ほかの動物(C)はすべて卵生である。
●E…「脊椎動物(A)」で「肺で呼吸(D)」をし，「殻のある卵を産む」のが，ツバメとカメである。
●F…「脊椎動物(A)」で「殻のない卵を産む」のが，

イモリとメダカである。

●G(軟体動物)…「無脊椎動物(B)」で，外とう膜をもつ動物。

●H(節足動物)…「無脊椎動物(B)」で，体やあしが節に分かれている動物。

p.34~35 ステージ3

1 (1)・体を支える。　・体の内部を保護する。
(2)筋肉　(3)①節　②節足　③卵　④脱皮
(4)イ，エ，ク　(5)昆虫類　(6)ウ，カ，キ
(7)甲殻類　(8)ア，オ，ク　(9)エ

2 (1)①イルカ　②タツノオトシゴ
③サンショウウオ　④ペンギン　⑤ウミガメ
(2)体温が維持できる。(体温が下がりにくい。)
(3)B…エ　D…イ
(5)ア…⑤　イ…②　ウ…⑧　エ…①

解説

1 (1)~(3)図1の動物は，すべて節足動物である。節足動物は，外骨格という体の外側にかたい殻があり，体を支えるとともに，内部を保護している。
(3)卵生であることは，脊椎動物の哺乳類以外の動物に共通している。そのほか，節足動物に共通する特徴は，脱皮をすることなどがあげられる。
(4)(5)昆虫類は，体が頭部，胸部，腹部の3つに分かれており，3対のあしは胸部についている。はねも胸部についている。胸部と腹部にある気門で空気をとり入れて呼吸している。
(8)ムカデは昆虫類や甲殻類以外の多足類というなかまで，体は頭部と多くの節に分かれた胴部からなる。
(9)ア~エは，すべて昆虫類であるが，食べ物が異なり，口の形も食べ物に合ったつくりをしている。クモと同様，カマキリも肉食で，他の動物を食べる。チョウは花などの蜜を，ハエ，カブトムシは液体の樹液などを食べ物としている。

2 (1)①~⑤は，それぞれ①哺乳類，②魚類，③両生類，④鳥類，⑤は虫類である。
(2)鳥類と哺乳類は，体表が羽毛や毛におおわれていて，そのおかげで，ほかの脊椎動物よりも，体温が維持できる動物である。

p.36~37 単元末総合問題

1 (1)胞子　(2)葉，茎，根の区別がない。
(3)裸子　(4)イ，エ　(5)㋑　(6)下図
(7)①子房　②被子
③平行脈である
④単子葉
(8)離弁花類　(9)ア，ウ

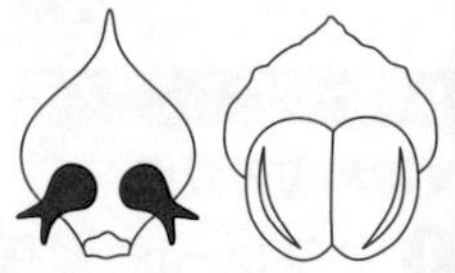

2 (1)A…アサリ，タコ
B…ミミズ，クラゲ　C…バッタ
D…カニ　E…クモ
(2)外骨格　(3)外とう膜　(4)エ

3 ①イ　②エ　③ウ　④ア

解説

1 (1)(2)胞子でなかまをふやす植物は，葉，茎，根の区別があるかないかで，シダ植物とコケ植物に分けられる。
(3)(4)種子植物は，胚珠が子房の中にある被子植物と，胚珠がむき出しの裸子植物に分けられる。スギナ(ア)はシダ植物，イネ(ウ)は被子植物の単子葉類である。
(5)(6)雌花は枝先につき，りん片に胚珠がむきだしについている。雄花は雌花の下部に密集してつき，りん片に花粉のうがついている。
(7)胚珠が子房の中にあることと葉脈が平行脈であることから，被子植物の単子葉類と分類できる。
(8)(9)タンポポ，ツツジは，合弁花類である。

2 (1)クモは，節足動物のうちのクモ類に属し，図1では，甲殻類・昆虫類以外のEに分類される。
(4)顕微鏡の倍率を上げて，さらにくわしく観察するときは，対象物を視野の中央に移動させた後に，レボルバーを回して対物レンズを倍率の高いものに変える。高倍率になると，視野が暗くなるので，その後に，反射鏡やしぼりで明るさの調整を行う。

3 ㋐~㋔はすべて脊椎動物で，㋐鳥類，㋑魚類，㋒哺乳類，㋓は虫類，㋔両生類である。
①㋔のカエルは成体とあるので，肺で呼吸をする。
②㋑と㋔に共通する特徴は，殻のない卵を水中に産むことである。
③㋑と㋓に共通する特徴は，体表がうろこでおおわれていることである。㋐のスズメは羽毛，㋒のウサギは毛，㋔のカエルは湿った皮膚で，それぞれおおわれている。
④㋒のウサギだけにあてはまる特徴は胎生である。

[地][球] 活きている地球

1章　身近な大地
2章　ゆれる大地

p.38〜39　ステージ1

●教科書の要点

❶ ①プレート　②隆起　③沈降　④しゅう曲　⑤断層

❷ ①震源　②震央　③初期微動　④主要動　⑤初期微動継続時間　⑥震度　⑦マグニチュード　⑧津波　⑨活断層

●教科書の図

[1] ①しゅう曲　②断層

[2] ①震央　②震源　③初期微動　④主要動　⑤初期微動継続　⑥地震　⑦S　⑧初期微動継続　⑨5　⑩海洋　⑪大陸　⑫津波

p.40〜41　ステージ2

❶ (1)イ　(2)海底(水底)　(3)隆起

❷ (1)震源　(2)震央
(3)初期微動　(4)P波　(5)6km/s
(6)主要動　(7)S波　(8)3km/s
(9)初期微動継続時間　(10)5秒間
(11)午前7時15分10秒
(12)午前7時15分35秒
(13)午前7時15分20秒

❸ (1)㋑
(2)
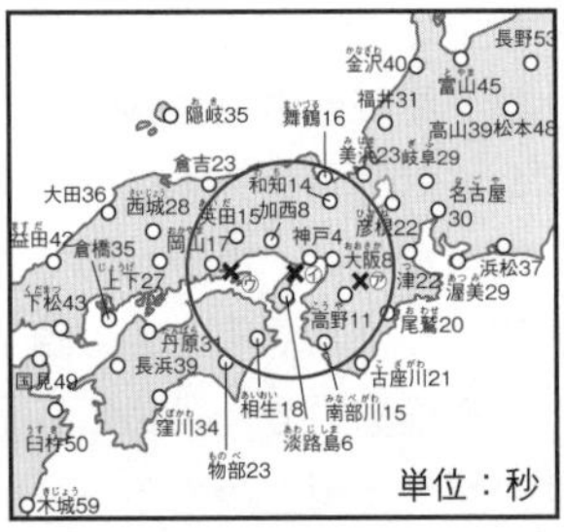

(3)ア　(4)6.3km/s

❹ (1)
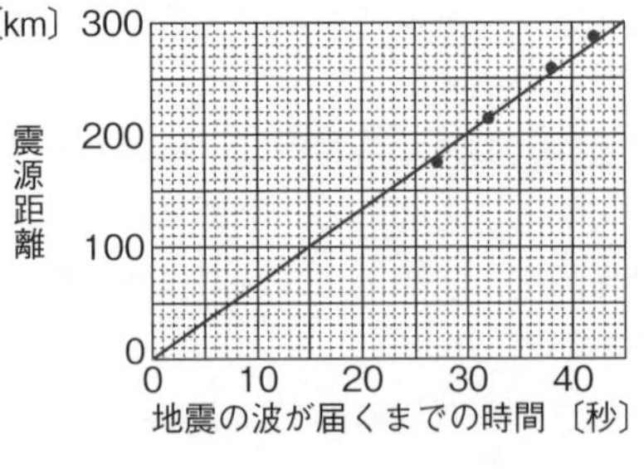

(2)比例の関係　(3)ウ

解説

❶ (1)れきは粒の大きさが2mm以上，砂は2〜$\frac{1}{16}$mm，泥は$\frac{1}{16}$mm以下である。
(2)(3)ホタテは海にすむ生物である。土砂の堆積により，海の生物の遺骸が埋められ，長い年月をかけて化石になる。その後，土地が隆起して，地表に現れたと考えられる。

❷ (1)(2)震源は最初に地下の岩石が破壊された場所，震央は震源の真上の地表の位置のことをいう。
(3)(4)P波によって伝えられる，はじめの小さなゆれを初期微動という。
(5) [注意] 速さ〔km/s〕＝距離〔km〕÷時間〔s〕を使って計算しよう。
(6)(7)S波によって伝えられる，後からくる大きなゆれを主要動という。
(8)震源から30kmの地点に伝わるのに10秒かかっているので，
30〔km〕÷10〔s〕＝3〔km/s〕
(10)図より，P点における初期微動継続時間は，
10－5＝5〔秒間〕である。
(11)図より，地点Pで初期微動がはじまった5秒前に地震が発生しているので，地震の発生時刻は，
午前7時15分15秒－5秒＝午前7時15分10秒
(12)地点QにS波が届くのに25秒(75〔km〕÷3〔km/s〕)かかっているので，地点Qで，主要動がはじまった時刻は，
午前7時15分10秒＋25秒＝午前7時15分35秒
(13) [注意] 時間〔s〕＝距離〔km〕÷速さ〔km/s〕を使って計算しよう。
震源から60kmの地点にP波が伝わるのには，
60〔km〕÷6〔km/s〕＝10〔s〕かかるので，
午前7時15分10秒＋10秒＝午前7時15分20秒に初期微動がはじまる。

❸ (1)(2)地震発生からゆれはじめまでの時間が等しい点を結ぶと，ほぼ同心円状の形になる。震央は，その円の中心とほぼ一致する。
(3)図で，震央から離れた場所ほどゆれはじめるまでの時間が長くなっていることから，震源から遠いほど，ゆれはじめる時刻が遅くなるといえる。
(4)189〔km〕÷30〔s〕＝6.3〔km/s〕

❹ (1) [注意] まず，観測値に・を記入し，点が直線

の上下に同じぐらい散らばるように直線を引こう。

(2)グラフが原点を通る直線となったことから，地震の波が届くまでの時間と，震源距離は比例の関係にあることがわかる。

(3)グラフの傾きが波の速さを表している。傾き方は一定なので，地震を伝える波の速さは，ほぼ一定であるといえる。

p.42~43 ■ステージ2

❶ (1)震度　　(2)10階級　　(3)小さくなる。
　(4)マグニチュード　　(5)ウ　　(6)イ　　(7)㋐
❷ (1)イ　　(2)ア，ウ　　(3)断層　　(4)活断層
　(5)A…大陸プレート　B…海洋プレート
　(6)大陸プレート　　(7)津波

■ 解説 ■

❶ **注意** 震度は，ゆれの大きさを表すもので，観測地ごとに異なる。マグニチュードは，地震そのものの規模の大小を表すもので，1つの地震に1つの値であることを理解しよう。

(1)(2)ゆれの大きさは，各観測点によって異なる。ゆれの階級は，0，1，2，3，4，5弱，5強，6弱，6強，7の10段階である。

(5)マグニチュードが1ふえると地震のエネルギーは約32倍，2ふえると1000倍になる。

(6)地震のとき，地震計の記録紙はゆれにともなって動くが，おもりとつながった針はほとんど動かないため，針の先についたペンでゆれを記録できる。

(7)㋐のほうが，震央から遠くまでゆれが伝わっていて，震度の大きい範囲も広いことから，地震の規模は㋐のほうが大きいといえる。

❷ (3)断層は，力の加わり方によってずれ方が異なり，正断層，逆断層，横ずれ断層に分けられる。

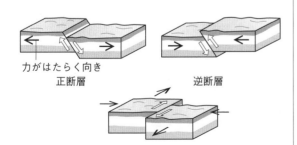

力がはたらく向き
正断層　　　　逆断層
横ずれ断層

(6)プレートの境界で発生する地震は，太平洋側の海洋プレートが，日本海側の大陸プレートの下に沈みこむときにはたらく，巨大な力によって起こる。

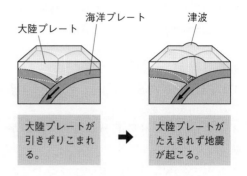

大陸プレート　海洋プレート　津波

大陸プレートが引きずりこまれる。　→　大陸プレートがたえきれず地震が起こる。

(7)津波は，海底の地下を震源とする地震によって発生することが多い。

p.44~45 ■ステージ3

❶ (1)㋑　　(2)16秒　　(3)6km/s
　(4)4km/s　　(5)11秒間
❷ (1)a…初期微動　　b…主要動
　(2)B　　(3)㋓
　(4)

40秒　45秒
31秒　39秒
23秒　16秒　28秒　40秒
36秒　28秒　15秒　8秒　14秒　22秒
42秒　17秒　13秒　×　8秒　22秒
　27秒　11秒　10秒　20秒　㋑　㋐
43秒　　　　15秒
39秒　31秒　21秒
34秒
41秒　　㋓　㋒

❸ (1)震源は最初に地下の岩石が破壊された場所で，震央は震源の真上の地表の位置である。
　(2)①初期微動　②P波　③主要動　④S波
　　⑤初期微動継続時間
　(3)震源距離が長くなるほど，初期微動継続時間は長くなる。
　(4)ある地点でのゆれの大きさ
　(5)地震そのものの規模の大小
❹ (1)プレート　　(2)a　　(3)㋒　　(4)海溝
　(5)断層　　(6)㋕，㋘　　(7)活断層
　(8)津波

■ 解説 ■

❶ (2)地震が発生したのが8時45分12秒で，地点Aで初期微動がはじまったのが8時45分28秒なので，初期微動を起こすゆれが地点Aに届くまで

にかかった時間は，
8時45分28秒－8時45分12秒＝16秒
⑶初期微動を起こす波(P波)は，震源から96km離れた地点Aまで16秒かけて伝わっていることから，
96〔km〕÷16〔s〕＝6〔km/s〕
⑷主要動を起こす波(S波)は，震源から地点Aまでの96kmを伝わるのに，
8時45分36秒－8時45分12秒＝24秒かかっているので，
96〔km〕÷24〔s〕＝4〔km/s〕
⑸8時45分45秒－8時45分34秒＝11秒間

2 ⑵震源に近いほど，地震のゆれは速く伝わり，初期微動継続時間は短く，地震のゆれは大きくなる。
⑶ゆれがはじまるまでの時間が，23秒前後の地点を参考にして，23秒の点を通る円をかくとわかりやすい。
⑷震央距離と，ゆれがはじまるまでの時間はほぼ比例する。また，地震の波はどの方向にもほぼ一定の速さで伝わるので，ゆれはじめの時刻が同じである地点を結んだ円の中心付近が震央となる。

3 [注意] 「震源と震央」，「震度とマグニチュード」のちがいを正確に理解しておこう。
⑷震度はある地点での地震によるゆれの大きさを表す値なので，観測する地点によって異なる。また，ふつう，震央から遠ざかるほど震度は小さくなるが，震央距離が同じであっても，土地のつくりや地下のようすによって震度が異なることがある。
⑸マグニチュードは地震そのものの規模の大小を表す値で，1つの地震では1つの値をとる。いっぽんに，震源の位置が同じであった場合，マグニチュードが大きいほど震央から遠くまでゆれが伝わり，震度の大きい範囲も広くなる。

4 ⑴地球の表面は，十数枚のプレートにおおわれている。
⑵海洋プレート(B)は大陸プレート(A)の下に沈みこむように動いている。
⑶日本列島付近の地震は，プレートの境界に沿って，震源が太平洋側から大陸側に向かって深くなるものと，震源が大陸プレート内部の比較的地下の浅いところにあるものとがある。
⑹図2のような断層を逆断層という。また，力が㋖，㋗のようにはたらいたときにできる断層を正断層という。

3章　火をふく大地

p.46〜47　ステージ1

●教科書の要点

1 ①火山ガス　②火山噴出物　③マグマ
④鉱物　⑤クロウンモ　⑥セキエイ
⑦活火山　⑧黒　⑨白

2 ①火成岩　②火山岩　③斑晶　④石基
⑤斑状　⑥深成岩　⑦等粒状　⑧海溝

●教科書の図

[1] ①ゆるやか　②おだやか　③爆発的
④小さい　⑤大きい　⑥黒

[2] ①火山　②斑状　③斑晶　④石基
⑤深成　⑥等粒状　⑦安山　⑧花こう
⑨チョウ石　⑩クロウンモ

p.48〜49　ステージ2

1 ⑴マグマ　⑵火山噴出物
⑶①溶岩　②火山灰　③火山ガス

2 ⑴エ　⑵ウ，エ

3 a…セキエイ　b…チョウ石
c…クロウンモ　d…カンラン石

4 ⑴A…小さい　B…大きい
⑵C…おだやか　D…激しい
⑶E…㋑　F…㋐　G…㋒
⑷H…ア　I…ウ　J…イ

解説

1 ⑶火山噴出物には，溶岩，火山灰，火山ガスのほかに，火山れき，火山弾，軽石などがある。火山弾は，ふき飛ばされたマグマが空中で冷え固まったものである。軽石は白っぽく，小さな穴がたくさん空いていて軽いものである。
②直径2mm以上のものを火山れきという。
③火山ガスのほとんどは水蒸気である。

2 ⑵同じ火山から噴出したものでも，色や形のちがう鉱物がふくまれている。火山灰にふくまれる鉱物の種類や量は，火山によって異なる。

3 白色・無色の鉱物には，セキエイやチョウ石がある。有色の鉱物には，クロウンモ，カクセン石，

キ石，カンラン石がある。

4 (1)マグマのねばりけが小さいほど，溶岩は黒っぽくなる。マグマのねばりけが大きいほど，溶岩は白っぽくなる。

(2)マグマのねばりけが小さい火山の噴火は，溶岩をふき上げるが，比較的おだやかである。マグマのねばりけが大きい火山の噴火は，激しく爆発的である。

(3)マグマのねばりけが小さいほど，火山の形は傾斜がゆるやかになる。マグマのねばりけが大きいと，火山はドーム状の形になる。

(4)日本には，傾斜がゆるやかな形に分類される火山は見られない。

p.50〜51 ステージ2

1 (1)マグマ　(2)火山岩　(3)深成岩

(4)[イ]　(5)[ア]斑状組織　[イ]等粒状組織

(6)A…斑晶　B…石基

(7)(2)に分類されるもの…ア，エ，オ

(3)に分類されるもの…イ，ウ，カ

2 (1)マグマ

(2)[ア]地表や地表近く　[イ]地下深く

(3)[ア]

3 (1)[ア]安山岩　[イ]花こう岩

(2)ア　(3)①ア　②ウ

4 (1)マグマだまり　(2)b　(3)[ア]

(4)①とけ　②マグマ　③平行

解説

1 (1)〜(3)火成岩のうち，マグマが地表で冷え固まったものを火山岩，地下深くで冷え固まったものを深成岩という。

(4)深成岩は，地下深くでゆっくりと冷え固まるため，大きな鉱物の組み合わさったつくりになる。

(5)(6)火山岩に見られるつくりを斑状組織といい，比較的大きな鉱物を斑晶，細かい粒などでできた部分を石基という。一方，深成岩に見られるつくりを等粒状組織という。

(7)火山岩には，黒っぽいものから順に玄武岩，安山岩，流紋岩がある。深成岩には，黒っぽいものから順に斑れい岩，せん緑岩，花こう岩がある。

2 (1)水溶液中のミョウバンを，マグマにふくまれる鉱物と考え，冷え方のちがいによる結晶のでき方のちがいを調べる実験である。

(2)(3)火山岩は，マグマが地表や地表近くで急に冷え固まってできる岩石で，結晶になった鉱物(斑晶)と結晶になれなかった部分(石基)のある斑状組織になる。

3 火山岩には，黒っぽいものから順に，玄武岩，安山岩，流紋岩があり，深成岩には，黒っぽいものから順に斑れい岩，せん緑岩，花こう岩がある。白っぽい火成岩には白色・無色の鉱物が多くふくまれ，黒っぽい火成岩には有色の鉱物が多くふくまれる。

(2)火成岩の色は，ふくまれる鉱物によって異なる。白色・無色の鉱物が多いほど白っぽくなり，有色の鉱物が多いほど黒っぽくなる。

(3)①カンラン石やキ石を多くふくむ，黒っぽい火成岩は，火山岩の玄武岩と深成岩の斑れい岩である。

②チョウ石やセキエイを多くふくむ，白っぽい火成岩は，火山岩の流紋岩と深成岩の花こう岩である。

4 (2)(3)日本列島付近では，海洋プレートが大陸プレートの下に沈みこんでいる。

(4)プレートが深く沈みこんでいる場所では，岩石の一部がとけてマグマを生じ，マグマが上昇するとマグマだまりができる。マグマはやがて噴出して火山を形成する。そのため，日本列島の火山は，プレート境界とほぼ平行に，帯状に分布する。

p.52〜53 ステージ3

1 (1)溶岩ドーム　(2)ねばりけ(流れやすさ)

(3)[イ]

(4)マグマにふくまれる成分が異なるから。

(5)①[イ]　②[ア]

(6)①[ア]　②[イ]　③[ウ]

(7)海溝やトラフとほぼ平行に，帯状に分布している。

2 (1)チョウ石

(2)クロウンモ

(3)小さい。

3 (1)斑晶　(2)石基　(3)[ア]

(4)図1…斑状組織　図2…等粒状組織

(5)図1…火山岩　図2…深成岩

(6)マグマがゆっくりと冷え固まるため，それぞれの鉱物がじゅうぶんに成長するから。

解説

❶ (2)火山の形はマグマのねばりけ(流れやすさ)によって変わる。ねばりけが大きいと㋐のようなドーム状の形，ねばりけが小さいと㋑のような傾斜がゆるやかな形になる。
(3)(4)マグマのねばりけが小さい火山の溶岩は有色の鉱物を多くふくむため黒っぽく，マグマのねばりけが大きい火山の溶岩は白色・無色の鉱物を多くふくむため白っぽくなる。
(5)マグマのねばりけが大きいほど噴火は爆発的になり，マグマのねばりけが小さいほど噴火はおだやかになる。
(7)図２から，火山の分布とプレートの境界にできる海溝やトラフがほぼ平行であることがわかる。

❷ (1)無色鉱物は，セキエイとチョウ石である。
(2)六角形をしている黒い鉱物はクロウンモである。
(3)火成岩にふくまれる鉱物に有色のものが多い場合，火成岩のもととなったマグマのねばりけは小さい。マグマの色や性質は，さまざまな鉱物の割合によって異なることに注意しよう。

❸ (1)~(3)図１のようなつくりを斑状組織といい，火山岩に見られる。地下深くでは，マグマがゆっくり冷えるため㋐のような斑晶ができる。斑晶をふくんだマグマが地表や地表近くで急に冷えると，鉱物がじゅうぶんに成長できず，㋑のような石基の部分ができる。

４章　語る大地

p.54~55　ステージ１

●教科書の要点

❶ ①風化　②侵食　③上
❷ ①堆積岩　②砂岩　③石灰岩　④凝灰岩
❸ ①示相化石　②示準化石　③地質年代
　④鍵層
❹ ①海岸段丘　②ハザードマップ

●教科書の図

[1] ①侵食　②運搬　③堆積
　④小さい　⑤地層
[2] ①浅い　②寒冷
　③古生　④サンヨウチュウ
　⑤中生　⑥アンモナイト
　⑦新生　⑧ビカリア
[3] ①液状化　②海岸段丘

p.56~57　ステージ２

❶ (1)風化　(2)①侵食　②運搬　③堆積
　(3)①扇状地　②三角州
❷ (1)A…㋐　B…㋑　C…㋒　(2)細かい粒
　(3)大きな粒　(4)古い。　(5)隆起
❸ (1)イ　(2)ア
❹ (1)粒の大きさ　(2)ア　(3)二酸化炭素
　(4)ア　(5)粒が丸みを帯びている。
　(6)(堆積する前に)流水で運ばれながら角がけずられるため。

解説

❶ (3)山地から平野になったり，平野から河口になったりするところでは，流れがゆるやかになり，運ばれてきた土砂が堆積して，扇状地や三角州ができやすい。

❷ (1)(2)運ばれてきた土砂は，大きな粒が河口近くに堆積し，細かい粒ほど河口から遠く離れたところまで運ばれる。
(4)地層ができるとき，古い層の上に新しい土砂が堆積していく。
(5)土地の隆起などで，水底で堆積した地層が陸上で見られることがある。

❸ (1)粒の大きなれきや砂は，といの出口に近いところに積もり，粒の細かい泥は，といの出口から遠いところに積もる。
(2)といの出口付近では水の流れがゆるやかになる。これは，河口から海に流れこむ部分に似ている。

❹ (1)粒が大きなものから順に，れき岩，砂岩，泥岩となる。
(2)(3)石灰岩にふくまれる炭酸カルシウムとうすい塩酸が反応して二酸化炭素が発生する。
(4)チャートはとてもかたいため，くぎで表面に傷をつけることができない。
(5)(6)れき岩の粒は，流水で運ばれる間に，ぶつかるなどして角がけずられて丸みを帯びる。

p.58〜59 ステージ2

❶ (1)示準化石　(2)イ　(3)示相化石
(4)ア　(5)ア，ウ
(6)㋐サンヨウチュウ(三葉虫)
㋑アンモナイト
(7)地質年代　(8)㋐古生代　㋑中生代

❷ (1)露頭　(2)柱状図
(3)b層→a層→d層→c層
(4)鍵層
(5)広範囲に同時期に堆積するから。

❸ (1)ウ　(2)㋐沈降　㋑隆起　(3)海岸段丘

❹ (1)ハザードマップ
(2)被害を最小限にするため。
(3)火砕流(かさいりゅう)　(4)泥流(でいりゅう)

解説

❶ (5)フズリナ，マンモス，ビカリアの化石は示準化石で，フズリナは古生代，マンモスとビカリアは新生代に生存していた生物である。サンゴ，ブナの葉の化石は示相化石で，サンゴはあたたかくて浅い海，ブナはやや寒い気候の土地に多く見られる生物である。
(7)地質年代には，新しいものから順に，新生代，中生代，古生代などがあり，新生代は，第四紀，新第三紀，古第三紀に分けられる。

❷ (3) [注意] 複数の柱状図を用いて地層の新旧を考えるときは，共通する層(鍵層)を調べ，それを基準にしよう。
地層は下のものほど古い。地点Aの柱状図から，a層よりb層のほうが古いことがわかり，地点Bの柱状図から，古いものから順に，a層，d層，c層となることがわかる。

❸ (2)大きな力を受けて，土地が上昇することを隆起，下降することを沈降という。
(3)海岸付近で，波の侵食などで平らになった海底が隆起して陸上に現れたものが段丘面となる。

❹ (1)(2)図のハザードマップには，過去の噴火時の噴火口や，溶岩が流れ出る範囲や噴石の範囲などが記録されている。過去の情報を理解して活用して，今後の被害を最小限にすることができる。
(3)火砕流は，高速でガスや溶岩などが流れ下るため，避難が間にあわず，被害が出ることがある。
(4)噴火の後，時間がたってから発生することもある。雪が積もっているときに噴火があると泥流が発生しやすくなるので，避難が必要になる。

p.60〜61 ステージ3

❶ (1)イ　(2)ウ　(3)C　(4)堆積岩
(5)石灰岩　(6)二酸化炭素が発生する。
(7)チャート　(8)気体は発生しない。
(9)新生代　(10)エ
(11)示相化石　(12)あたたかく浅い海
(13)限られた環境でしか生存できない生物。

❷ (1)㋐→㋒→㋔→㋓→㋑　(2)風化
(3)㋒侵食　㋔運搬　(4)下
(5)粒の大きなものほどはやく沈むから。

❸ (1)㋒　(2)隆起　(3)しゅう曲　(4)A
(5)断層　(6)ハザードマップ

解説

❶ (1)(2)れきは粒が大きく，はやく沈むため，岸から近いところに堆積する。泥は粒が細かいため，岸から離れた深い海に堆積する。
(3)凝灰岩は火山噴出物が堆積してできた岩石である。
(5)(6)石灰岩にうすい塩酸をかけると，二酸化炭素が発生する。
(7)(8)チャートは，石灰岩と同じように生物の遺骸や水にとけた成分が堆積したものであるが，とてもかたいので，くぎなどで表面に傷をつけることができない。また，うすい塩酸をかけても気体は発生しない。
(9)(10)図2はビカリアの化石で，新生代の示準化石である。フズリナや三葉虫は古生代，アンモナイトは中生代，ビカリアやマンモスは新生代の示準化石である。
(13)示相化石には，ある限られた環境でしか生存できなかった生物の化石が適している。一方，示準化石には，限られた時代にしか生存していなかった生物の化石が適している。

❷ (4)(5)れき，砂，泥が同時に堆積する場合は，粒が大きいものほどはやく沈むので，下のほうほど粒が大きくなる。

❸ (1)海岸段丘は土地の隆起によってできるので，上にある段丘面ほど古くにできたものである。
(4)地層は，ふつう，下の層ほど古く，上の層ほど新しい。
(5)図2の断層は，両側から引かれる力がはたらい

てできる正断層である。

p.62〜63 《 単元末総合問題

1》 (1)C　(2)ウ　(3)ウ

(4)

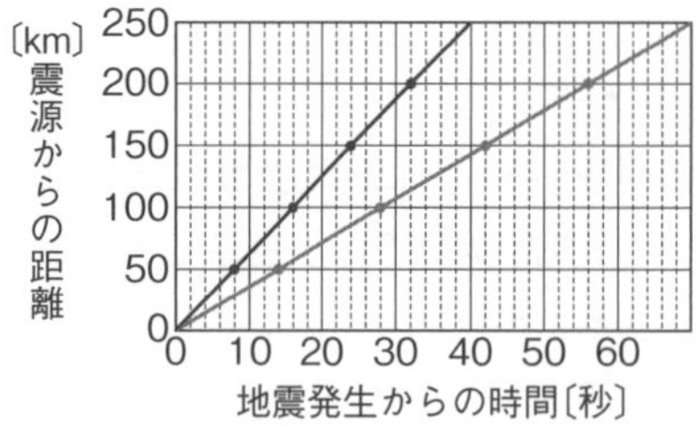

(5)3.6km/s　(6)(地震そのものの)規模の大小

2》 (1)斑状組織　(2)ア，ウ

(3)地下の深いところで，マグマがゆっくり冷え固まってできる。

3》 (1)B　(2)ウ　(3)示準化石　(4)ア

4》 (1)㋐　(2)ウ

(3)大陸プレート…A

Bのプレートの動く方向…a

(4)㋒　(5)断層

》解 説《

1》 (1)震源に近いほど，P波が届いてからS波が届くまでの時間(図1のPS間，初期微動継続時間という)は短くなる。PS間の短い順に並べると，C→A→B→Dとなる。

(3)図1より，B地点にS波が届いたのは，地震発生から42秒後である。図2で，S波が地震発生から42秒後に届いた地点の震源からの距離を読みとると，150kmとなる。

(5)図2より，S波は地震発生から28秒後に震源から100kmの地点まで伝わっていることから，S波の速さは，100〔km〕÷28〔s〕＝3.57…〔km/s〕より，3.6km/sとなる。

2》 Aは火山岩(玄武岩，安山岩，流紋岩)に見られる斑状組織で，Bは深成岩(斑れい岩，せん緑岩，花こう岩)に見られる等粒状組織である。

3》 (1)Aは石灰岩，Dはれき(岩)，Eは泥(岩)の層だと考えられる。

(4)セキエイやチョウ石は無色や白色の鉱物なので，白っぽい火山灰である。

4》 (3)海洋プレートが大陸プレートの下に沈みこんでいる。

[物質] 身のまわりの物質

サイエンス資料
1章　いろいろな物質とその性質

p.64〜65 ステージ1

●教科書の要点

❶ ①物体　②物質　③有機物　④二酸化炭素

⑤無機物　⑥金属　⑦電気　⑧非金属

❷ ①質量　②密度

③グラム毎立方センチメートル　④種類

⑤小さい　⑥大きい

●教科書の図

[1] ①ろうと　②枝つきフラスコ

③メスシリンダー　④こまごめピペット

[2] ①空気　②ガス　③10　④青　⑤ゆるめ

[3] ①有機物　②無機物　③非金属

p.66〜67 ステージ2

❶ ①○　②○　③×　④×　⑤○

❷ (1)A…空気調節ねじ　B…ガス調節ねじ

(2)b　(3)エ→ア→オ→イ→ウ

(4)10cm　(5)青色　(6)㋑　(7)㋒

(8)イ

❸ (1)㋐イ　㋑ウ　㋒カ　㋓オ　㋔キ

(2)二酸化炭素　(3)有機物　(4)水

(5)かたくり粉

❹ (1)ア，イ，エ，オ

(2)イ，ウ，エ，カ，キ，ク

解 説

❶ ①液体がはねないように，注ぐときはガラス棒を伝わらせる。

②先端を上にすると，液体がゴム球に入り，ゴム球がよごれたり，破損したりするおそれがある。

④においを直接かぐと有害なものもあるので，手であおぐようにしてかぐ。

❷ (3)ガス調節ねじ，空気調節ねじが軽くしまっている状態にして(エ)から，元栓を開ける(ア)。次に，コックを開けてから，ガスライターに火をつけ(オ)，ガス調節ねじをゆるめ(イ)，ガスに火をつける(ウ)。

(4)(5)点火したら，ガス調節ねじでガスの量を調節して10cmくらいの炎にし，空気調節ねじで空気の量を調節して青色の炎にする。

(8)空気調節ねじをゆるめると空気の量が多くなり，しめると空気の量が少なくなる。

❸ (1)かたくり粉や砂糖は加熱すると燃えて灰になり，実験4では石灰水は白くにごる。食塩は，においがなく，加熱しても燃えない。

(2)石灰水は，二酸化炭素によって白くにごる。

(3)(4)有機物には，炭素がふくまれているため，加熱すると燃えて二酸化炭素が発生する。また，多くは水素もふくまれているため，加熱すると燃えて水が発生する。

❹ (1)炭素をふくむ物質を有機物といい，木，プラスチック，ろう，エタノールがあてはまる。

(2)金属共通の性質をもっているのは，銅，アルミニウムである。

p.68~69 ステージ2

❶ (1)①炭素 ②二酸化炭素 ③有機物 ④水 ⑤無機物
(2)イ，ウ，オ，キ (3)非金属

❷ (1)質量 (2)ウ→イ→オ→ア→エ
(3)㋐ (4)指針が左右に等しく振れること。

❸ (1)㋐ (2)㋑ (3)密度 (4)㋐

❹ (1)メスシリンダー (2)㋒ (3)物質の体積
(4)A…$7.9g/cm^3$ B…$11.3g/cm^3$ C…$8.9g/cm^3$
(5)A…鉄 B…鉛 C…銅
(6)$80cm^3$ (7)物質D

解説

❶ (2) [注意] 磁石につくのは，鉄などの一部の金属である。

金属に共通する性質は，次の通りである。

❶電気をよく通す（電気伝導性）。
❷熱をよく伝える（熱伝導性）。
❸みがくと特有の光沢が出る（金属光沢）。
❹たたいて広げたり（展性），引きのばしたり（延性）することができる。

❷ (4)分銅と同じ質量の薬品をはかりとれたことは，指針が中央で止まるまで待つのではなく，指針の振れが左右で等しくなったことで判断する。

❸ (1)(2)同じ体積で比べると質量は㋐>㋑，同じ質量で比べると体積は㋐<㋑となる。

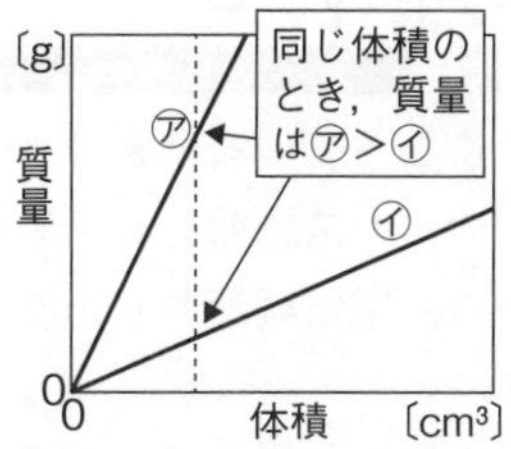

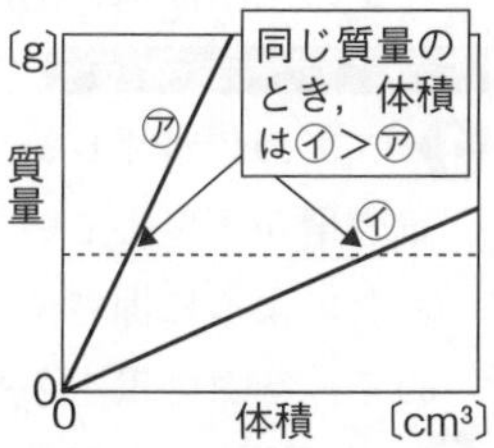

❹ (2)メスシリンダーの目盛りは，液面のへこんだ面を真横から水平に見て，最小目盛りの$\frac{1}{10}$まで目分量で読みとるようにする。

(4) [注意] 密度＝$\frac{質量}{体積}$を使って求めよう。

A…体積は，$52.2-47.0=5.2[cm^3]$，質量は，40.9gだから，密度は，

$\frac{40.9[g]}{5.2[cm^3]}=7.86\cdots$より，$7.9g/cm^3$

B…体積は，$52.5-46.5=6.0[cm^3]$，質量は，67.7gだから，密度は，

$\frac{67.7[g]}{6.0[cm^3]}=11.28\cdots$より，$11.3g/cm^3$

C…体積は，$52.1-46.4=5.7[cm^3]$，質量は，50.8gだから，密度は，

$\frac{50.8[g]}{5.7[cm^3]}=8.91\cdots$より，$8.9g/cm^3$

(6) [注意] 体積＝質量÷密度を使って求めよう。

エタノールの密度は，$0.79g/cm^3$だから，質量は$63.2[g]\div0.79[g/cm^3]=80[cm^3]$

(7)エタノールの密度よりも物質Dの密度が大きいため，物質Dが沈んだと考えられる。

p.70~71 ステージ3

❶ (1)A…空気調節ねじ B…ガス調節ねじ
(2)a (3)火をつけたあと (4)ウ (5)エ

❷ (1)燃えて炭になる。
(2)燃えずに白い粉が残る。
(3)二酸化炭素 (4)炭素 (5)有機物
(6)変化しない。

❸ (1)質量 (2)密度 (3)銅 (4)アルミニウム
(5)31.6g (6)鉄 (7)浮く。

❹ (1)①㋐，㋑，㋔，㋕ ②㋒，㋓，㋖，㋗ ③㋓，㋗
(2)本体の密度は水の密度より大きく，キャッ

プの密度は水の密度より小さいこと。

解説

1 (5)炎の色がオレンジ色になっているときは，空気の量が不足しているので，ガス調節ねじを動かさないように押さえながら，空気調節ねじをゆるめて，空気の量をふやす。

2 (3)石灰水は，二酸化炭素によって白くにごるため，二酸化炭素の発生の確認に使われる。
(4)二酸化炭素が発生するのは，砂糖に炭素がふくまれているからである。
(6)スチールウール(鉄)は炭素をふくんでいないため，燃やしても二酸化炭素は発生しない。

3 (3)(4)密度が大きいほど，同じ体積での質量は大きくなる。密度が小さいほど，同じ質量での体積は大きくなる。
(5) [注意] 質量＝密度×体積を使って求めよう。
0.79〔g/cm^3〕×40〔cm^3〕＝31.6〔g〕
(6)小球の密度は，
$\frac{118〔g〕}{15〔cm^3〕}$＝7.86…〔g/cm^3〕である。表から，この値にもっとも近いのは鉄とわかる。
(7)ものが液体に浮くとき，その物質の密度は液体の密度よりも小さい。ものが液体に沈むとき，その物質の密度は液体の密度よりも大きい。鉄の密度は水銀の密度よりも小さいので，鉄は水銀に浮く。

4 (1)①有機物は炭素をふくむ物質で，紙，砂糖，プラスチック，木があてはまる。
③金属は，アルミニウムと鉄があてはまる。

2章　いろいろな気体とその性質

p.72〜73　ステージ1

●教科書の要点

1 ①過酸化水素水　②水上　③塩酸　④下方　⑤石灰水　⑥酸

2 ①塩化アンモニウム　②上方　③アルカリ　④フェノールフタレイン　⑤塩酸　⑥水上　⑦密度　⑧水

●教科書の図

1 ①とけにくい　②とけやすい　③大きい　④軽い　⑤水上　⑥下方　⑦上方

2 ①二酸化マンガン　②うすい塩酸　③うすい塩酸　④水酸化カルシウム

p.74〜75　ステージ2

1 (1)A…酸素　B…窒素　(2)二酸化炭素　(3)ウ

2 (1)㋐水上置換法　㋑下方置換法　㋒上方置換法
(2)水にとけにくい性質。
(3)㋑水にとけやすく，空気より密度が大きい(空気より重い)性質。
㋒水にとけやすく，空気より密度が小さい(空気より軽い)性質。

3 (1)㋐二酸化マンガン
㋑うすい過酸化水素水
(2)水にとけにくい。
(3)発生した酸素が空気と混ざらないようにするため。

4 (1)色…ない。　におい…ない。
(2)線香が激しく燃える。
(3)ものを燃やすはたらき
(4)変化しない。

5 (1)石灰石
(2)色…ない。　におい…ない。
(3)水にあまりとけない性質
(4)線香の火が消える。
(5)いえない。　(6)白くにごる。
(7)酸性　(8)ドライアイス

解説

1 (1)空気にもっとも多くふくまれている気体は窒素，次に多い気体は酸素である。その他の気体には，アルゴンという気体や二酸化炭素などが少量ふくまれている。
(2)(3)石灰水を白くにごらせる気体は二酸化炭素で，空気中に約0.04％ふくまれている。

2 (2)水にとけにくい気体は，水上置換法で集める。
(3)水にとけやすい気体で，空気より密度が小さい(空気より軽い)気体は上方置換法で集める。また，水にとけやすい気体で，空気より密度が大きい(空気より重い)気体は下方置換法で集める。

3 (2)酸素は水にとけにくいので，水上置換法で集める。
(3)試験管を水で満たしておくと，発生した酸素が空気と混ざることがない。また，集まった量が確認しやすくなる。

4 (3)(4)酸素には，ものを燃やすはたらきがあるが，

石灰水を白くにごらせる性質はない。

5 (3)二酸化炭素は，水に少しとけるだけなので，水上置換法で集めることができる。

(4)(5)酸素とちがい，二酸化炭素にはものを燃やすはたらきはないので，線香の火が消える。

(6)～(8)二酸化炭素には石灰水を白くにごらせる性質がある。二酸化炭素がとけた水溶液を炭酸水といい，炭酸水は酸性を示す。ドライアイスは固体の二酸化炭素で，冷却剤などに利用されている。

p.76～77 ステージ2

1 (1)塩化アンモニウム，水酸化カルシウム
(2)上方置換法
(3)水に非常にとけやすく，空気より密度が小さい(空気より軽い)性質。
(4)発生した水が試験管の底のほうに流れると，試験管が割れることがあるため。
(5)青色
(6)色…ない　におい…ある

2 (1)とける。 (2)小さくなること (3)赤色
(4)アルカリ性
(5)アンモニアが水にとけ，水溶液がアルカリ性を示すようになったから。

3 (1)うすい塩酸 (2)水にとけにくい性質
(3)水素が音を立てて燃えて水ができる。
(4)色…ない。 におい…ない。

4 イ，ウ，カ，ク，サ

5 ①ウ，オ，キ，ク ②エ，カ，キ
③カ ④イ ⑤ア ⑥イ ⑦ア

解説

1 (2)(3)アンモニアは，水に非常にとけやすく，空気より密度が小さいため，上方置換法で集める。

(4)発生した水が試験管の底のほうに流れこむと，試験管が割れることがある。

(5)アンモニアが水にとけると，その水溶液はアルカリ性を示す。

2 (1)(2)アンモニアは水に非常にとけやすいので，スポイトで水を入れると，アンモニアが水にとけてフラスコ内の体積が小さくなるため，ビーカーの水が吸い上げられる。

(3)フェノールフタレイン溶液は，アルカリ性の水溶液に反応して赤色になる。また，アルカリ性が強いほど濃い赤色になる。

3 (1)～(3)水素は，鉄やマグネシウムなどの金属にうすい塩酸を加えても発生する。水素は水にとけにくいので，水上置換法で集めることができる。水素に火を近づけると，水素が音を立てて燃えて，水ができる。

4 窒素は空気中に体積でもっとも多くふくまれる気体で，色もにおいもなく，水にとけにくい。また，ふつうの温度ではほかの物質と結びつきにくく，変化しにくい。

5 ①ア～クの気体の密度を小さい順に並べると，水素，メタン，アンモニア，窒素，(空気)，酸素，塩化水素，二酸化炭素，塩素となる。

②メタンは天然ガス(都市ガス)の主成分で，メタン自体にはにおいがない。

③色があるのは塩素だけである。塩素は，黄緑色をした刺激臭のある気体で，有毒である。

④⑥二酸化炭素は，発泡入浴剤と湯，卵の殻と食酢の組み合わせで発生する。

⑤⑦酸素は，風呂がま洗浄剤と湯，ダイコンおろしとオキシドールの組み合わせで発生する。

p.78～79 ステージ3

1 (1)㋐うすい過酸化水素 ㋑二酸化マンガン
(2)A (3)C (4)酸素
(5)ものを燃やすはたらき。

2 (1)アンモニア
(2)ガラス管の先端から水がふき出す。(噴水が上がる。)
(3)水に非常によくとける性質 (4)赤色
(5)水にとけるとその水溶液がアルカリ性を示す性質

3 (1)A…オ B…イ
(2)右図

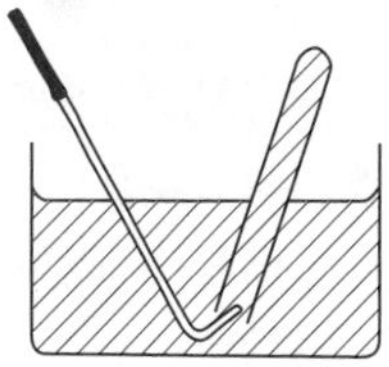

(3)はじめに出てくる気体は，装置の中にあった気体を多くふくむから。
(4)ア，オ

4 (1)①におい ②石灰水
(2)㋐アンモニア ㋑二酸化炭素
(3)方法…試験管に火のついた線香を入れる。
結果…線香が激しく燃える。

解説

1 (2)(3)酸素は水にとけにくいため，水上置換法で集める。二酸化炭素は空気より密度が大きいため，下方置換法で集める。水に少しとけるだけなので，水上置換法で集めることもできる。
(4)(5)酸素にはものを燃やすはたらきがあるが，二酸化炭素にはない。

2 (2)(3)アンモニアは水に非常によくとける。スポイトの水をフラスコに入れると，フラスコ内のアンモニアが水にとけ，フェノールフタレイン溶液を加えた水が吸い上げられて噴水が上がる。

3 (2)試験管内の空気と混ざらないようにするため，気体を集める試験管は水で満たしておく。
(3)はじめに出てくる気体は，装置の中にあった空気を多くふくむため，気体が発生してしばらくしてからの気体を集める。

4 (1)①塩素以外の気体でにおいがある気体は1種類(アンモニア)だけであることから考える。
②二酸化炭素は石灰水を変化させるが，酸素や水素は石灰水を変化させない。
(2)㋐色がなくにおいがある気体はアンモニアである。
㋑石灰水を白くにごらせる気体は二酸化炭素である。
(3)酸素には，ものを燃やすはたらきがある。水素を確認するときは，試験管の口に火を近づけるとよい。水素が音を立てて燃え，水ができることで確認できる。

3章　水溶液の性質

p.80~81　ステージ1

●教科書の要点

1 ①溶質　②溶媒　③溶液　④水溶液
⑤均一

2 ①溶液　②溶質　③質量パーセント濃度
④溶質

3 ①飽和　②飽和水溶液　③溶解度
④溶解度曲線　⑤結晶　⑥再結晶　⑦純物質

●教科書の図

[1] ①溶媒　②溶質　③溶液　④透明
⑤均一

[2] ①85　②結晶　③32　④53　⑤再結晶

p.82~83　ステージ2

1 (1)溶質　(2)溶媒　(3)溶液　(4)水溶液
(5)二酸化炭素　(6)塩化水素

2 (1)A…㋑　B…㋐　C…㋒
(2)いえる。　(3)均一になっている。
(4)ある。　(5)イ

3 (1)①溶質　②溶媒　③溶質　④溶液
(2)60%　(3)24g
(4)水…240g　塩化ナトリウム…60g

4 (1)青色　(2)B　(3)20%　(4)㋐
(5)220g　(6)9.1%　(7)上…ウ　底…ウ

解説

1 (5)炭酸水の溶媒は水，溶質は気体の二酸化炭素である。
(6)塩酸の溶媒は水，溶質は気体の塩化水素である。

2 (1)硫酸銅はかき混ぜなくても少しずつとけ，青い色が液全体に広がっていく。長時間置くと，液全体が透明で同じ濃さの青色になる。このとき，硫酸銅の粒子は，時間とともにばらばらになって，水の中に一様に広がっていく。
(2)(3) [注意] 水溶液の性質を整理しよう。
・透明である。(色がついているものもある。)
・液のどの部分も濃さは同じ(均一)で，時間がたっても濃さは変わらない。

3 [注意] 質量パーセント濃度の求め方，溶質や溶液の質量の求め方を整理しよう。
・質量パーセント濃度〔%〕

$$=\frac{溶質の質量〔g〕}{溶媒の質量〔g〕+溶質の質量〔g〕}\times 100$$

$$=\frac{溶質の質量〔g〕}{溶液の質量〔g〕}\times 100$$

・溶質の質量〔g〕

$$=溶液の質量〔g〕\times\frac{質量パーセント濃度〔\%〕}{100}$$

(2) $\frac{120〔g〕}{120〔g〕+80〔g〕}\times 100=60$

(3)硝酸カリウムの質量は，

$200〔g〕\times\frac{12}{100}=24〔g〕$

(4)塩化ナトリウムの質量は，

$300〔g〕\times\frac{20}{100}=60〔g〕$

水の質量は，

$300[g]-60[g]=240[g]$

❹ (1)水溶液はすべて透明だが，無色の水溶液だけでなく，硫酸銅水溶液のように色がついた水溶液もある。

(2)青色は，とけた硫酸銅の色なので，濃度がうすいと色もうすくなる。

(3)$\dfrac{20[g]}{80[g]+20[g]}\times100=20$

(4)㋑の質量パーセント濃度は，

$\dfrac{20[g]}{100[g]+20[g]}\times100=16.6\cdots$より，約17%

㋒の質量パーセント濃度は，

$\dfrac{20[g]}{150[g]+20[g]}\times100=11.7\cdots$より，約12%

(5)$(150+20)[g]+50[g]=220[g]$

(6)$\dfrac{20[g]}{220[g]}\times100=9.09\cdots$より，9.1%

(7)水溶液中の濃さはどこでも同じ(均一)になっている。

---

p.84～85 ステージ2

❶ (1)飽和(している)　(2)飽和水溶液
　(3)溶解度
　(4)①塩化ナトリウム
　　②硝酸カリウム
　　③塩化ナトリウム
　(5)水(水溶液)の温度を上げる。
　(6)㋔　(7)ろ過　(8)できない。
　(9)(水溶液を加熱して)水を蒸発させる。

❷ (1)B　(2)B　(3)㋑　(4)結晶
　(5)再結晶　(6)より純粋にすることができる。

❸ (1)混合物　(2)エ，カ，ケ，コ
　(3)純物質(純粋な物質)
　(4)ア，イ，ウ，オ，キ，ク

━━━ 解説 ━━━

❶ (4)①②10℃での溶解度は，硝酸カリウムは約20g，ミョウバンは約8g，塩化ナトリウムは約36gである。40℃では，硝酸カリウムは約60g，ミョウバンは約23g，塩化ナトリウムは約38gである。
③硝酸カリウムやミョウバンのグラフは右上がりで，温度による変化が大きいが，塩化ナトリウムのグラフは温度による変化がほとんどない。
(6)ろうとの切り口の長いほうをビーカーにあて，

液は，ガラス棒を伝わらせながら注ぐ。

(8)(9)塩化ナトリウムのように，溶解度が温度によってあまり変化しない物質は，水の温度を下げても結晶がほとんど出てこないため，水を蒸発させて結晶をとり出す。

❷ (1)50℃での溶解度は，塩化ナトリウムは約39g，硝酸カリウムは約85gである。物質のとける量は，水の質量に比例するので，5cm³(5g)の水にとける量は，塩化ナトリウムは約1.95g，硝酸カリウムは約4.25gである。よって，3gすべてがとけるのは硝酸カリウムである。

(2)20℃での溶解度は，塩化ナトリウムは約37g，硝酸カリウムは約32gである。塩化ナトリウムの溶解度はほとんど変化しないため，水温を20℃にしても結晶は出てこない。硝酸カリウムは50℃と20℃でのとける量の差の分だけ結晶が出てくる。

❸ (2)炭酸水や塩化ナトリウム水溶液など，溶液はすべて溶媒と溶質の混合物である。また，ろうや石油も，さまざまな物質が混ざってできている混合物である。

---

p.86～87 ステージ3

❶ (1)右図
　(2)イ，エ，オ

❷ (1)①溶液　②溶質　③溶媒
　　④飽和　⑤飽和水溶液
　(2)(水が塩化ナトリウムの粒子と粒子の間に入りこみ，)塩化ナトリウムの粒子がばらばらになって水の中に一様に広がっている。
　(3)等しくなっている。

❸ (1)9.1%　(2)13g(12gも可)
　(3)水を蒸発させる。
　　水溶液(ろ液)を冷やす。
　　(水溶液(ろ液)の温度を下げる。)
　(4)結晶
　(5)物質をより純粋にすることができる。

❹ (1)できる。
　(2)硝酸カリウムの結晶が出てくる。
　(3)40g
　(4)記号…ウ
　　理由…塩化ナトリウムの溶解度は，温度によってほとんど変化しないから。

解説

❶ (2)水溶液には，固体だけでなく，エタノール水溶液や炭酸水などのように，液体や気体がとけたものがある。

❷ (2)(3)塩化ナトリウムの粒子はばらばらになって，水の中に広がっているだけで，なくなったわけではない。そのため，塩化ナトリウムを水にとかす前後で全体の質量は変わらない。

❸ (1)$\frac{10〔g〕}{100〔g〕+10〔g〕}\times 100=9.09\cdots$

より，四捨五入して9.1％

(2)グラフより，40℃の水100gにミョウバンは約23gとけることが読みとれる。よって，ミョウバンをあと，

23〔g〕－10〔g〕＝13〔g〕とかすことができる。

(3)(4)ろ液はミョウバンが限度までとけている水溶液である。この水溶液からミョウバンの結晶をとり出すには，水を蒸発させる方法と，水溶液を冷やして溶解度の差を利用する方法がある。

❹ (1)グラフより，60℃の水100gにミョウバンは約60gしかとけないので，とけ残りができる。

(2)(3)40℃の水100gに硝酸カリウムは約60gとけるので，とけきれなくなった硝酸カリウムの結晶が，およそ，100〔g〕－60〔g〕＝40〔g〕出てくる。

(4)塩化ナトリウムは水の温度が変化しても，溶解度がほとんど変化しないため，水溶液の温度を下げる方法ではなく，水を蒸発させる方法で結晶をとり出す。

4章　物質のすがたとその変化

p.88～89　ステージ1

●教科書の要点

❶ ①状態変化　②大きく　③変化しない　④変化しない　⑤小さく　⑥大きく

❷ ①沸点　②一定　③融点　④一定　⑤決まっている

❸ ①ならない　②蒸留　③沸点

●教科書の図

[1] ①加熱　②冷却　③固　④液　⑤気

[2] ①沸点　②水蒸気　③氷　④融点

[3] ①低い　②高い　③沸点

p.90～91　ステージ2

❶ (1)①気体　②液体　③気体

(2)状態変化　(3)変化しない。(変わらない。)

(4)小さくなる。

(5)①気体　②固体　③液体

(6)①大きく　②変化しない(変わらない)

❷ (1)㋑，㋓　(2)変化しない。

(3)もどる。　(4)小さくなる。

❸ (1)㋐イ　㋑エ　㋒ア　㋓オ　㋔ウ

(2)0℃　(3)100℃

(4)a…沸点　b…融点　(5)変化しない。

❹ (1)液体が急に沸騰(突沸)すること。

(2)d　(3)決まっている。

(4)一定になっている。

(5)試験管にたまった液体が，(枝つきフラスコのほうに)逆流するのを防ぐため。

(6)変化しない。(変わらない。)

解説

❶ (1)①ブタンの沸点は低く，指や手であたためるだけで沸騰する。

②固体の塩化ナトリウムをガスバーナーで加熱すると，とけて液体になる。

③液体のエタノールの入ったポリエチレンの袋に熱湯をかけると，エタノールが気体になって体積が大きくなり，袋がふくらむ。

(2)物質が固体，液体，気体の間で状態を変えることを状態変化という。

(3)(4)液体のろうが固体になると，体積は小さくなる。しかし，質量は変化しない。

(5)粒子がすきまなく規則正しく並んでいるのは固体，粒子が比較的自由に動くことができるのは液体，粒子が自由に飛び回っているのは気体である。

(6)状態変化では，ふつう，固体から液体，液体から気体へ状態変化すると，体積が大きくなる。逆に，気体から液体へ状態変化すると，体積が小さくなる。ただし，水は例外である。

❷ (2)状態変化では，すがたが変わるだけで，ほかの物質に変わることはない。

(3)状態変化では，温度を上げたり下げたりすると，状態がくり返し変わる。

(4)水は，ほかの物質と異なり，氷(固体)から水(液体)に変化するとき，体積が小さくなる。

❸ (1)物質が固体→液体に変化する間や，液体→気

体に変化する間は，温度は一定である。

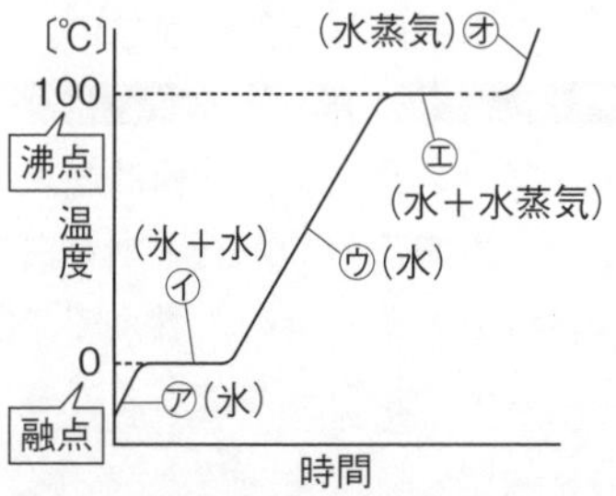

(2)～(4)固体が液体に変化する温度を融点，液体が気体に変化する温度を沸点という。
(5)融点や沸点は物質の種類によって決まっていて，量には関係ない。

❹ (2)～(4)エタノールの沸点は78℃で，沸騰がはじまると，温度は一定になる。
(6)エタノールの量を減らすと温度を上げるのにかかる時間は短くなるが，沸点(de間の温度)は変化しない。

p.92～93 ステージ2

❶ (1)(ほぼ)一定になっている。　(2)B
(3)液体　(4)融点　(5)ウ　(6)同じ。
❷ (1)㋑　(2)43.0℃　(3)メントール
❸ (1)混合物
(2)少しずつ温度が上がり続けている。
(3)いえない。
(4)少しずつ温度が上がり続けている。
(5)いえない。　(6)変わる。
❹ (1)イ　(2)A　(3)エタノール
(4)エタノール　(5)蒸留

解説

❶ (1)純物質の融点は種類によって決まっている。純物質では，固体がとけはじめると，すべてが液体になるまで温度は一定のままである。
(3)点Dは，固体がとけはじめてしばらく温度が一定になった後，再び温度が上がっているところなので，固体はすべて液体に変化していると考えられる。
(4)(5)固体がとけて液体に変化するときの温度を融点といい，純物質では一定の温度を示す。グラフより，融点は約63℃であることがわかる。

❷ (1)温度計の目盛りは，真横から見て，最小目盛りの$\frac{1}{10}$まで目分量で読みとる。
(2)1目盛りが1℃なので，0.1℃の位まで答える。
(3)(2)より，融点が43.0℃とわかるので，表から固体はメントールであると判断できる。

❸ (1)～(3)ろうはいろいろな有機物が混ざり合った有機物の混合物である。ろうがとけるときの温度変化のグラフは，とけはじめてからとけ終わるまで少しずつ変化している。したがって，融点は一定にならない。
(4)(5)水のエタノールの混合物を加熱したときのグラフは，沸騰がはじまっても少しずつ温度が上がり続けている。よって，沸点は一定にならない。
(6)混合物を加熱したときの温度変化は，物質の混合する割合によって変化し，グラフの形も変わる。

❹ (1)～(3)最初に集められた液体は，エタノールの沸点に近い温度で集めたもので，エタノールを多くふくむ。そのため，エタノールのにおいが強く，マッチの火を近づけると火がつく。
(4)エタノールの沸点は78℃で，水の沸点の100℃より低い。
(5)蒸留を利用することで，物質の沸点のちがいによって，液体の混合物から物質を分離することができる。

p.94～95 ステージ3

❶ (1)状態変化　(2)ウ
(3)ろうをつくる粒子の数が変わらないため。
(4)イ
(5)ろうをつくる粒子はすきまなく並ぶため。
(6)質量…変化しない。(変わらない。)
体積…大きくなる。
❷ (1)B　(2)A…融点　B…沸点
(3)物質の種類
(4)①㋐，㋑，㋒　②㋐，㋑　③㋓，㋔
❸ (1)液体が急に沸騰(突沸)するのを防ぐため。
(2)純物質
(3)とけはじめてからとけ終わるまでの(状態変化している間の)温度が一定であるから。
(4)固体がとけて液体に変化するときの温度
(5)パルミチン酸
❹ (1)4分後　(2)エタノール
(3)エタノールの沸点は水の沸点より低いから。
(4)低くなる。　(5)蒸留　(6)沸点

❶ (2)(3)状態変化では，物質をつくる粒子の数が変化しないため，物質の質量は変化しない。

(4)(5)液体のろうを冷やすと，粒子の運動がおだやかになり，粒子がすきまなく並ぶ固体に変わるため，体積は小さくなる。

(6)水は例外で，氷になるとき，体積が大きくなる。

❷ (1)(2)融点(固体が液体になる温度)のほうが沸点(液体が気体になる温度)より低い。

(3)融点も沸点も，物質の種類によって決まっている。

(4)①融点が60℃より低く，沸点が60℃より高い物質を選ぶ。

②沸点が150℃より低い物質を選ぶ。

③融点が60℃より高い物質を選ぶ。

❸ (2)(3)純物質の場合，状態が変化している間の温度は一定になるので，温度変化のグラフには，平らな部分ができる。

(4)(5)融点とは，固体がとけて液体に変化するときの温度である。図2から，この物質の融点は約63℃であることがわかる。

❹ (1)グラフの傾きがゆるやかになったあたりで沸騰がはじまっている。

(2)(3)エタノールの沸点は78℃で，水の沸点よりも低いため，点A付近で出てくる気体を冷やして集めた液体にはエタノールが多くふくまれている。

(4)点A以降では，しだいにエタノールの割合が低くなり，水の割合が高くなる。

(5)(6)液体を加熱して沸騰させ，出てくる気体を冷やして再び液体にして集める方法を蒸留という。

---

p.96~97 ◀◀単元末総合問題▶▶

❶ (1)紙，プラスチック，砂糖
　(2)有機物　　(3)無機物
　(4)アルミニウム，スチールウール(鉄)
　(5)金属　　(6)2.7g/cm³

❷ (1)白くにごる。　　(2)水上置換法
　(3)水にとけやすく，空気より密度が小さい性質。
　(4)酸性　　(5)アルカリ性

❸ (1)23.1%
　(2)①硝酸カリウムの水溶液　②エ
　　③水を蒸発させる。

❹ (1)純物質(純粋な物質)　　(2)沸点　　(3)0℃
　(4)エ　　(5)水平になる部分がない。

▶▶ **解説** ◀◀

❶ (1)(2)紙，プラスチック，砂糖は燃えるときに二酸化炭素を発生するので，石灰水が白くにごる。有機物は炭素をふくむため，燃えて二酸化炭素が発生する。スチールウールは燃えても，二酸化炭素を発生しない。

(3)炭素をふくむ物質を有機物といい，有機物以外の物質を無機物という。

(4)(5)電気を通し，特有の光沢をもち，熱を伝えやすい物質を金属という。

(6) $\dfrac{32.4\,[g]}{12\,[cm^3]} = 2.7\,[g/cm^3]$

❷ (1)石灰石にうすい塩酸を加えると二酸化炭素が発生する。二酸化炭素には，石灰水を白くにごらせる性質がある。

(2)二酸化炭素は水に少しとけるだけなので，水上置換法でも集めることができる。

(3)アンモニアは水に非常にとけやすく，空気よりも密度が小さいので，上方置換法で集める。

(4)二酸化炭素が水にとけた炭酸水は，酸性を示す。

(5)アンモニアが水にとけたアンモニア水は，アルカリ性を示す。

❸ (1)グラフから，20℃の水100gにとける硝酸カリウムの質量は約30gである。この飽和水溶液の質量パーセント濃度は，

$\dfrac{30\,[g]}{100\,[g]+30\,[g]} \times 100 = 23.07\cdots$ より，23.1%

(2)①②ふつう，水溶液の温度を下げると溶解度は小さくなるので，とけきれなくなった量が結晶として出てくる。この実験の場合，60℃と20℃の溶解度の差が出てくる結晶の量となる。60℃と20℃の溶解度の差がもっとも大きいのは，硝酸カリウムである。

③塩化ナトリウムは，溶解度が温度によってあまり変化しないので，温度変化を利用して結晶をとり出すことができない。塩化ナトリウムの水溶液を加熱し，水を蒸発させることで結晶をとり出す。

❹ (4)ab間では氷のみが存在し，氷の温度が上昇している。0℃になると氷がとけはじめ，bc間では氷と水が混在している。cd間では氷がとけ終わり，水だけになって，水の温度が上昇している。

エネルギー 光・音・力による現象

1章 光による現象(1)

p.98~99 ステージ1

●**教科書の要点**

1 ①光源 ②直進 ③反射 ④等しい ⑤反射の法則 ⑥像 ⑦乱反射

2 ①屈折 ②＞ ③＜ ④全反射 ⑤屈折

●**教科書の図**

[1] ①入射角 ②反射角 ③像

[2] ①入射角 ②屈折角 ③屈折角 ④入射角 ⑤全反射

p.100~101 ステージ2

1 (1)a…入射角 b…反射角
(2)等しくなっている。
(3)(光の)反射の法則
(4)①㋒ ②㋑ ③㋑ ④㋑ ⑤㋒ ⑥㋒

2 (1)光源 (2)直進 (3)(光の)反射
(4)①反射 ②像

3 (1)(光の)屈折
(2)㋐入射角 ㋑屈折角 ㋒屈折角 ㋓入射角
(3)㋐ (4)㋒

4 (1)見えない。
(2)右図
(3)(光の)屈折

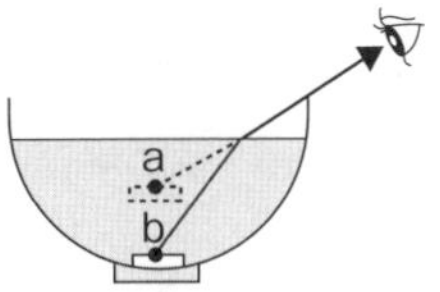

5 (1)①入射
②反射
③全反射
(2)右図
(3)乱反射 (4)成り立っている。

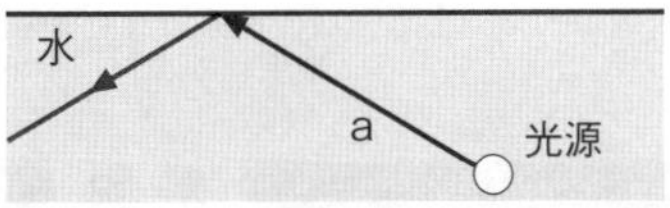

解説

1 (1)鏡の面に垂直な直線と入射光の間の角度を入射角，反射光の間の角度を反射角という。
(2)(3)入射角と反射角はいつも等しくなっている。このことを光の反射の法則という。
(4)鏡に入ってきた光は，「入射角＝反射角」となるように反射して出ていく。

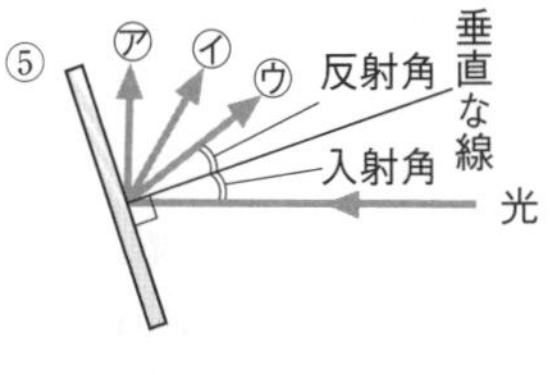

2 (2)光がまっすぐ進むことを直進といい，光源から出た光は，あらゆる方向に直進している。
(3)光が鏡などに当たってはね返ることを反射という。物体が見えるのは，物体で反射した光が目に届くからである。
(4)物体で反射した光が鏡で反射して目に届くため，鏡のおくに物体があるように見える。

3 (1)光は異なる物質の境界の面で折れ曲がって進む。このことを光の屈折という。
(2)空気とガラスの境界の面に垂直な直線と屈折して進む屈折光の間の角度を屈折角といい，㋑と㋒が屈折角である。

4 (1)㋐で，茶わんの底から目に向かってまっすぐ進む光は，コインで反射した光ではない。
(2)(3)茶わんに水を入れると，bから出た光は水面で屈折して進み，目に届く。しかし，目には直進してきた光として認識されるため，目に進んできた光の道すじの延長線上であるaにコインがあるように見える。

5 (3)(4)物体に当たった光は1つ1つが光の反射の法則が成り立つように反射しながら，いろいろな方向に反射するため，どの方向からでも物体を見ることができる。このような反射を乱反射という。

p.102~103 ステージ3

1

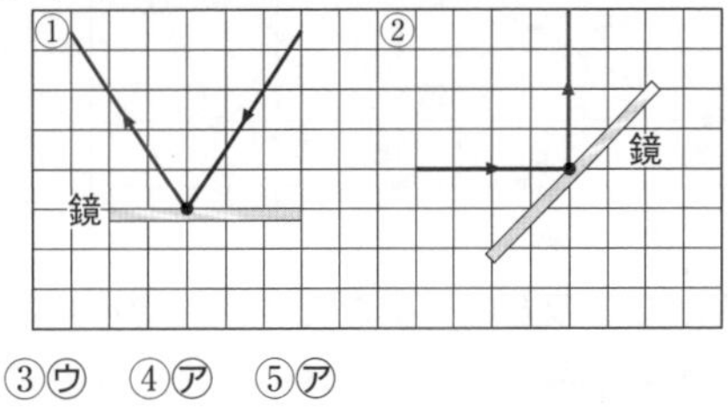

③㋒ ④㋐ ⑤㋐

2 (1)右図
(2)C…×
D…○
E…○
F…×

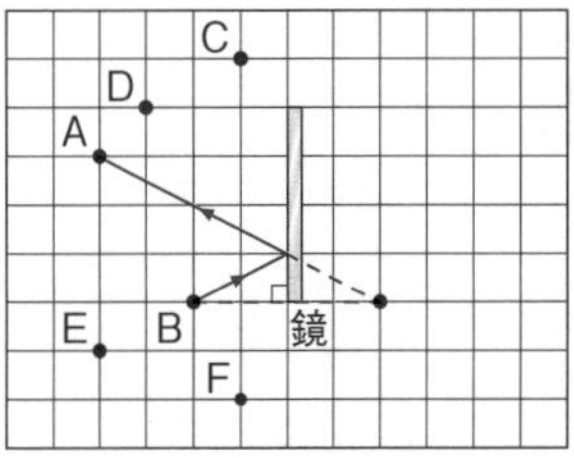

3 (1)全反射 (2)㋓
(3)コインからの光が，コップの壁面で全反射するから。

4 (1)㋐ (2)屈折

5 (1)直進する。 (2)㋐ (3)㋓ (4)図3

解説

1 ③空気から水へ進むときは「入射角＞屈折角」となるので，㋒のように進む。

④水から空気へ進むときは「入射角＜屈折角」となるので，㋐のように進む。

⑤空気からガラスへ進むときは「入射角＞反射角」となり，ガラスから空気へ進むときは「入射角＜反射角」となるので，㋐のように進む。

❷ (1)Bの像をB'とすると，B'はBから鏡に対して線対称の関係にある。つまり，鏡からBまでと，鏡からB'までの距離が等しくなる。そして，光は，B'からAに向かってまっすぐ進んできたように見える。したがって，Bから出た光の道すじは，図のようになる。

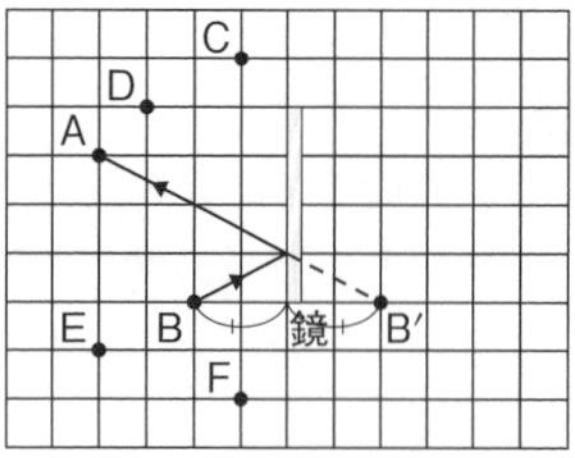

(2)次の図のように，C～Fの像C'～F'を考え，AとC'～F'を結んだ線分上に鏡があるかを調べる。鏡があれば，鏡との交点で光は反射し，Aから鏡を通して見える。

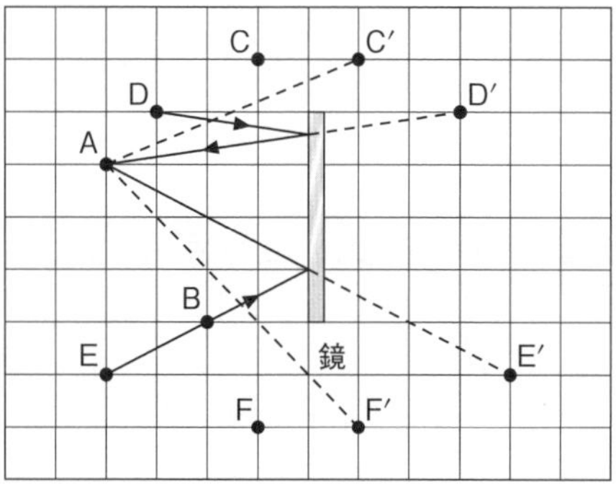

❸ (2)AからCの方向へ出た光は，AからBの方向へ出た光よりも入射角が大きいため，㋓の方向へ全反射する。

❹ チョークからの光は，空気からガラスへ進むときには「入射角＞屈折角」と屈折し，ガラスから空気へ進むときには「入射角＜屈折角」と屈折する。

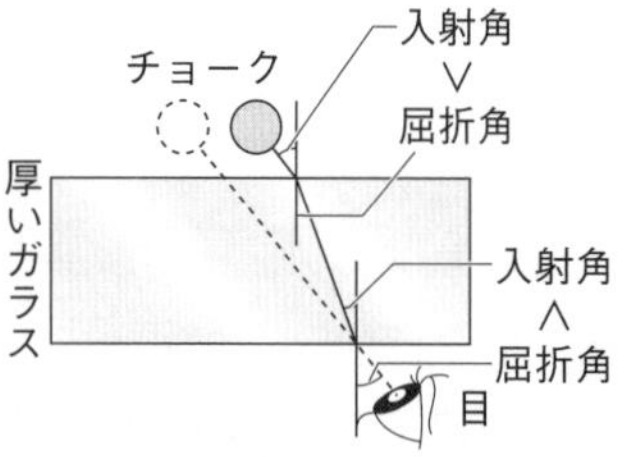

❺ (1)～(3)水面に垂直な入射光は直進する(まっすぐ進む)。空気から水へ光が進むときは，「入射角＞屈折角」，水から空気へ光が進むときは，「入射角＜屈折角」となる。

1章　光による現象(2)

p.104～105　ステージ1

●教科書の要点

❶ ①凸レンズ　②焦点　③焦点距離　④短　⑤長　⑥同じ　⑦焦点　⑧直進　⑨光軸

❷ ①実像　②できない　③虚像　④見かけ　⑤虚像

●教科書の図

[1] ①焦点　②直進　③平行

[2] ①小さな　②同じ　③大きな　④虚像

p.106～107　ステージ2

❶ (1)焦点　(2)焦点距離
(3)①屈折　②短く

❷ (1)a…㋒　b…㋓　c…㋔　d…×　e…×
(2)①c，e　②a　③b
(3)①e　②a，b，c

❸ (1)物体より小さな，上下・左右が逆向きの実像
(2)物体と同じ大きさで，上下・左右が逆向きの実像
(3)物体より大きな，上下・左右が逆向きの実像
(4)像はできない。
(5)物体より大きな，上下・左右が同じ向きの虚像

❹ (1)

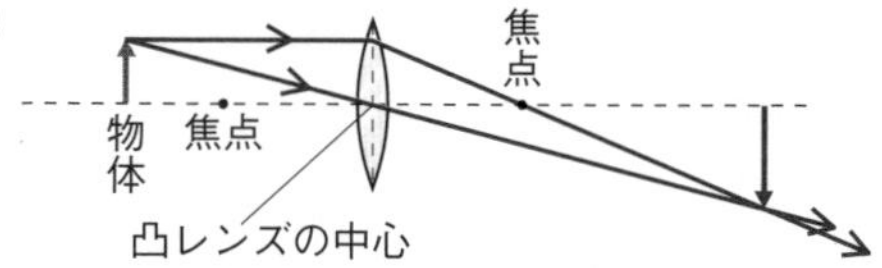

(2)

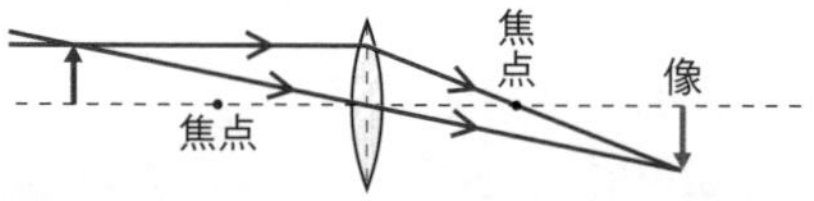

解説

❶ (3)凸レンズのふくらみが大きいほど，屈折のしかたが大きくなるため，焦点距離は短くなる。

❷ (1)スクリーン上に映る物体の像を実像という。実像ができるのは，焦点よりも外側に物体を置いたときである。物体を焦点に近づけるにつれて，できる像は凸レンズから遠ざかるため，a，b，cに置いたときにできる像の位置は，それぞれ㋒，㋓，㋔となる。また，焦点や焦点より内側に物体を置いたときはスクリーン上に像はできない。

(2)物体を焦点距離の2倍の位置に置くと，物体と同じ大きさの実像ができる。その位置より外側では物体より小さい実像，内側では物体より大きな

実像ができる。レンズを通して見られる虚像は，物体よりも大きい像である。

(3)実像は上下・左右が物体と逆向きになり，虚像は物体と同じ向きになる。

❸ (1)物体が焦点距離の2倍の位置より遠い位置にあるときは，物体より小さく，上下・左右が逆向きの実像ができる。

(2)物体が焦点距離の2倍の位置にあるときは，物体と同じ大きさで，上下・左右が逆向きの実像ができる。

(3)物体が焦点距離の2倍と焦点の間にあるときは，物体より大きく，上下・左右が逆向きの実像ができる。

(4)物体が焦点にあるときは，凸レンズで屈折した光は平行になって1点に集まらないので，像はできない。

(5)凸レンズで屈折した光は広がって1点に集まらないので，スクリーン上に像はできないが，凸レンズを通してみると，物体より大きな虚像が物体と同じ向きに見える。

❹ **注意** 凸レンズによってできる像を作図するときは，次の⑦〜⑨のうちの2つを利用しよう。

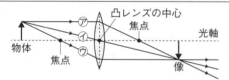

⑦光軸に平行に凸レンズに入った光は，屈折した後，焦点を通る。

⑦凸レンズの中心を通った光は，そのまま直進する。

⑨物体側の焦点を通って凸レンズに入った光は，屈折した後，光軸に平行に進む。

p.108〜109 ■■■ **ステージ3** ■■

❶ (1)実像

(2)大きさ…大きい　向き…逆向き

(3)大きくなる。　(4)焦点距離の2倍のとき

(5)虚像　(6)エ

❷ (1)
（物体の点A, ①, 焦点, 焦点, 光軸, ②, 凸レンズの中心, 凸レンズ） 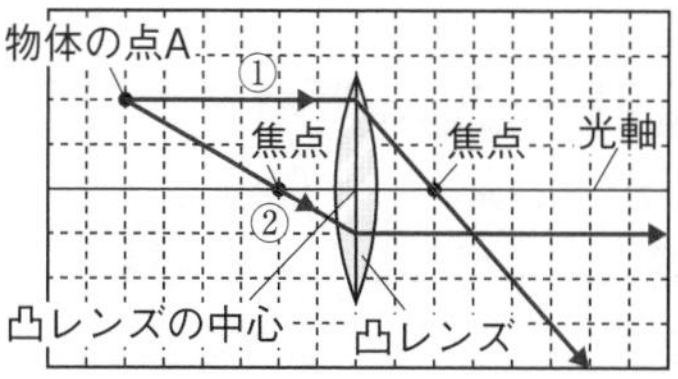

(2)9cm

❸ (1)下図　(2)①⑨　②⑦

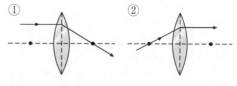

①　②

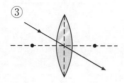

③

❹ (1)10cm　(2)実像

(3)左に動く。（凸レンズに近づく。）

(4)小さくなる。

―――――――――――▶ **解 説** ◀―――――――――

❶ (2)物体が焦点距離の2倍の位置と焦点の間にあるときは，物体より大きな，上下・左右が逆向きの実像ができる。

(3)物体を焦点に近づける（⑦→⑦）と，できる実像の大きさは大きくなる。

(4)物体と同じ大きさの実像ができるのは，物体が焦点距離の2倍の位置にあるときである。

(5)光が集まらず，凸レンズを通して見える像を虚像という。

(6)物体の1点から出た光は凸レンズ全体を通るため物体全体が見えるが，光の量が減るため暗く見える。

❷ (1)①光軸に平行に凸レンズに入った光は，屈折した後，反対側の焦点を通る。

②焦点を通って凸レンズに入った光は，屈折した後，光軸に平行に進む。

(2)(1)で作図した，2つの線の交点がスクリーンの位置になる。

❸ (1)①光軸に平行に凸レンズに入った光は，反対側の焦点を通る。

②焦点を通って凸レンズに入った光は，光軸に平行に進む。

③凸レンズの中心を通った光は，直進する。

(2)凸レンズに入った光が光軸に平行でないとき，凸レンズで屈折した後の光は焦点を通らず，凸レンズの厚いほうに進む。

❹ (3)物体を左側へ動かして凸レンズから遠ざけると，できる像の位置は凸レンズに近づき，像の大

きさは小さくなる。

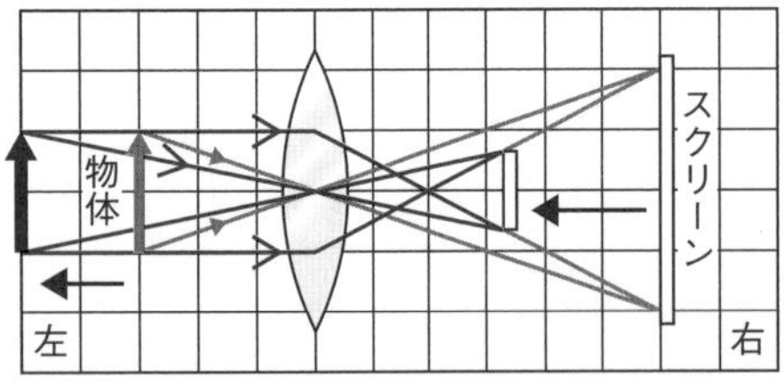

2章　音による現象

p.110〜111　ステージ1

●教科書の要点

❶ ①振動　②音源　③空気　④振動　⑤波
⑥鼓膜　⑦液体　⑧340　⑨時間

❷ ①振幅　②振動数　③大きく　④大きく
⑤高く　⑥短く　⑦細く　⑧強く

●教科書の図

[1] ①小さい　②少ない

[2] ①振幅　②時間　③振幅　④大きい
⑤振動数　⑥多い

p.112〜113　ステージ2

❶ (1)音源(発音体)　(2)振動している。
(3)音が鳴り始める。　(4)小さくなる。
(5)空気

❷ (1)小さくなる。
(2)音が聞こえなくてもブザーが作動していることを確認するため。
(3)大きくなる。　(4)空気

❸ (1)340m/s
(2)固体…伝わる。　液体…伝わる。　(3)波

❹ (1)大きくする。　(2)強くはじく。
(3)多くする。　(4)短くする。
(5)強くする。　(6)細くする。
(7)1秒間に弦が振動する回数。

❺ (1)㋑　(2)㋒
(3)音の大小…振幅　音の高低…振動数

解　説

❶ (1)(2)音は音源となる物体が振動して生じる。
(3)Aの音さの振動がBの音さに伝わり，Bの音さが振動して音が出る。
(4)板が間にあることで，空気の振動がさまたげられ，振動がBの音さに伝わりにくくなるため，図1のときより音が小さくなる(とても小さくて聞こえにくいこともある)。
(5)音さAの振動がまわりの空気を次々と振動させ，音さBまで伝わって，音さBが振動した。

❷ (1)容器の中の空気をぬいていくと，ブザーの音はだんだん小さくなり，やがて聞こえなくなる。
(2)空気をぬいていっても，発泡ポリスチレン球が動いていることから，ブザーが作動していることを確認できる。
(3)(4)ピンチコックをゆるめると，容器内に空気が入ってくるため，ブザーの音が聞こえるようになり，空気が音を伝えていることがわかる。

❸ [注意] 音の速さの求め方を確認しよう。

$$音の速さ〔m/s〕=\frac{音が伝わる距離〔m〕}{音が伝わる時間〔s〕}$$

(1)$\frac{850〔m〕}{2.5〔s〕}=340〔m/s〕$
(2)音は気体だけでなく，固体や液体の中も伝わる。
(3)音は波として，いろいろな物体の中をあらゆる方向に伝わっていく。

❹ (1)(2)弦のはじき方によって音の大きさは変わる。弦を強くはじくほど，弦の振幅が大きくなって，大きな音が出る。
(3)〜(6)弦の長さが短いほど，また，弦を強くはるほど，弦の太さを細くするほど，振動数が多くなって，高い音が出る。

❺ [注意] オシロスコープの波形では，波がたくさん見えるほど，同じ時間で多く振動していることがわかり，波の山や谷が大きいほど，振れ幅が大きいことがわかる。
(1)(2)基準の音よりも振幅が大きい(波が大きい)ものは，大きい音を表す。基準の音よりも振動数が多い(波の数が多い)ものは，高い音を表す。
(3)音の大きさは振幅によって，音の高さは振動数によって決まる。基準の音よりも振幅の大きい㋑は大きい音が，振幅の小さい㋐は小さい音が出ている。基準の音よりも振動数の多い㋒は高い音が，振動数の少ない㋓は低い音が出ている。

p.114〜115　ステージ3

❶ (1)音源(発音体)　(2)振動する。
(3)移動していない。　(4)鼓膜

❷ (1)聞こえる。　(2)小さくなる。

(3)聞こえなくなる。
(4)聞こえるようになる。
(5)空気が音を伝えること。

❸ (1)広がっていく。　(2)移動しない。
(3)波

❹ (1)光が音よりも速く伝わるから。
(2)340m/s　(3)748m　(4)1800m

❺ (1)高い音…㋓
低い音…㋐
(2)振幅
(3)a
(4)㋐
(5)右図
(6)右図

(5)
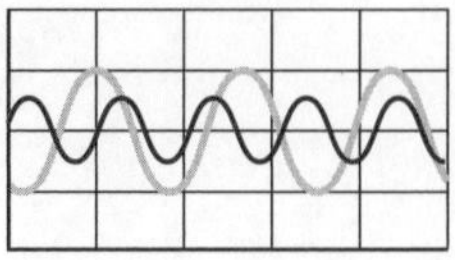

(6)
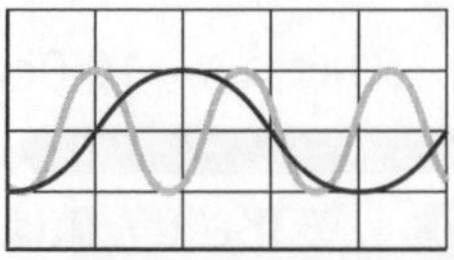

解　説

❶ (1)~(3)音が発生しているものを音源といい，音源が振動することによって音が生じる。音が空気中を伝わるとき，空気の振動が次々と伝わるだけで，空気そのものが移動するわけではない。
(4)耳の鼓膜が空気の振動をとらえ，音が聞こえる。

❷ (1)(2)空気をぬく前は音が聞こえるが，空気をぬいていくと音が小さくなり，やがてほとんど聞こえなくなる。
(3)(4)空気を完全にぬくと音は聞こえなくなるが，空気を入れていくと，音が聞こえるようになる。

❸ (1)(2)水面の波紋は外側に広がっていくが，発泡ポリスチレンの小球は上下に振動するだけで，移動しない。
(3)発泡ポリスチレンの小球が移動しなかったように，空気も振動するだけで移動しない。このような現象を波という。

❹ (1)光の速さは約30万km/sで，これは，1秒間に地球を約7周半するのと同じ速さである。
(2)やまびこは山に当たって返ってきた音を聞いているので，850mを5÷2＝2.5〔s〕で進んだことになる。よって，音の速さは，

$\frac{850〔m〕}{2.5〔s〕}$＝340〔m/s〕

(3)距離＝速さ×時間より，
340〔m/s〕×2.2〔s〕＝748〔m〕
(4)音は海底で反射して返ってきたので，船の底から海底まで，2.4÷2＝1.2〔s〕で進んだことになる。よって，海底までの距離は，
1500〔m/s〕×1.2〔s〕＝1800〔m〕
[別解]　1500〔m/s〕×2.4〔s〕＝3600〔m〕
3600〔m〕÷2＝1800〔m〕

❺ (1)弦が短いほど，また，弦を強くはるほど高い音が出るので，弦を短くして，さらに強くはっているものがもっとも高い音となる。
(3)振幅が大きいほど音は大きくなる。
(4)同じ音さから出る音は，高さが同じなので，振動数が同じになる。
(5)振幅が小さく，波の数が多い波形をかく。
(6)振幅が同じで，波の数が少ない波形をかく。

3章　力による現象(1)

p.116~117　ステージ1

●教科書の要点

❶ ①変形　②動き　③支える　④力
⑤弾性力　⑥重力　⑦重さ　⑧磁力
⑨電気力

❷ ①ニュートン　②フックの法則

❸ ①質量　②グラム　③変化しない　④$\frac{1}{6}$

●教科書の図

[1] ①重力　②電気力
[2] ①2　②比例　③フック
[3] ①0.5　②300

p.118~119　ステージ2

❶ ①ア　②イ　③ウ

❷ (1)下に落ちる。　(2)重力
(3)はたらいている。　(4)(地球の)中心
(5)弾性力(弾性の力)　(6)大きくなる。
(7)イ　(8)ア　(9)電気力(電気の力)
(10)いえる。

❸ (1)重力　(2)ニュートン　(3)N
(4)大きくなる。　(5)大きくなる。

❹ (1)誤差　(2)イ　(3)縦軸…ア　横軸…イ
(4)①○　②×　③×　④○　⑤×　⑥×

解　説

❶ 力には次のはたらきがある。
・物体を変形させる。
・物体の動き(速さや向き)を変える。
・物体を支える。

❷ (1)～(4)地球上のすべての物体は，重力によって，地球の中心に向かって引かれている。そのため，手からはなしたボールは下に落ちる。

(5)ばねやゴムのように，変形した物体がもとにもどろうとして生じる力を弾性力(弾性の力)という。

(6)物体が大きく変形するほど，弾性力(弾性の力)は大きくなる。

(7)(8)磁石の力は，磁石の極と極の間ではたらき，同じ極どうしではしりぞけ合う力，異なる極どうしでは引き合う力がはたらく。

(10)重力，磁力，電気力は，物体どうしが離れていてもはたらく。

❸ (2)(3)力の大きさの単位には，ニュートン(記号N)を用いる。1Nは，約100gの物体にはたらく重力の大きさである。

❹ (2)誤差を小さくするために，くり返し測定して，平均をとる。また，測定器具が正しく置かれているかや正しく調整されているかを確認することも必要である。

(4)②誤差があることを考えて，単純に折れ線で引かないようにする。

⑤曲線と判断したときは，なるべく多くの点の近くを通るように，なめらかな曲線を引く。

⑥グラフの線はグラフ用紙の端から端まで引くようにする。これは，最小の測定値から最大の測定値までの間とは限らない。

p.120～121 ステージ2

❶ (1)力の大きさ　(2)直線
(3)右図
(4)いえる。

❷ (1)右図
(2)ア
(3)フックの法則
(4)2.5N
(5)1.5cm
(6)ばねA

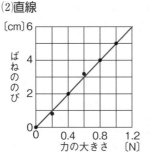

❸ (1)地球上…420g　月面上…420g
(2)地球上…4.2N　月面上…0.7N
(3)①×　②○　③×

❹ (1)ばねA…3.0cm　ばねB…4.0cm
(2)右図

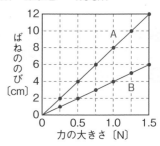

(3)ばねA…10.0cm　ばねB…5.0cm

◀ 解説 ▶

❶ (1)変化させた値は，グラフ用紙の横軸にとる。
(3)直線の上下に点が同じぐらい散らばるように線を引く。
(4)比例のグラフは，原点を通る直線になる。

❷ (2)(3)ばねののびは，ばねを引く力の大きさに比例する。これをフックの法則という。
(4)ばねAは2Nで2.0cmのびているので，ばねののびが2.5cmのときの力の大きさをxとすると，

$2\,[\text{N}]:x=2.0\,[\text{cm}]:2.5\,[\text{cm}]$

$x\times2.0\,[\text{cm}]=2\,[\text{N}]\times2.5\,[\text{cm}]$

$2.0x=5.0\,[\text{N}]$

$x=2.5\,[\text{N}]$

(5)質量450gの物体にはたらく重力の大きさは，4.5Nなので，ばねBののびをxとすると，

$3\,[\text{N}]:4.5\,[\text{N}]=1\,[\text{cm}]:x$

$x=1.5\,[\text{cm}]$

(6)図2で，力の大きさが等しいときのばねAとばねBののびを比べる。3Nのとき，ばねAは3cm，ばねBは1cmのびることがわかる。

❸ (1)物体の質量は，上皿てんびんを使って，分銅の質量と比べることで測定している。物体の質量は，地球上でも月面上でも変化しない。
(2)ばねばかりではかる重さは，物体にはたらく重力の大きさである。地球上で質量420gの物体にはたらく重力の大きさは4.2Nである。よって，

月面上では，$4.2\,[\text{N}]\times\dfrac{1}{6}=0.7\,[\text{N}]$

❹ (1)ばねAについて，加える力の大きさが0.50Nのとき長さが7.0cm，力の大きさが0.25Nのとき長さが5.0cmなので，

0.50〔N〕−0.25〔N〕=0.25〔N〕
7.0〔cm〕−5.0〔cm〕=2.0〔cm〕
0.25Nの力を加えるときのばねAののびは2.0cmである。よって，おもりをつるしていないときのばねAの長さは，5.0〔cm〕−2.0〔cm〕=3.0〔cm〕
同様に考えると，0.25Nの力を加えるときのばねBののびは1.0cmなので，おもりをつるしていないときのばねBの長さは，
5.0〔cm〕−1.0〔cm〕=4.0〔cm〕
(3)表から，1.25NのときばねAは13.0cmになり，ばねBは9.0cmになる。よって，ばねAののびは，13.0〔cm〕−3.0〔cm〕=10.0〔cm〕，ばねBののびは，9.0〔cm〕−4.0〔cm〕=5.0〔cm〕

p.122~123 ステージ3

❶ ①ウ　②ア　③イ　④ウ
❷ (1)0.4N
(2)右図
(3)比例（の関係）
(4)フックの法則
(5)ばねA
(6)0.25N
(7)0.15N
(8)質量…1200g　重さ…2N

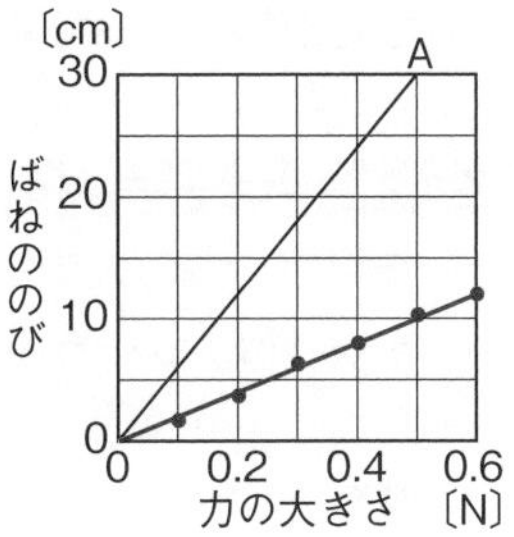

❸ (1)0　(2)比例（の関係）
(3)1cm　(4)1.5cm
(5)9cm　(6)A…2個　B…2個

解説

❶ ①動きを止めるのも「物体の動きを変える」ことになる。
❷ (1)質量100gの物体にはたらく重力の大きさは1Nである。おもり4個の質量は40gなので，はたらく重力の大きさは，0.4Nとなる。
(5)グラフから力の大きさが同じときのばねののびをくらべると，ばねBよりばねAのほうが大きい。
(6)ばねBにはたらく力の大きさが0.4Nのとき，のびは8.0cmなので，のびが5.0cmのときにはたらく力の大きさをxとすると，
0.4〔N〕：x=8.0〔cm〕：5.0〔cm〕
x=0.25〔N〕
(7)ばねAにはたらく力の大きさが0.5Nのとき，のびは30cmなので，のびが9.0cmのときにはたらく力の大きさをxとすると，
0.5〔N〕：x=30〔cm〕：9.0〔cm〕
x=0.15〔N〕
(8)月面上の重力は地球上の重力の$\frac{1}{6}$なので，重さは，
12〔N〕×$\frac{1}{6}$=2〔N〕
❸ (1)ものさしの0cmの位置をばねの先端に合わせてから実験をはじめる。
(2)実験の結果を表した図3は，原点を通る直線のグラフである。
(3)(4)図3より，おもりAを1個ふやすと，ばねは1cmのびる。おもりBを1個ふやすと，ばねは1.5cmのびる。
(5)おもりAを3個，おもりBを4個つるしたとき，ばねには900gのおもりをつるしたことになる。100gのおもりをつるしたときのばねののびは1cmなので，900gのおもりをつるしたときののびをxとすると，
900〔g〕：100〔g〕=x：1〔cm〕
100〔g〕×x=900〔g〕×1〔cm〕
100x=900〔cm〕
x=9〔cm〕
(6)図3より，おもりAが2個のとき，ばねののびは2cmになる。そして，おもりBが2個のとき，ばねののびは3cmになる。したがって，ばねののびが5cmになるのは，おもりAを2個，おもりBを2個組み合わせてつるしたときである。

3章　力による現象(2)

p.124~125 ステージ1

●教科書の要点

❶ ①作用点　②作用点　③比例　④作用点
⑤向き　⑥長さ　⑦作用点
❷ ①つり合っている　②大きさ　③向き
④直線上　⑤動く　⑥摩擦力　⑦垂直抗力
⑧大きさ

●教科書の図

[1] ①作用点　②矢印　③作用点　④比例
⑤5
[2] ①大きさ　②向き　③直線　④摩擦力
⑤垂直抗力

p.126～127 ステージ2

❶ (1)㋐作用点　㋑力の大きさ　㋒力の向き
(2)力の三要素　(3)2cm　(4)3N
(5)上　(6)15cm

❷ (1)下図

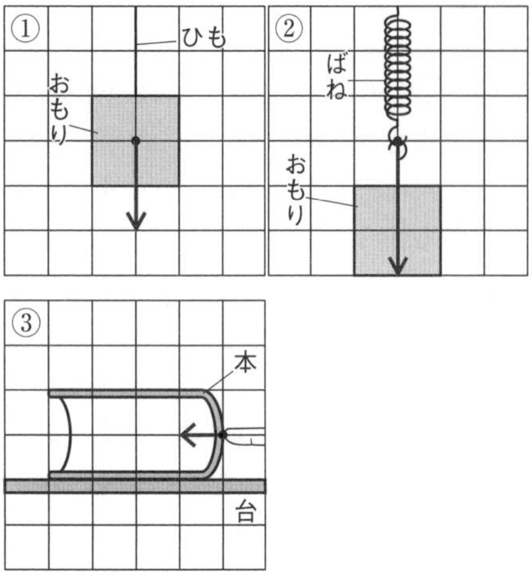

(2)4目盛り　(3)いえる。

❸ (1)①ばねばかりB　②2　③つり合って
(2)①等しく　②反対　③直線

❹ (1)下図　(2)垂直抗力
(3)机(面)から本(物体)にはたらく力
(4)下図
(5)ばねがおもりを引く力

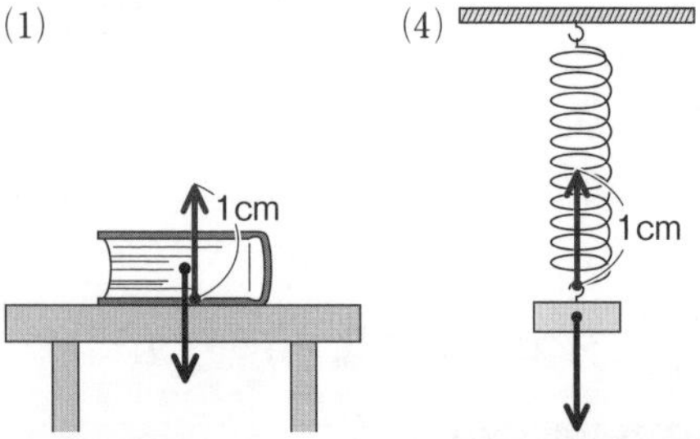

解説

❶ (1)(2)作用点，力の大きさ，力の向きを力の三要素という。
(5)下向きにはたらく重力に対して支える力がはたらくので，上向きになる。
(6)質量1.5kgにはたらく重力の大きさは15Nである。1cmが1Nを表すので，15Nを表す矢印の長さは15cmとなる。

❷ ①重力の矢印は，おもりの中心から下向きに，1本の矢印でまとめてかく。
②おもりがばねを引く力は，ばねとおもりが接している点から下向きにかく。
(2)1目盛りが2Nなので，8Nは4目盛りである。

❸ (1)図2のとき，厚紙にはたらく力は，ばねばかりAが引く力とばねばかりBが引く力の2つである。厚紙が静止していることから，この2つの力はつり合っていることがわかる。
(2)このとき，2つの力の大きさは等しく，向きは反対で，同一直線上にある(作用線が一致する)。

❹ [注意] 矢印が重なる場合，矢印を少しずらしてかくとわかりやすい。
(1)～(3)垂直抗力は，机から本にはたらく力なので，重力を表す矢印と同じ長さで反対向きの矢印をかく。作用点は，本と机の接している面の中央であるが，本側へよせてかいてもよい。
(4)(5)おもりにはたらく重力とつり合っているのは，ばねがおもりを引く力である。したがって，重力を表す矢印と同じ長さで反対向きの矢印を，ばねとおもりが接している点から上向きにかく。

p.128～129 ステージ3

❶ (1)作用点，力の大きさ，力の向き(順不同)
(2)a…4N　b…6N
(3)右図

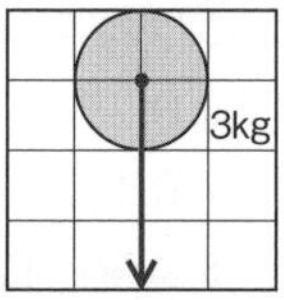

❷ (1)摩擦力
(2)イ　(3)垂直抗力

❸ (1)　(2)　(3)

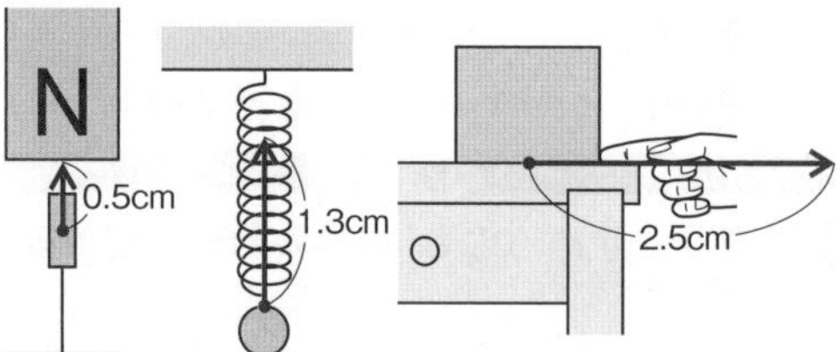

❹ (1)反対向きになっている。
(2)値…1.5N
理由…厚紙にはたらく力はつり合っているから。(ばねばかりAが引く力とばねばかりBが引く力は等しいから。)

❺ (1)下図

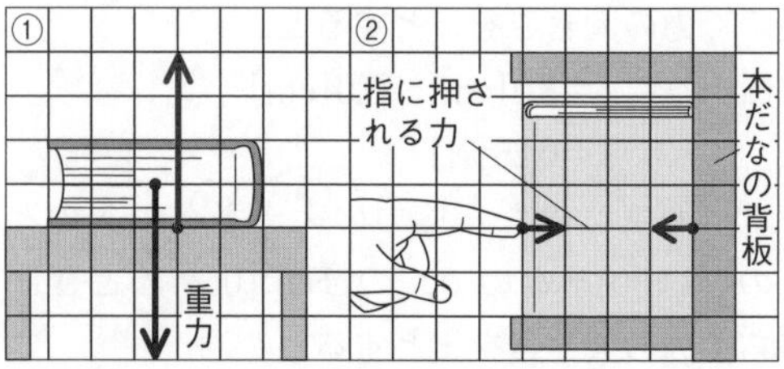

(2)イ
(3)垂直抗力

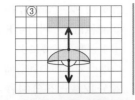

━━━━━━━━━━ ▶ 解説 ◀ ━━━━━━━━━━

1 (2)aは2cm引くので，2 [N]×2 = 4 [N]
bは3cm引くので，2 [N]×3 = 6 [N]
(3) **注意** 重力のように，物体全体に力がはたらくときは，作用点が物体の中心にあると考えて，1本の矢印でまとめて表そう。
質量3kgの物体にはたらく重力の大きさは30Nである。

2 箱と机のふれ合う面では，箱の動き（右向き）を止める向き（左向き）に摩擦力がはたらいている。そのため，箱を右向きに押しても動かない。また，箱には，重力と，机からの垂直抗力（上向き）がはたらいている。

3 (1)力の大きさは0.5Nなので，矢印の長さは0.5cm。
(2)力の大きさは1.3Nなので，矢印の長さは1.3cm。
(3)力の大きさは2.5Nなので，矢印の長さは2.5cm。

4 (1)(2)リングが静止しているので，ばねばかりAの引く力とばねばかりBの引く力はつり合っている。2力がつり合うとき，2力の大きさは等しい。

5 (1)①重力とつり合っているので，矢印の長さは4目盛り。
②本が指に押される力とつり合っているので，矢印の長さは1目盛り。
③照明にはたらく重力と，ひもが照明を引く力がつり合う。
(2)(3)垂直抗力は，物体が面を押すとき，面から物体に対して垂直にはたらく。

p.130~131 ◀ **単元末総合問題**

1 (1)(光の)屈折
(2)平行な光を当てたとき，凸レンズを通った光が1つに集まる点。
(3)ウ
(4)①短くなっていく。　②小さくなっていく。
(5)20cm

2 (1)ウ　　(2)エ，オ

3 (1)3N　　(2)300g　　(3)0.5N　　(4)300g

(5)重さ　　(6)上皿てんびん

4 (1)下図　　(2)垂直抗力　　(3)下図

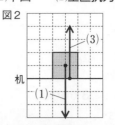
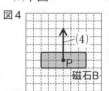

図2　机　　図4　磁石B

(4)つり合っている。
(5)①しりぞけ合う力　②上図

━━━━━━━━━━ ▶ 解説 ◀ ━━━━━━━━━━

1 (1)(2)凸レンズで屈折した光は，焦点に集まる。
(3)スクリーンには，上下・左右がともに逆向きの実像ができる。
(4)物体を焦点から遠ざけていくと，実像のできる位置は凸レンズに近づき，距離Yは短くなっていき，できる実像は小さくなっていく。
(5)物体を焦点距離の2倍の位置に置くと，実像も凸レンズの反対側の焦点距離の2倍の位置にでき，像の大きさは物体と同じになる。

2 (1)音の高さ（振動数）は変化しないが，音の大きさ（振幅）は時間とともに小さくなる。
(2)モノコードの弦を強くはると，振動数が多くなり，音は高くなる。

3 (1)(3)ばねばかりではかる重さは，物体にはたらく重力の大きさなので，はかる場所の重力の大きさが変わると，重さも変わってしまう。
(2)(4)上皿てんびんのつり合いは，重力に影響されない。そのため，地球上でも月面上でも300gの分銅とつり合う。
(5)(6)ばねばかりでは重さを，上皿てんびんでは質量（物体そのものの量）をはかっている。

4 (2)~(4)机から物体にはたらく力を垂直抗力という。机の上に置いた物体が静止しているとき，重力と垂直抗力はつり合っている。
(5)①磁石の力は，物体どうしが離れていてもはたらき，同じ極どうしはしりぞけ合い，ちがう極どうしは引きつけ合う。
②磁石Bは，磁石Aから上向きの力を受けている。

プラスワーク

p.132〜133 計算力UP

[1] (1)400倍　(2)40倍

[2] (1)①㋐7秒　㋑11秒　㋒2秒
②15秒　③40km
(2)①32km　②4秒　③8km/s
④8秒　⑤4km/s

[3] (1)8.96g/cm³　(2)0.79g/cm³

[4] (1)10%　(2)20%　(3)16g
(4)硝酸カリウム…2g　水…398g

[5] (1)114.8g　(2)3.8g　(3)8.6g

[6] (1)1020m
(2)510m

解説

[1] (1)拡大倍率＝接眼レンズの倍率×対物レンズの倍率より，
10×4＝400〔倍〕
(2)最初に顕微鏡で観察するときは，もっとも低い倍率にする。

[2] (1)①初期微動継続時間は，P波が到着してからS波が到着するまでの時間である。
㋐の初期微動継続時間は，
27分04秒－26分57秒＝7〔秒〕
㋑の初期微動継続時間は，
27分12秒－27分01秒＝11〔秒〕
㋒の初期微動継続時間は，
26分54秒－26分52秒＝2〔秒〕
② [注意] 比の計算では，小さい数値を用いたほうが計算が簡単である。このため，ここでは㋒の値を用いる。㋐，㋑の数値を用いて計算しても，同じ結果が得られる。
初期微動継続時間は，震源からの距離に比例して長くなる。120kmの地点の初期微動継続時間をxとすると，
16〔km〕：120〔km〕＝2〔秒〕：x
x＝15〔秒〕
③震源からの距離をxとすると，
16〔km〕：x＝2〔秒〕：5〔秒〕
x＝40〔km〕
(2)①88〔km〕－56〔km〕＝32〔km〕
②初期微動はP波によって起こる。よって，㋐と㋑の地点でP波の到着時刻の差は，
27分01秒－26分57秒＝4〔秒〕
③32〔km〕÷4〔s〕＝8〔km/s〕
④主要動はS波によって起こる。よって，㋐と㋑の地点でS波の到着時刻の差は，
27分12秒－27分04秒＝8〔秒〕
⑤32〔km〕÷8〔s〕＝4〔km/s〕

[3] (1)$\frac{116.5〔g〕}{13〔cm^3〕}$＝8.961…〔g/cm³〕
より，8.96g/cm³
(2)$\frac{20.0〔g〕}{25.4〔cm^3〕}$＝0.787…〔g/cm³〕
より，0.79g/cm³

[4] (1)質量パーセント濃度＝$\frac{溶質の質量〔g〕}{溶液の質量〔g〕}\times 100$
$\frac{15〔g〕}{150〔g〕}\times 100=10$
(2)$\frac{40〔g〕}{40〔g〕+160〔g〕}\times 100=20$
(3)質量パーセント濃度8％の食塩水200gにふくまれる食塩の質量をxとすると，
$\frac{x}{200〔g〕}\times 100=8$
x＝16〔g〕
(4)硝酸カリウムの質量をxとすると，
$\frac{x}{400〔g〕}\times 100=0.5$　$x=2$
よって，水の質量は，400〔g〕－2〔g〕＝398〔g〕

[5] (1)同じ温度の水にとける物質の量は，水の量に比例する。ミョウバンは60℃の水100gに57.4gまでとけるから，60℃の水200gには，
57.4〔g〕×2＝114.8〔g〕までとける。
(2)ミョウバンは40℃の水100gに23.8gまでとけるので，あと，23.8〔g〕－20〔g〕＝3.8〔g〕とける。
(3)ミョウバンは20℃の水100gに11.4gまでとけるので，20〔g〕－11.4〔g〕＝8.6〔g〕のミョウバンの結晶がとけきれずに出てくる。

[6] (1)340〔m/s〕×3〔s〕＝1020〔m〕
(2)音は，理香さんからかべまでの距離を往復しているので，理香さんからかべまでの距離は，
1020〔m〕÷2＝510〔m〕

7

8

9 (1)

(2)

10

11 (1)

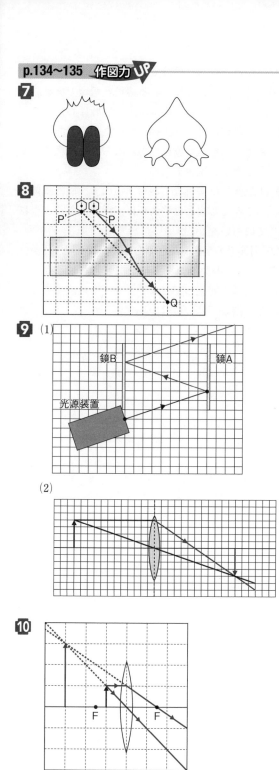

(2)

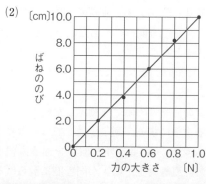

➕ **解 説** ➕

7 左の図が雄花のりん片，右の図が雌花のりん片である。花粉が入っているのは，雄花のりん片の花粉のうである。

8 まず像である点P'から点Qまで直線を引く(この直線を直線Aとする)。次に，点Pからガラス面までの光を，直線Aと平行になるようにかく。最後に，点Pからの光とガラス面の交点xと，点Qからの光とガラス面の交点yを直線で結ぶ。なお，像(点P')から交点yまでの線は，実際には光が出ていないので，点線にする。

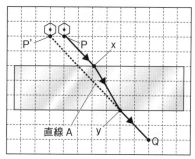

9 (1)鏡に当たった光は，光の反射の法則(入射角＝反射角)が成り立つように反射する。
(2)光源の先から，光軸に平行に凸レンズに入り，凸レンズを通過した後に焦点を通る光①と，凸レンズの中心を直進する光②の道すじをかき，実像のできる位置を求める。

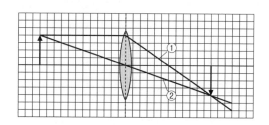

10 凸レンズの焦点の内側に物体があるとき，物体の先端から出る光軸に平行な光と凸レンズの中心

を通る光は，凸レンズの通過後，交わらない。この2つの線を逆方向へのばしたとき，その交点が虚像の先端となる。

11 (1)質量500gの物体にはたらく重力の大きさは5Nである。

(2)グラフの目盛りの値は，測定した最大の値がかきこめるようにする。測定値は・ではっきりと正確に記入する。・の並びから原点を通る直線とわかるので，直線の上下に・が同程度に散らばるように直線を引く。

p.136 記述力 **UP**

12 (1)P波とS波の伝わる速さがちがうから。

(2)マグニチュード(地震の規模)が地震によってちがうから。

(3)(日本海溝から大陸側に向かって，)海洋プレートが大陸プレートの下に沈みこんでいるから。

13 (1)図1…マグマが地表や地表近くで急に冷え固まってできる。

図2…マグマが地下深くでゆっくり冷え固まってできる。

(2)示準化石…地層ができた時代が推定できる化石。

示相化石…地層ができた当時の環境を推定できる化石。

14 (1)手であおぐようにしてかぐ。

(2)混ぜ合わせたときに有毒な気体が発生してしまうことがあるから。

＋ 解説 ＋

12 (1)P波とS波は震源で同時に発生するが，P波のほうがS波よりも速く伝わるため，波が届く時刻に差が生じる。

(2)ふつう，マグニチュードの値が大きい地震ほど，ゆれの伝わる範囲や震度の大きな範囲が広くなる。

(3)海溝は，海底にあるせまく細長い溝状の地形で，プレートが沈みこんでいるところである。

13 (1)図1は，火山岩に見られる斑状組織で，比較的大きな結晶を斑晶，そのまわりの細かい粒などでできた部分を石基という。斑晶は，地下で鉱物が冷やされてできた部分で，石基は，斑晶をふくんだマグマが上昇して，急に冷やされたため，鉱物がじゅうぶんに成長できなかったり，結晶にな

れなかったりした部分である。

図2は，深成岩に見られる等粒状組織である。

(2)示準化石になる生物は，広い地域にわたって，限られた時代にのみ生存していた生物である。

示相化石になる生物は，ある限られた環境でしか生存できない生物である。

14 (1)気体には有毒なものもあるので，直接気体を吸いこんでしまわないように，手であおぐようにしてにおいをかぐ。

(2)「塩素系」と書かれた漂白剤や洗浄剤と，「酸性タイプ」と書かれた洗浄剤を混ぜ合わせると，有毒な気体が発生してしまい，とても危険である。決して混ぜてはいけない。

定期テスト対策 得点アップ！予想問題

p.138～139 第**1**回

1 (1)日かげの湿った場所　　(2)ウ

(3)細い線と小さな点ではっきりかき，影をつけない。

(4)双眼実体顕微鏡　　(5)イ→ウ→ア

2 (1)A…やく　B…柱頭　C…子房　D…胚珠

(2)花粉　　(3)受粉

(4)種子…D　果実…C　　(5)イ

(6)ⓒ花粉のう　ⓔ胚珠　　(7)種子植物

3 (1)ⓒ　(2)胞子のう　(3)胞子

(4)C　(5)ⓚ　(6)仮根

(7)体を地面などに固定する。

(8)(スギゴケは，)葉・茎・根の区別がない。

4 (1)A…被子植物　B…裸子植物

C…単子葉類　D…離弁花類

(2)①種子をつくるか，つくらないか。

(種子でふえるか，胞子でふえるか。)

②胚珠が子房の中にあるか，むきだしか。

③子葉が１枚か，２枚か。

(葉脈が平行脈か，網状脈か。根がひげ根か，主根と側根か。)

(3)発芽…ⓐ　根…ⓒ　葉脈…ⓕ

解説

1 (1)ゼニゴケは，北側の校舎のかげなど，日当たりの悪い，湿った場所に生えている。

2 (4)被子植物では，受粉すると，胚珠が種子に，子房が果実に成長する。

(5)(6)ⓐが雄花で，そのりん片につくⓒが花粉のうで，中に花粉が入っている。ⓑは雌花で，そのりん片につくⓔが胚珠である。マツなどの裸子植物は，胚珠がむきだしについているため，被子植物とちがい，果実ができない。

3 (1)茎はⓒ，根はⓔである。イヌワラビなどのシダ植物の多くは，茎が地中にある(地下茎)。茎のようにみえるⓑは葉の柄の部分である。

(2)(3)シダ植物は胞子でなかまをふやす。葉の裏にある胞子のうから胞子が飛び出て，湿った地面に落ちると発芽して，次の世代が育っていく。

(6)～(8)シダ植物には，葉・茎・根の区別があるが，コケ植物には葉・茎・根の区別はない。ⓐの仮根

には，ほかの植物のように水や水にとけた養分を吸収する役目はなく，体を固定する役目がある。

4 **注意** 生物の分類の図では，枝分かれ部分の観点や基準を，見きわめられるようにしよう。

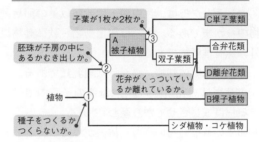

p.140～141 第**2**回

1 (1)A

(2)草をすりつぶす臼歯が発達しているから。

(草をかみ切る門歯が発達しているから。)

(3)①正面(前向き)　②立体的

③獲物までの距離をはかりやすい

④かぎ爪

2 (1)ⓒ　(2)筋肉

(3)アサリ…ⓐ　イカ…ⓔ　　(4)外とう膜

(5)軟体動物　(6)ア，イ

3 (1)無脊椎動物

(2)①節足動物　②甲殻類　③ア

(3)A…両生　B…哺乳(A，Bは順不同)

(4)ア，ウ　(5)胎生　(6)フナ，ヘビ

(7)・殻のある卵を産む。

・陸上に卵を産む。

・一生肺で呼吸する。

・一生陸上生活をする。(から２つ)

解説

1 (1)(2)シマウマのような草食動物は，草をかみ切る門歯が大きく発達し，臼歯も平たくすりつぶしやすいようになっている。ライオンのような肉食動物とちがい，犬歯はあまり発達していない。

(3)(4)ライオンの目は正面についていて，横向きについているシマウマよりも，立体的に見える範囲(左右の視野が重なる部分)が広くなる。そのため，獲物との距離を正確にはかることができる。

2 (1)(2)アサリは筋肉でできたⓒのあしをのび縮み

させて移動する。

(3)～(5)内臓を包む外とう膜をもつのは，軟体動物の特徴である。アサリでは㋑，イカでは㋺にあたる。

(6)クラゲとヒトデは海中で生活する動物であるが，節足動物・軟体動物以外の無脊椎動物である。

③ (2)①②カニは体が頭胸部と腹部に分かれ，あしが頭胸部に5対ある甲殻類のなかまである。

③ヤスデとクモは，昆虫類・甲殻類以外の節足動物のなかまである。ウニは節足動物・軟体動物以外の無脊椎動物である。

(4)ホタテは軟体動物，クジラは哺乳類である。

(5)ウサギは哺乳類で，胎生(母親の子宮内で子をある程度成長させてから産む)である。

(6)卵生の脊椎動物のうち，体表がうろこでおおわれているのは，魚類のフナと，は虫類のヘビである。同じうろこでおおわれているが，魚類のうろこは，うすく乾燥に弱いつくりで，は虫類のうろこはかたく，水を通さない乾燥に強いつくりをしているため，陸上生活に適している。

(7)卵生の動物で，「はい」にハトとヘビが，「いいえ」にカエルとフナがあてはまることから，ハトとヘビに共通する特徴として，陸上生活に適した体のつくりや卵のつくりが，分類の特徴としてあげられる。

p.142～143 第③回

① (1)しゅう曲　　(2)断層
(3)水底(海底，湖底も可)
(4)粒の大きさ　　(5)火山の噴火(活動)

② (1)A…初期微動　B…主要動
(2)初期微動継続時間　　(3)長くなる。
(4)7時20分40秒

③ (1)7km/s　　(2)ウ
(3)①10段階　②地震の規模
(4)P波が到着してからS波が到着するまでの時間が短いから。

④ (1)生まれる場所　(2)海溝　(3)ア　(4)イ

▶ 解説 ◀

① (1)長い時間をかけて大地が左右から大きな力で押され続けると，波打つように曲がることがある。
(2)大地に大きな力がはたらいてひずみ，やがて一気に破壊されてずれる。このとき地震が発生する。
(3)魚は，水中で生活する生物である。この生物の

骨やすみかが化石として残っているということは，この地層が堆積したのが水中である証拠である。

② (2)Cは，Aのゆれが到着してからBのゆれが到着するまでの時間である。
(4)震源距離が0kmの地点が震源である。図より，AとBの直線と横軸が交わる時刻を読みとる。

③ (1)A－C間の70kmをP波が進むのにかかる時間は表より10秒である。
70[km]÷10[s]＝7[km/s]
(2)P波とS波の到着時刻の差は，地点Aでは，5秒，地点Bでは，11秒，地点Cでは15秒であることから，P波とS波の到着時刻の差が12秒の地点は，震源距離が地点Bより遠く，地点Cよりも近い場所であると考えられる。
(3)震度は観測地でのゆれの大きさで，10段階に分かれている。マグニチュードは地震そのものの規模の大小を表している。マグニチュードが1ふえると地震のエネルギーは約32倍，2ふえると1000倍になる。
(4)緊急地震速報は，P波とS波の速度がちがうことを利用したしくみである。地震が発生したとき，震源に近い地震計でP波を感知し，それを気象庁で各地のS波の到達時刻や震度を予想し，大きなゆれがくると予測される地域に速報を発表する。しかし，震源に近いと，P波とS波の到着時刻の差が短いので，速報が間に合わないことがある。

④ (1)～(3)図の海洋プレートは，東太平洋海嶺で生まれ，海溝で沈みこんでいく。
(4)日本付近の地震の震源はプレートの境界に多く，太平洋側から大陸側に向かって深くなっていくように分布している。

p.144～145 第④回

① (1)ウ　　(2)エ　　(3)マグマだまり
(4)①セキエイ　②チョウ石　③クロウンモ
(5)ウ，エ　　(6)火砕流

② (1)流水のはたらきによって，角がとれるから。
(2)チャート

③ (1)火山岩　(2)㋑　(3)斑晶　(4)石基
(5)㋐等粒状組織　㋑斑状組織

④ (1)示準化石　(2)石灰岩　(3)新生代
(4)火山の噴火
(5)あたたかくて浅い海　(6)鍵層　(7)イ

▶ 解説 ◀

1 (1)(2)ドーム状の火山のマグマは，ねばりけが大きい。ねばりけが大きいとマグマの中にできた泡がぬけにくく，爆発的に噴火する。

(6)火山災害は，噴火以外に火砕流や泥流などもある。

2 (2)石灰岩とチャートは，生物の遺骸や水にとけていた成分が堆積してできた堆積岩である。石灰岩は炭酸カルシウムを多くふくむため，うすい塩酸をかけると二酸化炭素の泡が発生する。チャートは，二酸化ケイ素を多くふくみ，うすい塩酸をかけても気体は発生せず，鉄くぎでも傷がつかないほどかたい。

3 マグマが地表や地表近くで固まってできた岩石を火山岩，地下深くで固まってできた岩石を深成岩といい，まとめて火成岩という。

4 (1)地層ができた時代を推定できる化石を示準化石，地層ができた当時の環境を推定できる化石を示相化石という。

(6)(7)火山灰は広範囲に一度に堆積するため，凝灰岩の地層が鍵層によく使われる。図1より，南北に傾いているかを調べるには地点Aと地点B，東西に傾いているかを調べるには地点Bと地点Cを比較する。図2で，地点Aでは火山灰の層とすぐ下の砂岩との境界は，地表から20m，つまり標高80mの位置にある。地点Bではこの境界は地表から10mの標高80mで，地点Cでは地表から約25mの標高85mにある。よって，南北には傾いておらず，東西には西に向かって低くなっていることがわかる。

1 (1)イ　　(2)イ，エ　　(3)ア，イ，カ
(4)ア，カ　　(5)二酸化炭素　　(6)炭素
(7)有機物　　(8)ア，ウ，エ，カ

2 (1)アンモニア　　(2)イ　　(3)アルカリ性
(4)上方置換法
(5)空気より密度が小さく(軽く)，水にとけやすい性質

3 (1)水素　　(2)水上置換法
(3)水にとけにくい性質　　(4)ウ
(5)音を立てて燃えて水ができる。

4 (1)酸素　　(2)ものを燃やすはたらき
(3)二酸化炭素　　(4)有機物　　(5)ア

▶ 解説 ◀

1 (3)〜(7)スチールウールは燃やしても二酸化炭素が発生しないが，紙やプラスチックなどの有機物は燃やすと二酸化炭素が発生する。二酸化炭素は，有機物にふくまれる炭素が，空気中の酸素と結びついて発生したものである。

2 (2)〜(4)アンモニアの水溶液(アンモニア水)はアルカリ性を示すため，フェノールフタレイン溶液は赤色に変わる。アンモニアは水に非常にとけやすく，空気より密度が小さいため，上方置換法で集める。

3 (2)〜(5)水素は水にとけにくいため，水上置換法で集める。水にとけにくいため，水でぬらしたリトマス紙を近づけても反応しない。水素に火を近づけると，音を立てて燃え，水が発生する。

4 (5)イでは水素，エでは酸素が発生する。ウでは蒸留によって水とエタノールをとり出すことができる。

1 (1)溶質　　(2)溶解度　　(3)ウ，オ，カ
(4)18g(17g，19gも可)　　(5)再結晶

2 (1)20%　　(2)36g　　(3)120g
(4)水を蒸発させる。

3 (1)融点　　(2)氷が(液体の)水に変化している。
(3)沸点　　(4)水蒸気(気体)　　(5)ウ

4 (1)蒸留　　(2)沸点　　(3)純物質(純粋な物質)
(4)イ
(5)(加熱前の混合物よりも)最初の試験管にたまった液体は，エタノールの割合が高いから。

▶ 解説 ◀

1 (3)とけ残りがある水溶液は飽和している。また，硝酸カリウムは，40℃の水100gに約63g，20℃の水100gに約32gとけるので，ア，イ，エは飽和していない。

(4)20℃の水100gに硝酸カリウムは，約32gとけるので，結晶は，50〔g〕－32〔g〕＝18〔g〕出てくる。

2 (1)$\dfrac{50〔g〕}{200〔g〕+50〔g〕}×100=20$

(2)塩化ナトリウムの質量は，

$200〔g〕×\dfrac{18}{100}=36〔g〕$

(3)塩化ナトリウムの質量は，

$150〔g〕\times\frac{20}{100}=30〔g〕$

水の量は，$150〔g〕-30〔g〕=120〔g〕$

(4)塩化ナトリウムの溶解度は，温度による変化がほとんどないので，温度を下げても塩化ナトリウムの結晶はほとんど出てこない。

[3] (1)(2)Aの温度は，固体が液体に変化するときの温度で，融点という。このときは，氷が水へと変化している。水の融点は0℃である。

(3)(4)Bは液体が沸騰して気体に変化するときの温度で，沸点という。水の沸点は100℃である。

[4] (1)(2)混合物中の物質の沸点のちがいを利用して物質を分離する方法を，蒸留という。

(3)純物質に対し，2種類以上の物質が混ざり合ったものを混合物という。

(4)混合物を加熱したときの温度変化のグラフでは，グラフに平らな部分が見られない。

(5)水とエタノールの混合物を加熱すると，沸点の低いエタノールを多くふくむ気体が先に出てくる。

p.150～152 第7回

[1] (1)右図

(2)①㋒，㋕

②全反射

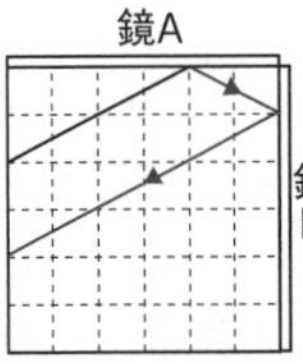

[2] (1)B　(2)実像

(3)a…長くなる。　像…大きくなる。

(4)虚像

[3] (1)㋒　(2)㋑　(3)㋐　(4)㋓

[4] 345m/s

[5] A…ウ　B…ア　C…ウ　D…イ　E…ア　F…ウ　G…イ

[6] (1)3cm　(2)1.5N　(3)1.25倍

(4)フックの法則

[7] (1)600g　(2)1N

(3)質量…物体そのものの量

重さ…物体にはたらく重力の大きさ

[8] (1)右図

(2)右図

(3)摩擦力

(4)つり合っている。

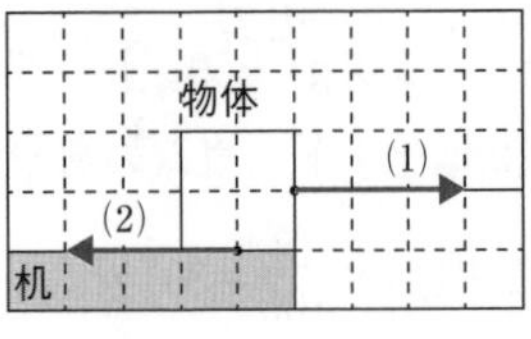

解説

[1] (1)光の反射の法則(入射角＝反射角)が成り立つ。

(2)①レンズと空気の境界で反射する光と屈折する光の2つに分かれる。また，レンズから空気中に出るときは，入射角＜屈折角となる。

[2] (1)同じ大きさの像ができるのは，物体を焦点距離の2倍の位置に置いたときである。

(3)焦点の外側に置いた物体を焦点に近づけると，像のできるスクリーンの位置は凸レンズから遠ざかり，像は大きくなる。

(4)物体を焦点の内側に置くと，スクリーンに像はできない。このときの凸レンズを通して見える像を虚像という。

[3] (1)振幅が小さく，振動数(波の数)が少ない。

(2)振幅が等しく，振動数が多い。

(3)振幅が大きく，振動数は等しい。

(4)振幅が大きく，振動数が多い。

[4] 音は，414mの距離を，1.2秒で伝わった。したがって，音の速さは，$\frac{414〔m〕}{1.2〔s〕}=345〔m/s〕$

[5] BのエキスパンダーやEの風船は力によって変形している。Dはバーベル，Gはバケツを支えている。Aはサッカーボールの動き，Cは飛んできたボールの動き，Fは静止していたタイヤの動きを変えている。

[6] (2)ばねBは，1.0Nで2cmのびるので，3cmのびるときに加わる力の大きさをxとすると，

$1.0〔N〕:x=2〔cm〕:3〔cm〕$

$x=1.5〔N〕$

(3)ばねAは，長さが14cmになるとき，4cmのびているので，つるしたおもりの質量は80gである。ばねBは，長さが14cmになるとき，2cmのびているので，つるしたおもりの質量は100gである。よって，$100〔g〕\div80〔g〕=1.25〔倍〕$

[7] (1)(3)質量は，物体そのものの量なので，場所が変わっても変化しない。

(2)(3)重さは，物体にはたらく重力の大きさなので，重力が変わると，重さも変化する。

[8] (2)～(4)机の上の物体に糸をつけて引いても動かないのは，糸が物体を引く力とつり合う摩擦力が物体にはたらいているからである。この摩擦力は，作用点から左向きに3目盛りの矢印で表す。

定期テスト対策

スピード チェック

教科書の 重要用語マスター

理科 1年

付属の赤シートを
使ってね！

啓林館版

「スピードチェック」は取りはずして使用できます。

スピードチェック

図でチェック

▶顕微鏡

〔接眼レンズ〕
〔鏡筒〕
〔レボルバー〕
〔対物レンズ〕
〔ステージ〕
〔しぼり〕
〔反射鏡〕

▶花のつくり

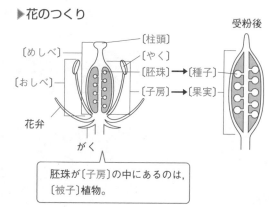

受粉後

〔めしべ〕
〔おしべ〕
〔柱頭〕
〔やく〕
〔胚珠〕→〔種子〕
〔子房〕→〔果実〕
花弁
がく

胚珠が〔子房〕の中にあるのは，
〔被子〕植物。

ファイナルチェック

☐❶手に持った花などのつくりをルーペで観察するとき，ルーペと観察するもののどちらを前後に動かすか。／観察するもの

☐❷顕微鏡でピントを合わせるとき，対物レンズとプレパラートを近づけながら合わせるか，離しながら合わせるか。／離しながら合わせる。

☐❸双眼実体顕微鏡で白い色のものを観察するとき，白いステージと黒いステージのどちらを使うと見やすいか。／黒いステージ

☐❹花弁が1枚1枚離れている花を何というか。／離弁花

☐❺花弁がたがいにくっついている花を何というか。／合弁花

☐❻エンドウ，アブラナ，ツツジのうち，合弁花はどれか。／ツツジ

☐❼花のつくりで，めしべの先端の部分を何というか。／柱頭

☐❽花のつくりで，おしべの先端にある小さな袋を何というか。／やく

☐❾花粉がめしべの柱頭につくことを何というか。／受粉

☐❿花のつくりで，受粉後，種子になる部分を何というか。／胚珠

☐⓫子房は，受粉後，何になるか。／果実

☐⓬胚珠が子房の中にある植物を何というか。／被子植物

☐⓭動物をひきつけるような花弁がなく，風によって花粉が運ばれることが多い花を何というか。／風媒花

生命　いろいろな生物とその共通点
2章　動物の特徴と分類

図で チェック

▶脊椎動物の分類

	魚　　類	両　生　類	は虫類	鳥　　類	哺乳類
生活場所	〔水中〕	水中・陸上	〔陸上〕	陸上	陸上
体の表面	〔うろこ〕	湿った皮膚	うろこ	羽　毛	〔　毛　〕
呼吸	〔えら〕	子〔えらや皮膚〕 親〔肺や皮膚〕	〔　肺　〕	肺	肺
なかまの ふやし方	卵生(水中)	〔卵生〕(水中)	〔卵生〕(陸上)	〔卵生〕(陸上)	〔　胎生　〕

ファイナル チェック

☐❶ほかの動物を食べる動物を何というか。　　　　　　　　　　　肉食動物

☐❷植物を食べる動物を何というか。　　　　　　　　　　　　　　草食動物

☐❸ライオンの目は，顔の正面についているか，横について　　　正面についている。
いるか。

☐❹動物がもっている体を支える構造を何というか。　　　　　　骨格

☐❺背骨をもつ動物を何というか。　　　　　　　　　　　　　　脊椎動物

☐❻親が卵を産んで，卵から子がかえるなかまのふやし方を　　　卵生
何というか。

☐❼子が母親の子宮内である程度成長してから生まれるよう　　　胎生
ななかまのふやし方を何というか。

☐❽背骨をもたない動物を何というか。　　　　　　　　　　　　無脊椎動物

☐❾バッタやエビなどの体の外側をおおう骨格を何というか。　　外骨格

☐❿無脊椎動物で，体が外骨格でおおわれていて，体やあし　　　節足動物
が多くの節に分かれている動物のなかまを何というか。

☐⓫節足動物で，バッタやカブトムシのなかまを何というか。　　昆虫類

☐⓬節足動物で，エビやカニのなかまを何というか。　　　　　　甲殻類

☐⓭無脊椎動物で，内臓を外とう膜がおおっている動物のな　　　軟体動物
かまを何というか。

スピード チェック

地球　活きている地球
1章　身近な大地
2章　ゆれる大地

図で チェック

▶震源と震央　　　　　　　　　▶震源からの距離と地震の波

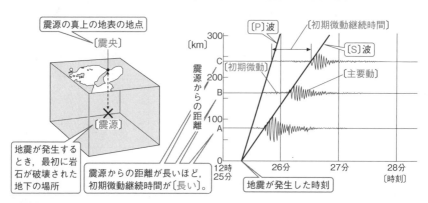

▶震源と震央

震源の真上の地表の地点
〔震央〕

地震が発生するとき，最初に岩石が破壊された地下の場所
〔震源〕

▶震源からの距離と地震の波

〔P〕波　　〔初期微動継続時間〕　　〔S〕波

C 〔初期微動〕　　　　　　〔主要動〕

震源からの距離

300〔km〕
200 B
100 A
0
12時25分

地震が発生した時刻

震源からの距離が長いほど，初期微動継続時間が〔長い〕。

26分　　27分　　28分〔時刻〕

ファイナル チェック

☐❶地球の表面をおおっているかたい板状の岩石のかたまりを何というか。　　プレート

☐❷大地がもち上がることを何というか。　　隆起

☐❸大地が沈むことを何というか。　　沈降

☐❹大地が大きく波打つように曲がることを何というか。　　しゅう曲

☐❺大地が大きな力により割れてできるずれを何というか。　　断層

☐❻岩石や地層が地表に現れている崖（がけ）を何というか。　　露頭

☐❼地震のゆれのうち，はじめの小さなゆれを何というか。　　初期微動

☐❽地震のゆれのうち，後からの大きなゆれを何というか。　　主要動

☐❾初期微動を伝える波を何というか。　　P波

☐❿初期微動がはじまってから主要動がはじまるまでの時間を何というか。　　初期微動継続時間

☐⓫地震によるゆれの大きさを示す階級を何というか。　　震度

☐⓬地震そのものの規模の大小を表す値を何というか。　　マグニチュード

☐⓭過去にもくり返してずれ動いて，再びずれ動く可能性のある断層を何というか。　　活断層

☐⓮地震でプレートが動き，海底が大きく変動したときに発生する波を何というか。　　津波

地球　活きている地球
3章　火をふく大地

図で チェック

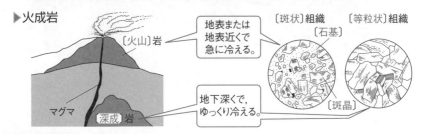

	〔セキエイ〕	〔チョウ石〕	〔クロウンモ〕	〔カクセン石〕	〔キ石〕	〔カンラン石〕
鉱物	不規則・六角柱状　無色・白色	柱状・短冊状　白色・うす桃色	板状・六角形　黒色〜褐色	長い柱状・針状　濃緑色〜黒色	短い柱状・短冊状　緑色〜褐色	粒状の多面体　黄緑色〜褐色

▶火成岩

〔火山〕岩

地表または地表近くで急に冷える。

〔斑状〕組織　〔等粒状〕組織

〔石基〕

マグマ　〔深成〕岩

地下深くで、ゆっくり冷える。

〔斑晶〕

ファイナル チェック

- ❶火山の地下にある，岩石がとけたものを何というか。　マグマ
- ❷マグマが地下にたくわえられているところを何というか。　マグマだまり
- ❸マグマが冷えて結晶になったものを何というか。　鉱物
- ❹現在活動している火山や，1万年以内に噴火したことのある火山を何というか。　活火山
- ❺傾斜がゆるやかな形の火山をつくるマグマのねばりけは大きいか，小さいか。　小さい
- ❻ドーム状の形の火山では，火山噴出物の色が黒っぽいか，白っぽいか。　白っぽい
- ❼マグマが冷え固まってできた岩石を何というか。　火成岩
- ❽火山岩のつくりで，肉眼ではわからないような細かい粒などでできた部分を何というか。　石基
- ❾火山岩のつくりで，石基に囲まれている大きな鉱物を何というか。　斑晶
- ❿火山岩のように，石基の間に斑晶が散らばっている岩石のつくりを何というか。　斑状組織
- ⓫深成岩のように，同じぐらいの大きさの鉱物が組み合わさっている岩石のつくりを何というか。　等粒状組織

地球　活きている地球
4章　語る大地

図で チェック

▶示準化石

〔古生〕代	〔中生〕代	〔新生〕代
〔フズリナ〕 〔サンヨウチュウ〕	〔恐竜〕 〔アンモナイト〕	〔マンモス〕 〔ビカリア〕

ファイナル チェック

□❶岩石が，太陽の熱や水のはたらきなどによってくずれていくことを何というか。　風化

□❷岩石をけずるような水のはたらきを何というか。　侵食

□❸けずられた土砂を運ぶ水のはたらきを何というか。　運搬

□❹堆積したものが長い年月の間に押し固められてできた岩石を何というか。　堆積岩

□❺火山灰などが堆積して固まった堆積岩を何というか。　凝灰岩

□❻石灰岩にうすい塩酸をかけると発生する気体は何か。　二酸化炭素

□❼地層が堆積した当時の環境を推定するのに役立つ化石を何というか。　示相化石

□❽地層が堆積した時代を推定するのに役立つ化石を何というか。　示準化石

□❾アンモナイトの化石は，古生代，中生代，新生代のうちどの時代に堆積した地層にあるか。　中生代

□❿サンゴの化石がある地層は，どんな場所で堆積したか。　あたたかくて浅い海

□⓫離れた地層を比べるときに利用できる層を何というか。　鍵層

□⓬大地の隆起によって海岸にできた階段状の地形を何というか。　海岸段丘

図で チェック

▶ガスバーナー

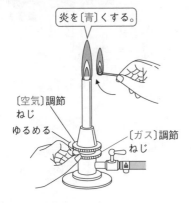

〔炎を〔青〕くする。〕

〔空気〕調節
ねじ
ゆるめる

〔ガス〕調節
ねじ

▶密度

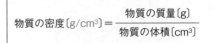

$$物質の密度〔g/cm^3〕= \frac{物質の質量〔g〕}{物質の体積〔cm^3〕}$$

▶メスシリンダーの読み方

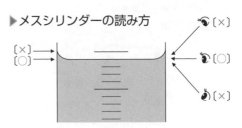

〔×〕
〔○〕→
〔○〕

〔×〕

〔×〕

ファイナル チェック

☐❶ガスバーナーの火をつける前にゆるめるのは，ガス調節　｜　ガス調節ねじ
　ねじと空気調節ねじのどちらか。

☐❷使う目的や形で区別したときのものの名称を何というか。　｜　物体

☐❸材料で区別したときのものの名称を何というか。　｜　物質

☐❹炭素をふくみ，燃やすと二酸化炭素が発生する物質を何　｜　有機物
　というか。

☐❺砂糖，かたくり粉，食塩のうち，有機物ではない物質は　｜　食塩
　どれか。

☐❻金属などの，有機物以外の物質を何というか。　｜　無機物

☐❼金属をみがいたときの，金属特有の光沢を何というか。　｜　金属光沢

☐❽ガラス，木，ゴムなど，金属以外の物質を何というか。　｜　非金属

☐❾てんびんではかることができる，物質そのものの量を何　｜　質量
　というか。

☐❿物質 $1\,cm^3$ あたりの質量を何というか。　｜　密度

☐⓫密度は物質によって値はちがうか，同じか。　｜　ちがう

☐⓬体積が $5\,cm^3$ で質量が20g の物質があるとき，この物質　｜　$4\,g/cm^3$
　の密度は何 g/cm^3 か。

☐⓭氷は水に浮く。氷と水で，密度が大きいのはどちらか。　｜　水

物質　身のまわりの物質
2章　いろいろな気体とその性質

図で チェック

▶酸素

二酸化マンガン
酸素
水
〔うすい過酸化水素水〕

▶アンモニア

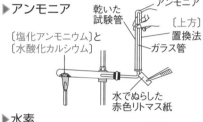

乾いた試験管
アンモニア
〔塩化アンモニウム〕と〔水酸化カルシウム〕
〔上方〕置換法
ガラス管
水でぬらした赤色リトマス紙

▶二酸化炭素

〔石灰石〕
二酸化炭素
〔下方〕置換法
〔うすい塩酸〕

▶水素

〔うすい塩酸〕
〔亜鉛〕
水
水素
〔水上〕置換法

ファイナル チェック

☐❶二酸化マンガンにうすい過酸化水素水を加えると，何が発生するか。 ┊ 酸素

☐❷石灰石にうすい塩酸を加えると，何が発生するか。 ┊ 二酸化炭素

☐❸塩化アンモニウムと水酸化カルシウムの混合物を加熱すると，何が発生するか。 ┊ アンモニア

☐❹亜鉛にうすい塩酸を加えると，何が発生するか。 ┊ 水素

☐❺空気中に体積で約78％ふくまれている気体は何か。 ┊ 窒素

☐❻酸素に火のついた線香を入れると，線香はどうなるか。 ┊ 激しく燃える。

☐❼二酸化炭素に石灰水を入れて振ると，どうなるか。 ┊ 白くにごる。

☐❽水素は，空気と比べて密度が小さいか，大きいか。 ┊ 小さい

☐❾酸素，水素，アンモニアのうち，特有の刺激臭をもつ気体はどれか。 ┊ アンモニア

☐❿アンモニアで満たした容器にフェノールフタレイン溶液を加えた水を入れると，液は何色になるか。 ┊ 赤色

☐⓫酸素，水素，アンモニアのうち，水上置換法で集めることができない気体はどれか。 ┊ アンモニア

☐⓬二酸化炭素は，下方置換法のほかに，何という方法で集めることができるか。 ┊ 水上置換法

物質　身のまわりの物質
3章　水溶液の性質

図で チェック

▶溶解度

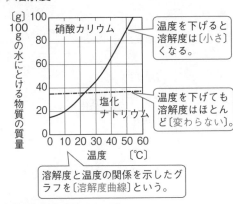

〔g〕100
100gの水にとける物質の質量
80
60
40
20
0

硝酸カリウム

塩化ナトリウム

0 10 20 30 40 50 60
温度　〔℃〕

温度を下げると溶解度は〔小さ〕くなる。

温度を下げても溶解度はほとんど〔変わらない〕。

溶解度と温度の関係を示したグラフを〔溶解度曲線〕という。

▶結晶

〔塩化ナトリウム〕　〔ミョウバン〕

上の図のような規則正しい形をした固体を〔結晶〕という。

ファイナル チェック

☐❶水溶液で，水にとけている物質のことを何というか。　溶質

☐❷水溶液で，溶質をとかしている液体(水)のことを何というか。　溶媒

☐❸溶液の質量に対する溶質の質量の割合で表した溶液の濃度を何というか。　質量パーセント濃度

☐❹50g の塩化ナトリウムを200g の水にとかしてできた塩化ナトリウム水溶液の質量パーセント濃度は何％か。　20%

☐❺質量パーセント濃度４％の塩化ナトリウム水溶液300g にとけている塩化ナトリウムは何 g か。　12g

☐❻砂糖10g を水にとかして質量パーセント濃度が10％の砂糖水をつくるには，何 g の水が必要か。　90g

☐❼一定量の水に，溶質が限度までとけている水溶液を何というか。　飽和水溶液

☐❽100g の水にとける，物質の最大の質量を何というか。　溶解度

☐❾物質を水などの溶媒にとかして，冷やしたり溶媒を蒸発させたりして再び結晶としてとり出す操作を何というか。　再結晶

☐❿複数の物質が混ざり合ったものを何というか。　混合物

☐⓫１種類の物質でできているものを何というか。　純物質

図でチェック

▶状態変化

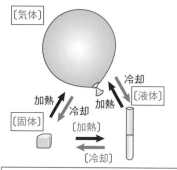

ふつう固体，液体，気体と体積は大きくなるが，氷が水になると体積は〔小さくなる〕。

▶状態変化と温度

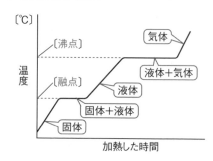

状態が変化している間は，温度が〔一定〕。

ファイナルチェック

☐❶物質が，固体，液体，気体と状態を変えることを何というか。　　状態変化

☐❷液体のろうが固体のろうに状態変化するとき，体積は大きくなるか，小さくなるか。　　小さくなる。

☐❸液体の水が固体の氷に状態変化するとき，体積は大きくなるか，小さくなるか。　　大きくなる。

☐❹物質が液体から気体に状態変化するとき，物質の粒子どうしの間隔は広がるか，せばまるか。　　広がる。

☐❺水を加熱して沸騰させている間，水の温度は一定か，上がり続けるか。　　一定である。

☐❻液体が沸騰して気体に変化するときの温度を何というか。　　沸点

☐❼固体がとけて液体に変化するときの温度を何というか。　　融点

☐❽水の沸点は何℃か。　　100℃

☐❾水の融点は何℃か。　　0℃

☐❿沸点や融点は，物質の質量と種類のどちらに関係するか。　　物質の種類

☐⓫液体を加熱して沸騰させ，出てくる気体を冷やして再び液体にして集める方法を何というか。　　蒸留

エネルギー　光・音・力による現象
1章　光による現象(1)

図で チェック

▶光の反射

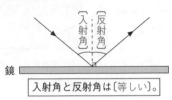

〔入射角〕〔反射角〕

鏡

入射角と反射角は〔等しい〕。

▶光の屈折

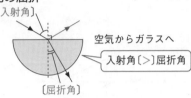

〔入射角〕

空気からガラスへ

入射角〔>〕屈折角

〔屈折角〕

〔屈折角〕

ガラスから空気へ

入射角〔<〕屈折角

〔入射角〕

▶全反射

空気
水

光が水から空気へ進むとき，入射角がある角度より大きくなると水面ですべて〔反射〕する。

ファイナル チェック

☐❶みずから光を発するものを何というか。　　　　　　　　光源

☐❷光源を出た光は，どのように進むか。　　　　　　　　　直進する。

☐❸光が鏡などに当たってはね返ることを何というか。　　　(光の)反射

☐❹鏡に入ってくる光を何というか。　　　　　　　　　　　入射光

☐❺反射して出ていく光を何というか。　　　　　　　　　　反射光

☐❻光が鏡に当たってはね返るとき，入射角と反射角の大き　(光の)反射の法則
　さはいつも等しい。この関係を何というか。

☐❼ろうそくを見たら，炎が見えた。見えているのは，光源　光源の光
　の光か，反射した光か。

☐❽ろうそくの光で，机の上のコップが見えた。見えている　反射した光
　のは，光源の光か，反射した光か。

☐❾物体の表面はでこぼこしているので，物体に当たった光　乱反射
　はいろいろな方向に反射する。この反射を何というか。

☐❿光が異なる物質の間を進むとき，物質の境界の面で折れ　(光の)屈折
　曲がることを何というか。

☐⓫物質の境界の面で折れ曲がった光を何というか。　　　　屈折光

☐⓬光がガラスから空気へ進むとき，入射角を大きくすると　全反射
　やがてすべての光が境界で反射することを何というか。

エネルギー　光・音・力による現象
1章　光による現象⑵

▶凸レンズ

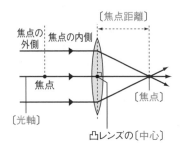

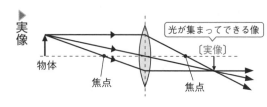

実像

光が集まってできる像

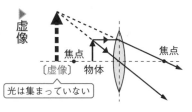

虚像

光は集まっていない

ファイナル チェック

☐❶虫眼鏡のレンズのように，中央部が厚くなっているレンズを何というか。　凸レンズ

☐❷光軸に平行な光は，凸レンズを通ると屈折して1点に集まる。この点を何というか。　焦点

☐❸凸レンズの中心から焦点までの距離を何というか。　焦点距離

☐❹物体が凸レンズの焦点の外側にあるときにできる，スクリーンに映る像を何というか。　実像

☐❺物体が焦点の外側にあるときにできる実像は，物体と上下左右同じ向きか，逆向きか。　逆向き

☐❻物体が焦点距離の2倍の位置にあるとき，物体と実像のどちらが大きいか。　同じ

☐❼物体が焦点距離の2倍の位置よりも遠くにあるとき，物体と実像のどちらが大きいか。　物体

☐❽物体が焦点距離の2倍の位置と焦点の間にあるとき，物体と実像のどちらが大きいか。　実像

☐❾物体が凸レンズの焦点の内側にあるときにできる，凸レンズを通して見える像を何というか。　虚像

☐❿物体と虚像の上下左右の向きは，同じか，逆か。　同じ

スピード チェック

エネルギー　光・音・力による現象
2章　音による現象

図で チェック

▶音の速さ

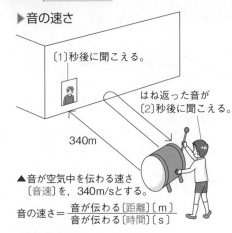

〔1〕秒後に聞こえる。

はね返った音が〔2〕秒後に聞こえる。

340m

▲音が空気中を伝わる速さ〔音速〕を，340m/sとする。

$$音の速さ = \frac{音が伝わる〔距離〕〔m〕}{音が伝わる〔時間〕〔s〕}$$

▶音の大小と高低

横軸は時間
縦軸は振幅

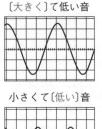

〔大きく〕て低い音

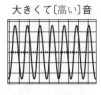

大きくて〔高い〕音

小さくて〔低い〕音

〔小さく〕て高い音

ファイナル チェック

- ❶ 音は，音源となる物体がどうなると生じるか。 — 振動する。
- ❷ 真空の容器内で鳴っているブザーの音は聞こえるか。 — 聞こえない。
- ❸ 音の振動を耳の鼓膜まで伝えているものは何か。 — 空気
- ❹ 音は，金属や水の中も伝わるか。 — 伝わる。
- ❺ 振動が次々と伝わる現象を何というか。 — 波
- ❻ 遠くで打ち上げられた花火の光と音では，どちらが速く伝わるか。 — 光
- ❼ 1020m 離れた場所で雷が落ちたとき，稲妻が見えてから何秒で音が聞こえるか。音の速さは340m/s とする。 — 3秒
- ❽ 音を出している弦が振動する幅のことを何というか。 — 振幅
- ❾ 音を出している弦が1秒間に振動する回数を何というか。 — 振動数
- ❿ 振動数は，何という単位で表すか。 — ヘルツ(Hz)
- ⓫ 太さやはり方が等しい，長い弦と短い弦をはじいたとき，低い音が出るのはどちらか。 — 長い弦
- ⓬ ある弦をはじいたとき，大きい音が出るのは強くはじいたときか，弱くはじいたときか。 — 強くはじいたとき
- ⓭ 音が大きいのは，振幅が大きい音か，小さい音か。 — 振幅が大きい音
- ⓮ 音が高いのは，振動数が多い音か，少ない音か。 — 振動数が多い音

エネルギー　光・音・力による現象
3章　力による現象

図で チェック

▶フックの法則

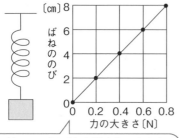

・ばねののびはばねを引く力の大きさに〔比例〕する。
・力の大きさが3倍になると, ばねののびは〔3〕倍になる。

▶力の表し方

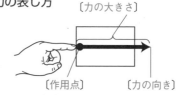

〔力の大きさ〕
〔作用点〕　〔力の向き〕

▶2力のつり合い

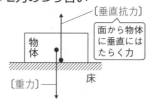

〔垂直抗力〕
面から物体に垂直にはたらく力
物体
〔重力〕　　床

2つの力の大きさが〔等しく〕, 〔同一直線〕上にあり, 〔反対〕向きのとき, 2つの力はつり合っているという。

ファイナル チェック

☐❶変形した物体がもとの形にもどろうとして生じる力を何というか。　　弾性力（弾性の力）

☐❷地球上にある物体には, 地球の中心に向かって引かれる力がはたらく。この力を何というか。　　重力

☐❸磁石の極と極の間にはたらく力を何というか。　　磁力（磁石の力）

☐❹プラスチックの下じきに, 紙片などがくっつくときにはたらいている力を何というか。　　電気力（電気の力）

☐❺1Nは, 約何gの物体にはたらく重力に等しいか。　　約100g

☐❻ばねののびは, ばねを引く力の大きさに比例するという法則を何というか。　　フックの法則

☐❼2Nの力で引くと2cmのびるばねを8Nの力で引くと, 何cmのびるか。　　8cm

☐❽物体そのものの量を何というか。　　質量

☐❾力を矢印で表すとき, 力の大きさは何で表すか。　　矢印の長さ

☐❿自転車のブレーキのように, 物体がふれ合う面で動きを止める向きにはたらく力を何というか。　　摩擦力

☐⓫1つの物体に2つ以上の力がはたらいていて, その物体が動かないとき, 力はどのようになっているか。　　つり合っている。